普通高等教育"十二五"规划教材

砌 体 结 构

QITI JIEGOU

李章政　编著

U0161136

化学工业出版社

·北京·

本书主要依据现行《砌体结构设计规范》(GB 50003—2011)，并参照《高等学校土木工程本科指导性专业规范》的基本要求编写而成。本书涉及砌体结构设计方法、砌体材料的力学性能、无筋砌体构件承载力、配筋砌体构件承载力、混合结构房屋墙体设计、梁式构件(挑梁、过梁和墙梁)设计、砌体房屋抗震设计等方面，对砌体受压构件承载力、局部受压承载力、墙体的高厚比验算及混合结构刚性方案房屋设计等基本内容进行了重点讲解和示例。各章有内容提要、小结、思考题，部分章节有习题，适用于教学和自主学习。

　　本书可作为土木工程专业建筑工程(工民建)方向及相近专业的教材，也可作为工程技术人员、设计人员准备注册考试和知识更新的参考书。

图书在版编目（CIP）数据

砌体结构/李章政编著．—北京：化学工业出版社，
2015.2（2024.7重印）

普通高等教育"十二五"规划教材
ISBN 978-7-122-22528-3

Ⅰ.①砌…　Ⅱ.①李…　Ⅲ.①砌体结构-高等学校-
教材　Ⅳ.①TU36

中国版本图书馆CIP数据核字（2014）第293303号

责任编辑：满悦芝　　　　　　　　　　　文字编辑：刘丽菲
责任校对：王素芹　　　　　　　　　　　装帧设计：刘亚婷

出版发行：化学工业出版社（北京市东城区青年湖南街13号　邮政编码100011）
印　　装：涿州市般润文化传播有限公司
787mm×1092mm　1/16　印张13½　字数329千字　2024年7月北京第1版第6次印刷

购书咨询：010-64518888　　　　　　　　售后服务：010-64518899
网　　址：http://www.cip.com.cn
凡购买本书，如有缺损质量问题，本社销售中心负责调换。

定　　价：48.00元

前　言

砌体结构是传统的土木工程结构，已有数千年的历史，仍将继续服务于人类，这是土建类专业开设该门课程的原因。"砌体结构"课程是土木工程专业知识体系的重要组成部分，从属于结构设计原理和方法知识领域。本书主要依据现行《砌体结构设计规范》（GB 50003—2011），并参照《高等学校土木工程本科指导性专业规范》的基本要求编写而成。本书内容特别注重立德树人的理念，融入我国古代砌体结构的典型案例等，激发学生的民族自豪感和家国情怀，强化学生科教兴国意识，培养学生工匠精神、奉献精神、勇于创新的科学求知精神，以实现育人与育才相结合的目标。具体包括砌体结构设计方法、砌体材料的力学性能、无筋砌体构件承载力、配筋砌体构件承载力、混合结构房屋墙体设计、梁式构件（挑梁、过梁和墙梁）设计、砌体房屋抗震设计等方面，可作为土木工程专业建筑工程（工民建）方向及相近专业的教材，也可作为工程技术人员、设计人员准备注册考试和知识更新的参考书。

全书内容分7章。第1章绪论，介绍砌体的基本概念、砌体结构的应用和砌体结构设计理论；第2章砌体的力学性能，讲述砌体结构材料组成、砌筑质量要求，砌体的力学性能和性能指标取值；第3章无筋砌体构件承载力，重点讲述整体受压承载力和局部受压承载力计算，介绍受拉、受弯和受剪承载力计算；第4章配筋砌体构件承载力，介绍受压承载力计算和有关构造要求；第5章混合结构房屋，内容涵盖结构布置、静力计算方案、墙柱高厚比验算、单层砌体房屋墙体设计、多层砌体房屋墙体设计和砌体房屋下部结构；第6章挑梁、过梁和墙梁，讲述砌体房屋中典型的梁式构件设计计算和构造；第7章砌体房屋抗震设计，内容包括抗震设计概述、抗震概念设计、抗震计算和抗震构造措施。教材深度上讲清砌体结构设计的基本原理，即材料组成和材料性能，各种构件的受力性能、特点、计算公式、适用条件及应用范例，广度上包含了完整的砌体结构设计内容：结构布置、静力计算、构件承载力验算、构造措施、抗震设计等，可满足土建领域本科教学之需要。

全部讲授本书内容大约需要32～40学时。为了初学者考虑，本书例题丰富，并选配了不少实际工程图片；每章后面配有大量的思考题、选择题和计算题，以巩固基本概念、熟悉构造要求、掌握计算方法。

学然后知不足，教然后知困。编者虽然舌耕、笔耕三十余年，但自知学识和见识有限，本书不可避免地存在着不足，恳请读者提出宝贵的意见，以达到教学相长之目的，也利于将来修改、完善。谢谢！

李章政

2023 年 6 月

目　　录

第1章 绪 论

┌─ 内容提要 ───┐

　　本章主要讲述砌体和砌体结构的概念、砌体结构的类型和特点，简要介绍砌体结构的
应用和发展方向，最后给出砌体结构设计计算的理论和实用设计表达式。

└──┘

1.1 砌体结构的概念

1.1.1 砌体和砌体结构

　　由各种块体材料通过铺设砂浆黏结而成的材料称为砌体。块体材料如砖、砌块、石材因
其尺寸较小，不能像钢材、木材和混凝土那样单独形成构件，只有通过砂浆把它们黏结成整
体成为砌体以后，才能做成各种构件，承受外力。砌体是一种建筑材料，广泛应用于建筑结
构的承重结构和围护结构之中。

　　由砌体做成的墙、柱作为建筑物主要受力构件的结构，称为砌体结构。砌体结构是砖砌
体、砌块砌体和石砌体建造的结构的统称。由于过去大量应用的是砖砌体和石砌体，所以习
惯上又称为砖石结构。如图 1.1 所示为砖石砌体结构的代表，左图为施工中的砖房，右图为
石砌拱结构。

图 1.1　砖石砌体结构

　　砌体结构是我国建筑工程中量大面广的最常用的结构形式。砖木房屋结构、砖混房屋结
构在中小城市、乡镇及乡村仍然在大量修建，石拱桥、石砌挡土墙、护坡（护岸）、水坝等
也不少，砌体结构虽然是古老的结构，但其生命力依然旺盛。

1.1.2 砌体的种类

　　砌体的分类方式很多。按受力情况不同，砌体分为承重砌体（承受自重外，还承受外荷
载）与自承重砌体（仅承受自重，又称为非承重砌体）两类；按砌筑方法不同，砌体分为实
心砌体和空心砌体两类；依据所用块材不同，砌体又可分为砖砌体、砌块砌体和石砌体三

1

类；按砌体中是否配置钢筋，还可分为无筋砌体和配筋砌体两类。

1.1.2.1 无筋砌体

无筋砌体包括砖砌体、砌块砌体和石砌体三类。

(1) 砖砌体　烧结砖或非烧结砖（蒸压砖、混凝土砖）由砂浆砌筑而成的砌体，称为砖砌体。

砖长面与墙长度方向平行的为顺砖，砖短面与墙长度方向平行的则为丁砖。通常采用顺砖和丁砖交叉砌筑，砌法有一顺一丁、三顺一丁、五顺一丁（见图 1.2），也可以砌成梅花丁（见图 1.3）。试验表明，采用相同强度等级的砖和砂浆按上述方法砌筑的砌体，其抗压强度相差不大。但应注意，上下两皮丁砖间的顺砖愈多，则意味着宽为 240mm 的两片半砖墙之间的联系愈弱，很容易产生"两片皮"的效果而急剧降低砌体的承载力。

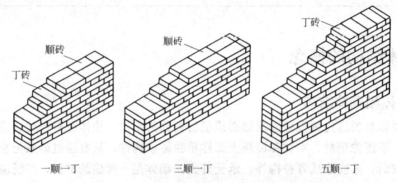

图 1.2　240mm 厚墙一顺一丁和多顺一丁砌法

砌筑时，可按半砖的模数增加砌成厚度为 240mm、370mm、490mm、620mm 和 740mm 等的墙体或柱；按 1/4 砖的模数增加还可砌成厚度为 120mm、180mm、300mm、420mm 的墙体。厚度为 240mm 以下的墙，只有顺砖没有丁砖。实心砌筑的砖砌体整体性和受力性能较好，可以用作一般房屋的内外承重墙、柱和隔墙，但砌体自重较大。

实心砖也可以砌筑成空心的砖砌体。一般是将砖砌成两片薄壁，中部留有空洞，有的还在空洞内填充松散材料或轻质材料。这种砌体自重较轻，热工性能好。我国传统的空心砌体，是将实心砖部分或全部立砌，中间留有空斗形成空斗墙砌体。立砌的砖形成斗，平砌的砖的称为眠，可以砌成一眠一斗、一眠多斗和无眠斗等。空斗墙一般为 240mm 厚。这种砌体

图 1.3　梅花丁砌法

可节约砖 22%～38%，节约砂浆 50%，降低造价 30%～40%，但整体性和抗震性能较差，现已不提倡使用。在非抗震设防区可用作 1～3 层的一般民用房屋的墙体，如图 1.4 所示。

多孔砖砌体具有许多优点，表现在保温隔热性能好，表观密度较小。采用多孔砖砌体可减轻建筑物自重 30%～35%，使地震作用减小，且墙体较薄，相应房间的使用面积增加，房屋总造价降低，所以多孔砖砌体是大力推广应用的墙体材料之一。烧结多孔砖可砌成的墙厚为 90mm、120mm、190mm、240mm 和 390mm 等。

(2) 砌块砌体　各种砌块由专用砂浆砌筑的砌体称为砌块砌体。由于砌块砌体的自重轻，保温隔热性能好，施工进度快，经济效益好，因此，采用砌块砌体是墙体改革的一项重

要措施。

目前采用较多的是混凝土小型空心砌块砌体，轻集料混凝土小型空心砌块砌体也在推广应用之中，加气混凝土砌块逐渐步入建筑领域。砌块砌体主要用作民用建筑和一般工业建筑的承重墙或围护墙。

（3）石砌体 石砌体由天然石材和砂浆砌筑或由天然石材和混凝土砌筑而成。石砌体又可分为料石砌体，毛石砌体和毛石混凝土砌体三类。料石砌体除用于建造房屋外，还可用于建造石拱桥、水坝、护坡等构筑物；毛石砌体

图 1.4 空斗墙的应用

可用作房屋墙体和挡土墙；毛石混凝土砌体砌筑方便，一般用于房屋的基础部位或挡土墙。

石材可以就地取材，因而在产石的山区应用较为广泛。如图 1.5 所示为料石砌体和毛石砌体的工程应用。

图 1.5 料石砌体和毛石砌体

1.1.2.2 配筋砌体

为提高砌体的强度、整体性和减小构件的截面尺寸，可在砌体中设置钢筋或钢筋混凝土，这种砌体称为配筋砌体，其中以配筋砖砌体和配筋砌块砌体为常见。配筋砖砌体可分为横向配筋砖砌体、纵向配筋砖砌体、砖砌体和钢筋混凝土构造柱组合墙以及组合砖砌体四类；配筋砌块砌体包括约束配筋砌块砌体和均匀配筋砌块砌体两类。

（1）横向配筋砖砌体 在水平灰缝内配置钢筋网形成的网状配筋砖砌体，称为横向配筋砖砌体。钢筋网的主要作用是通过约束砌体的横向变形来提高砌体的抗压强度。网状配筋砖砌体多应用于轴心受压或小偏心受压的墙和柱。

（2）纵向配筋砖砌体 在竖向灰缝或孔洞内配置纵向钢筋的砖砌体，称为纵向配筋砖砌体。实心砖砌体灰缝内配置纵向钢筋，不便于施工，采用较少；在多孔砖的孔洞内配置纵向钢筋，因施工容易，故应用逐渐增多。

（3）砖砌体和钢筋混凝土构造柱组合墙 在砖砌体中每隔一定间距设置钢筋混凝土构造柱，并在各层楼盖处设置钢筋混凝土圈梁，使砖砌体和钢筋混凝土构造柱、圈梁一起形成一个整体结构，共同受力，这种结构称为砖砌体和钢筋混凝土构造柱组合墙。钢筋混凝土构造柱自身要分担一部分外力，还能约束砖砌体的侧向变形，使砌体的受压承载力和变形能力提高。组合墙的整体性较好，抗震能力较强。

（4）组合砖砌体 由砖砌体和钢筋混凝土（或钢筋砂浆）构成的整体称为组合砖砌体。组合砖砌体的砌体部分通常位于中间部位，而钢筋混凝土或钢筋砂浆作为面层。组合砖砌体

可以形成组合砖墙和组合砖柱，用以承受较大的偏心轴向压力作用。

1.1.2.3　大型墙板

预制的大型墙板高度通常为房屋的层高，宽度一般为房间的开间或进深，宽度也可为半个开间或进深。采用大型墙板的突出优点是大大降低劳动强度，加快施工进度。大型墙板是一种有发展前途的墙体体系。

墙板可以是单一材料制成，如预制混凝土空心墙板、矿渣混凝土墙板以及采用滑模工艺生产的整体混凝土墙板。墙板也可以采用砌体和钢筋混凝土制成，如振动砖墙板。振动砖墙板是在钢模内铺砌一层厚为 20～25mm 强度较高的砂浆，然后在砂浆层上错缝侧放一层砖（半砖厚），砖与砖间缝宽 12～15mm，再在砖上面铺一层砂浆，并在板的周边钢筋骨架内浇灌混凝土，用平板振动器振动，最后经蒸汽养护而成。

1.1.3　砌体结构的特点

砌体结构是古老的建筑结构之一，能够延续数千年而仍具有生命力，说明它自身具有生存的优势。但是，砌体结构也存在不足或缺点，限制了其应用范围。

1.1.3.1　砌体结构的优点

(1) 取材方便，造价低廉　石材、黏土、页岩、砂等是天然材料，分布广泛，易于就地取材，因此价格便宜。砂浆中的水泥、石灰等材料属于地方性材料，可就近或就地取得。此外，还可利用工业废料如煤矸石、粉煤灰等制作块材，不仅可以降低造价，而且有利于保护环境。

(2) 良好的耐火性和耐久性，使用年限长　在一般情况下，砌体可耐受 400℃的高温，耐火性好。砌体结构的耐久性与钢筋混凝土结构既有相同之处，又有一些自身的优势。配筋砌体结构中的钢筋保护增加了砌体部分，因而比混凝土结构的耐久性好，无筋砌体尤其是烧结类砖砌体的耐久性更好。无筋高强度等级砖石结构经历数百年和上千年考验，其耐久性不容置疑。

(3) 保温、隔热、隔声，节能效果好　砖石砌体特别是砖砌体，具有良好的热工性能，冬天保温、夏天隔热，节能效果明显。砌体结构具有良好的隔声性能，容易满足使用上的要求。

(4) 施工简单，技术容易普及　砌体的砌筑操作简单，经培训考核合格后即可上岗，技术不复杂，易学易推广。施工时，不需要模板和特殊的技术设备。新砌筑的砌体上即可承受一定的荷载，因此可以连续施工（砌筑），不需要像混凝土那样进行专门养护。

1.1.3.2　砌体结构的缺点

(1) 结构自重大　与混凝土和钢材相比，砌体的强度较低，因而必须采用较大截面尺寸的墙、柱构件，体积大、自重大，材料用量多，运输量也随之增加。自重大，还会导致地震时的惯性力大（地震作用大），对抗震不利。

(2) 抗震性能差　砂浆和块材之间的黏结力较弱，砌体的整体性差，抗拉、抗弯和抗剪强度低，结构延性差，抗震性能差。在抗震设防区，砌体房屋的层数和高度受到严格限制。

(3) 施工劳动强度大　砌体基本上是采用手工方式砌筑，体力劳动，生产效率低。一般民用的砖混结构住宅楼，砌筑工作量占整个施工工作量的 25% 以上，砌筑劳动量大，工人十分辛苦。

(4) 占用农田多　砖砌体结构的黏土砖用量很大，往往占用农田，影响农业生产。据统计，全国实心黏土砖的年产量已达 6000 亿块（皮），毁坏土地资源数十万亩，与农业争地的矛盾十分突出。砌体块材的发展必然应考虑"节土"、"节能"、"利废"的基本国策，即发展多孔黏土砖、页岩砖、粉煤灰砖、灰砂砖、混凝土砖、砌块等材料替代实心黏土砖。

1.2 砌体结构的应用

1.2.1 古代砌体结构的典型案例

砌体结构特别是砖石结构源远流长，大约五千年前先民就能开采石材，建造各种石结构，三千年前便能烧制和利用黏土砖、瓦，其中以"秦砖汉瓦"最为著名。砖石结构在历史上创造过不少奇迹，这里分类介绍几个典型案例。

1.2.1.1 桥梁结构

罗马帝国时代修建的石桥，以今法国南部的加尔德（Pont du Gard）石拱桥最为著名。该桥于公元 14 年开工建造，由著名将军阿库巴利指挥，公元 18 年完成，如图 1.6 所示。桥共分三层，顶层长 275m，底层最大跨径 24.4m。其中上层宽 3m、高 7m，用于向附近的尼姆镇（Nimes，今尼姆城）送水，所以该桥又称为渡槽；中层宽 4m、高 20m，供行人通行；下层宽 6m、高 22m，1743 年对下层施行一侧加宽改造，以通行车马。据说 19 世纪末，法国皇帝拿破仑三世曾进行过修复，因此图中哪些属于原来的结构、哪些是后补的部分，已无法分清。该桥是典型的多功能桥，集人行桥、车行桥和输水桥（渡槽）于一身。

中国境内遗留的古石桥很多，其中以赵州桥、洛阳桥、广济桥和卢沟桥最为著名。

赵州桥又名"安济桥"，位于河北省赵县城南洨河之上。它是国内现存的最古老的大石拱桥，如图 1.7 所示。文献记载，赵州桥，"隋匠李春之迹也"，公元 605 年由工匠李春创建。桥单孔，全长 50.82m，桥面宽约 10m，跨径 37.02m。弧形平缓，拱圈由 28 条并列的石条组成，上设 4 个小拱，既减轻重量，节省材料，又便于排洪，且增美观。在世界桥梁史上，其设计与工艺之新为石拱桥的卓越典范，跨径之大在当时亦属创举。该桥反映了当时世界建桥的最高水平。

图 1.6 加尔德石拱桥   图 1.7 赵州桥

洛阳桥又称"万安桥"，位于福建省泉州市东北同惠安县交界的洛阳江万安渡，是著名的梁式古石桥。它建于 1053—1059 年，由泉州知府蔡襄督造，原有扶栏 500 个，石狮 28 只，石亭 7 所，石塔 9 座，桥长三百六十丈，宽一丈五尺，武士造像分列两旁。著名桥梁专家茅以升曾说:"洛阳桥是福建桥梁的状元。"洛阳桥建桥 800 余年来,先后修复 17 次。1932 年改建为钢筋混凝土公路桥,抗日战争时期遭到严重破坏。1993—1996 年进行保护性维修。现桥长 742.29m,宽 4.5m,船形桥墩 44 座,扶栏 645 个,石狮 104 只,石亭 1 座,石塔 7 座,如图 1.8(a) 所示。

(a) 洛阳桥   (b) 广济桥

图 1.8 洛阳桥和广济桥

广济桥,俗称"湘子桥",位于广东省潮州市湘桥区,跨越韩江,全长 500 余米,始建于 1171 年。历经洪水、台风、地震等天灾,复遭兵火人祸摧毁,重建、重修达十余次,屡毁屡建。1530 年重修,桥东西两端共 24 个桥墩,中间以 18 只梭形木船搭成浮桥相连,每座桥墩上均建有楼阁,形成"十八梭船廿四洲"的独特风格,是国内唯一特殊构造的开关活动式大石桥。

广济桥于 1939 年被日本飞机炸毁。1958 年大修,对全桥进行加固维修,并拆除十八梭船,建成双柱式桥墩二座,架设三孔钢桁架梁桥,成为直通大桥,桥面宽 7m,在原来石梁上铺设钢筋混凝土桥面,通行汽车;1977 年桥面加宽至 11m,成为双车道公路桥。1988 年成为全国重点文物保护单位,2003—2007 年期间,按照修旧如旧的原则进行全面维修,恢复"十八梭船"的启闭式浮桥及桥上亭台楼阁独特风貌,如图 1.8(b)所示。

卢沟桥又称"芦沟桥",位于北京市南部,跨越卢沟河(今永定河),如图 1.9 所示。始建于 1189 年,成于 1192 年,清初重修。桥长 266.5m,宽 7.5m,最宽处 9.3m,由 11 孔石桥组成,关键部位均有铁榫连接,是北京最古老的石造连拱桥,也是华北地区最长的石桥。桥旁建有石栏,其上刻有石狮 485 个,姿态各殊,生动雄伟。"卢沟晓月"是京城一景,桥东头有清高宗爱新觉罗·弘历题字碑。

图 1.9 卢沟桥

1.2.1.2 城墙结构

万里长城乃世界上最长的城墙建筑，是
世界历史上七大奇迹之一，以它的气势雄伟
闻名全球。保存比较完好的明长城西自嘉峪
关，东到山海关，蜿蜒起伏达 12700 余里，
如图 1.10 所示为其中的一部分。结构部分
多数是用整齐的条石或特制砖和白灰浆（石
灰浆）砌筑外侧，内部用夯土或三合土填
实，形成条石墙或砖石墙。长城城墙上每隔
30~100m 有一个哨楼（或称敌楼），楼高两
层，突出城墙外，底层设有瞭望口和炮窗，

图 1.10　明长城

上层设有瞭望室和女儿墙。在山岭最高处相隔 1.5km 左右有一处烽火台，每隔若干烽火台
设总城台一座，城台四周有围墙环绕，可驻守兵士。长城在军事要塞处设关，并筑关城，驻
军守卫。著名关隘有内外三关，内三关分别为倒马关、紫荆关和居庸关，外三关则为雁门
关、宁武关和偏头关。长城是古代中原国家为防御北方游牧民族入侵而修建的防御性军事设
施，是边境线上保卫疆土的堡垒。

城墙具有军事防御功能，所以古人筑城必筑墙，这一特殊的建筑结构无一例外都是砌体
结构。如图 1.11 所示为西安明城墙，保存相当完好，城墙内部为夯土、外部由大型精制砖
砌成，城楼为砖木结构。西安的城墙和长城一样，都是人类文化的遗产，每年吸引众多海内
外游客来此参观。

图 1.11　西安明城墙

山西平遥城墙是保留比较完整的县城明城墙。1370 年（洪武三年）因军事防御的需要，
建成砖石城墙，平面为方形，高约 12m，周长 6.4km，清朝进行过修补，现存基本为明初
形制和构造。城墙外表全部为砖砌筑，内部填土，共有 3000 个垛口，72 座敌楼，象征孔子
3000 弟子，72 贤人。平遥城墙虽历经 600 多年的风雨沧桑，但雄风犹存。

很多城市的城墙都在不同时代被战火或人为毁坏，比如北京城墙、成都城墙。为了发展
旅游的需要，大同在重修城墙，仍然采用砌体形式。

1.2.1.3 建筑结构

万神殿或称万神庙，位于意大利罗马，是古罗马早期穹顶技术的代表作，跨度达到
43.5m，圆顶净高离地也是 43.5m，穹顶中央有直径约 9m 的圆形采光口，正面有一个柱式
门廊，如图 1.12 所示。它是建筑史上最早、最大的大跨度砌体结构，其跨度直到 19 世纪末

7

图 1.12　罗马万神殿

才被突破。万神殿原为神庙，7 世纪后改为基督教堂。建于 532—537 年间的圣索菲亚大教堂，位于土耳其伊斯坦布尔，东西方向长 77m，南北方向长 71.7m，正中是直径 32.6m 的穹顶，全部用砖砌成，穹顶高 50m。圣索菲亚大教堂原为拜占庭帝国东正教的宫廷教堂，15 世纪后在周围加建光塔，改为清真寺，1935 年改为博物馆。

　　位于西安慈恩寺内的大雁塔，乃大唐遗物。652 年（永徽三年），大唐高僧玄奘法师为贮藏从天竺国取回的梵文经典和佛像舍利而建。初建塔高 5 层，武则天时增高为 10 层，后经兵火，经过历代修葺，现存 7 层，高64m，如图 1.13(a) 所示。大雁塔坐落在底面积 42.5m×42.5m，高 4.2m 的方形砖台上，底层边长 25m，塔身呈方形角锥体，为楼阁式砖塔，采用磨砖对缝砌筑。"雁塔题名，长安跨马"是当时有志青年最高追求。普救寺位于山西永济市蒲州，始建于武则天时期，为高37m 共 13 层的舍利塔砖塔，历经一千多年的岁月沧桑，仍然屹立于蒲州的土岗之上，如图1.13(b) 所示。王实甫《崔莺莺待月西厢记》的爱情故事，便发生在普救寺，因此，该舍利塔俗称莺莺塔。莺莺塔呈四方形，叠层出檐，造型优美，唐韵十足。

(a) 大雁塔　　　　　　　　　　(b) 莺莺塔

图 1.13　大雁塔和莺莺塔

　　河北正定县开元寺塔，于 1055 年建成。该塔平面为八边形，底部边长 9.8m，采用砖砌双层筒体结构体系，11 层总高 84.2m，是当时世界上最高的砌体结构。

　　建造于 14 世纪初的南京灵谷寺无梁殿，以砖砌拱券为主体结构。室内空间为一大型砖拱，总长 53.5m，总宽 37.35m，纵横两个方向均为砖砌穹拱，无一根梁，故名无梁殿。中列最大跨度 11.25m，净高 11.4m，前后列跨度 5m，净高 7.4m，与列正交的小洞跨度3.85m，净高 5.9m，外部出檐、斗拱、檩、枋等均以砖石仿造木构件制作。

1.2.2　近现代砌体结构的辉煌

　　采用磨砖对缝砌筑，工艺复杂，成本较高；浆砌砖石砌体所用浆原为黏土浆或石灰浆，砌筑的砌体强度较低，这些都限制了砌体结构的推广应用；后来改用石灰砂浆或糯米石灰浆，砌筑质量得以提高，但仍然难以大面积推广。1824 年英国人发明水泥，随后应用到砂浆中，砌体质量得以提高，砖墙、砖柱承重的房屋逐渐走进大众视野。从晚清到民国年间，一些有钱人纷纷修建小洋楼，一时成为身份和财富的象征。所谓的小洋楼，就是砖木结构二层或三层房屋，砖砌体作为竖向承重构件，木楼盖作为水平承重构件。随着预制板的推广和应用，砖混结构房屋得以普及。现在国内多层住宅、办公楼等民用建筑的基础、墙、柱等都可以用砌体建造。无筋砖砌体房屋一般可建 5～7 层，曾经有 12 层砖墙承重房屋出现；配筋砌块砌体剪力墙房屋可建 8～18 层；某些产石地区，以毛石砌体作承重墙的房屋高达 6 层，民族地区的石砌碉楼更高。

无筋砌体高层建筑，早就实现。1891 年，美国芝加哥就建成了莫纳德洛克大楼（Monadnock Building），长 62m，宽 21m，地上 16 层、地下 1 层，共 17 层。受当时材料和技术条件限制，其底层承重墙厚达 1.8m。楼内带电梯，是 20 世纪以前最高的现代砌体结构办公楼，至今仍在使用。20 世纪 50 年代中期，瑞士苏黎世采用强度 58.8MPa、空心率为 28％的空心砖建成一幢 19 层塔式住宅，墙厚才 380mm；随后又建成一幢 24 层砌体结构塔楼。

1998 年中国上海建成一栋配筋砌块剪力墙住宅塔楼，高度达到 18 层；辽宁抚顺也建成五幢 16 层配筋砌块住宅楼。2003 年哈尔滨建成 18 层、高 62.5m 的配筋砌块剪力墙商住楼（底部 5 层框支），随后在湖南株洲也建成了 19 层高达 60.5m 的配筋砌块剪力墙商住楼。配筋砌体在国外发展也很快，几十年来建成了很多高层建筑。1990 年美国内华达州拉斯维加斯建成了四幢 28 层配筋砌块旅馆，这是配筋砌体应用的一个里程碑。

1.2.3　砌体结构的未来

砌体结构是一种传统的结构形式，应用量大且范围广，在今后相当长的时期内仍将占有重要的地位。随着科学技术的进步和社会经济实力的提高，我国砌体结构未来的发展趋势是开发新材料、推广配筋砌体、加强试验和理论研究、提高施工技术水平和施工质量，给这种传统的结构注入新的活力，使其应用范围扩大、性能更好。

1.2.3.1　开发新材料

砌体材料强度国内外之间的差异较大，国外强度较高，而国内强度普遍较低。国外砖的抗压强度一般为 30～60MPa，而且能生产出高于 100MPa 的砖。德国黏土砖强度 20～140MPa，美国商品砖强度 17.2～140MPa、最高 230MPa。美国广泛使用的砂浆强度分别为13.9MPa、20MPa、25.5MPa，高黏结强度的砂浆（掺聚氯乙烯乳胶）的抗压强度可超过55MPa。砌体的抗压强度已经达到或超过普通混凝土，远远高于国内砌体。所以，研制、开发新型块体和砂浆，提高强度、改善性能，是我国砌体结构发展的重要方向。砌体强度提高，承重墙、柱的截面尺寸才能减小，结构的自重才能减轻，房屋的高度才会进一步提高，经济指标将更趋合理。

黏土砖会消耗大量的土地资源，砌体材料的发展应考虑"节土"、"节能"、"利废"的基本国策。推广应用多孔砖砌体作为承重墙、空心砖砌体作为自承重隔墙是节土的措施之一，禁止使用实心黏土砖是大势所趋。使用黏土砖的替代品，如烧结页岩砖、蒸压灰砂砖、蒸压粉煤灰砖、混凝土砖、混凝土小型空心砌块等，才能从根本上节省土地，保护环境。

同时，应大力研制和推广与新型墙体材料相配套的高黏结强度砂浆，特别是有机化合物树脂砂浆，以提高砌体房屋的整体性和抗裂能力。

1.2.3.2　推广配筋砌体

混凝土小型空心砌块已有百余年的历史，在推广应用过程中由单层到多层、甚至到高层，并从单一功能发展到多功能，例如承重、保温、装饰相结合的砌块。建筑砌块不仅具有良好的技术经济效益，而且在节土、节能、利废等方面具有巨大的社会效益和环保效益，根据规划，21世纪我国建筑砌块事业要进入成熟发展的阶段，要接近和赶上发达国家的发展水平，包括砌块的生产与建筑砌块的应用两个方面的发展水平，其中最重要的是要提高建筑砌块的生产品质与应用技术水平。

无筋砌体结构在单层和多层建筑中常见，但在高层建筑结构中鲜见，源于其承载力低、整体性差。而配筋砌块剪力墙结构的强度较高，整体性能好，除用于多层民用建筑外，还可修建高层建筑，这是唯一可与钢筋混凝土结构在该领域竞争的砌体结构。采用配筋砌块剪力墙（抗震墙）结构，还可以节约钢筋和木材（无需支模），施工速度快，经济效益显著，且结构的抗震、抗裂性能好。因此，今后应当在多层、高层建筑尤其是住宅建筑中推广应用配筋砌块砌体结构。

1.2.3.3 加强试验和理论研究

人们在长期的实践中，逐渐积累了关于砌体结构设计、施工、使用和维护方面的经验，比如高强度的砖砌体的抗裂性能和耐久性较好，设置钢筋混凝土圈梁可防止结构开裂，设置钢筋混凝土构造柱和圈梁可提高砌体结构的抗震性能。设计理论由以弹性理论为基础的容许应力法发展为以概率理论为基础的极限状态设计法，为砌体结构的发展奠定了良好的基础。今后应进一步通过试验、理论分析和计算机模拟等手段，研究砌体结构不同构件的破坏机理和受力性能、整体结构的工作性能，建立精确、完整的砌体结构计算理论，探索新的砌体结构形式；进一步深入研究砌体结构的动力反应和抗震性能，采取措施提高抗震能力。此外，还应重视砌体结构的耐久性以及对砌体结构修复补强计算的研究。新的研究成果的应用，将使未来的砌体结构更好地满足安全性、适用性、耐久性的功能要求，并经受地震的考验。

随着新的测试技术和理论的发展，还应对砌体结构测试技术和手段进行改进，提高试验数据的收集、分析和处理水平。

1.2.3.4 提高施工技术水平和施工质量

砖墙、砖柱目前仍然采用传统的手工砌筑工艺，劳动强度大，生产效率低，且砌筑施工受环境和人为因素影响较大、薄弱环节多，质量不易保证。一方面应坚持"验评分离、强化验收、完善手段、过程控制"的质量管理原则，另一方面还应加强砌体质量控制体系和质量控制技术的研究，进一步提高砌体的施工质量。

同时，还应研究新的施工技术，提高生产的工业化、机械化水平，以减少繁重的体力劳动，加快工程进度。就目前实际情况而言，应力推砌块建筑或墙板建筑。

1.3 砌体结构设计理论

1.3.1 砌体结构设计理论简述

古代的砌体结构设计和施工，全凭经验，并无系统理论指导。最早的砌体结构设计理论是《材料力学》中的容许应力法（允许应力法、许用应力法）。它是以弹性理论为基础，确定结构（构件）特定部位的应力，使其不超过容许应力，便能保证安全。容许应力法中，一切量值都是确定值，这一方法属于"定值法"。该法计算简单，其缺陷在于不能从定量上度量结构的可靠度，更不能使各类结构的安全度达到同一水准。容易让人将安全系数与构件的安全度等同，一些人错误地认为只要给定了安全系数，结构就百分之百可靠；或认为安全系数大结构安全度就高。

20 世纪 50 年代出现破损阶段设计法，其原则是结构构件到达破损阶段时的计算承载能力不应小于标准荷载引起的构件内力乘以承载能力安全系数 K，它同样属于"定值法"。承载能力的计算依据材料的平均强度，安全系数伴随着荷载效应而决定，该法又可称为最大荷载设计法。

我国科研工作者和工程技术人员在总结工程实践经验和科学研究成果的基础上，提出了一套符合我国实际、比较先进的砖石结构计算理论和设计方法，于 1973 年国家颁布了第一部《砖石结构设计规范》，采用多系数分析（荷载安全系数、材料安全系数、调整系数或附加安全系数）、单一安全系数表达的半经验半概率极限状态设计方法。这种方法的标准荷载和材料强度是采用数理统计方法确定的，而单一安全系数是将各分项安全系数经综合分析后近似得出的。设计参数中，比如荷载的偶然性变异、施工质量的偏差、某些材料的强度取值，不是按数理统计方法确定，而是按工程经验确定。

20 世纪 70 年代至 80 年代，国内相关高校和科研单位对砌体结构进行了大量的试验和研究，在砌体结构的设计方法、多层房屋的空间工作性能、墙梁的共同工作，以及砌块砌体的力学性能和砌块房屋的设计等方面取得了新的进展，并于 1988 年颁布实施《砌体结构设计规范》（GBJ 3—88）。该规范采用近似概率极限状态设计法，将半概率极限状态设计法中分项安全系数由工程经验确定改由概率方法确定，理论上的突破点在于提出了一次二阶矩法。这个方法既有确定的极限状态，又可给出不超过该极限状态的概率（可靠度），因而是一种较为完善的概率极限状态设计方法。但分析中忽略了基本变量随时间变化的关系，确定基本变量的概率分布时有一定的近似性，并将一些复杂关系作了线性化处理，所以这是一种近似概率极限状态设计法。到 21 世纪初，砌体结构设计规范又经历了两次修订，先后颁布《砌体结构设计规范》（GB 50003—2001）和《砌体结构设计规范》（GB 50003—2011），都是采用近似概率极限状态设计法。

1.3.2　极限状态设计方法

按照现行规范规定，砌体结构采用以概率理论为基础的极限状态设计方法，以可靠指标度量结构构件的可靠度，采用分项系数的设计表达式进行设计计算。

结构在设计规定的使用年限内，在正常勘察、设计、施工和使用的条件下，完成预定功能（安全性、适用性、耐久性）的概率 P_s，称为结构的可靠概率或可靠度，反之，结构不能完成预定功能的概率 P_f 称为失效概率。很明显，结构的可靠概率和失效概率之和应为 1，即 $P_s + P_f = 1$。因为 $P_s = 1 - P_f$，而按概率理论 $P_f = \Phi(-\beta)$，所以结构的可靠概率或失效概率可用 β 来度量。β 称为可靠指标，而 $\Phi(x)$ 为标准正态分布的分布函数。砌体结构的破坏属于脆性破坏，目标可靠指标 $[\beta]$ 的取值和安全等级有关：安全等级一级，目标可靠指标 $[\beta] = 4.2$，失效概率 $P_f = 1.3 \times 10^{-5}$；安全等级二级，$[\beta] = 3.7$，$P_f = 1.1 \times 10^{-4}$；安全等级三级，$[\beta] = 3.2$，$P_f = 6.9 \times 10^{-4}$。砌体结构设计时可靠指标有所提高，略高于目标可靠指标，即 $\beta > [\beta]$，以此确定各分项系数的取值。

1.3.2.1　承载能力极限状态设计表达式

承载能力极限状态是指结构或结构构件达到最大承载能力或不适于继续承载的变形状态。当超过承载能力极限状态时，结构整体或结构构件就不能满足安全性的功能要求，关乎生命、财产的安全，故砌体结构所有承重构件（墙、柱）都应进行承载能力极限状态设计。

　　安全性要求结构的作用效应设计值 S_d 不应超过结构的抗力设计值 R_d，由于材料分项系数、抗力分项系数是以二级安全等级为基准确定的，因此再引进一个和安全等级有关的结构重要性系数 γ_0，以统一计算公式。承载能力极限状态的设计表达式为：

$$\gamma_0 S_d \leqslant R_d \tag{1.1}$$

式中　γ_0——结构重要性系数。持久设计状况和短暂设计状况，对安全等级为一级或设计使用年限为 50 年以上的结构构件，不应小于 1.1；对安全等级为二级或设计使用年限为 50 年的结构构件，不应小于 1.0；对安全等级为三级或设计使用年限为 1~5 年的结构构件，不应小于 0.9；偶然设计状况和地震设计状况不应小于 1.0。

　　S_d——荷载组合的效应设计值。

　　R_d——结构构件抗力设计值。

　　结构构件抗力设计值在后续的相关章节分别涉及，荷载组合的效应设计值是荷载组合中的最不利值，下面介绍荷载组合的效应。持久设计状况和短暂设计状况承载能力极限状态计算时采用基本组合，基本组合就是永久荷载和可变荷载组合；偶然设计状况承载力极限状态计算时采用偶然组合，偶然组合就是永久荷载、可变荷载及一个偶然荷载的组合；地震设计状况承载力极限状态计算时采用地震组合，地震组合就是地震作用和其他作用的组合。

　　本书后面将 $\gamma_0 S_d$ 作为一个整体称为相应内力设计值，分别用轴向压力设计值 N、轴向拉力设计值 N_t、弯矩设计值 M 和剪力设计值 V 取而代之；即 $N=\gamma_0 S_d$，$N_t=\gamma_0 S_d$，$M=\gamma_0 S_d$，$V=\gamma_0 S_d$。

　　荷载效应基本组合的设计值，应按下列公式计算。

　　(1) 可变荷载多于一个时

$$\gamma_0 S_d = \gamma_0 \left(1.2 S_{Gk} + 1.4 \gamma_L S_{Q_1 k} + \gamma_L \sum_{i=2}^{n} \gamma_{Q_i} \psi_{c_i} S_{Q_i k}\right) \tag{1.2}$$

$$\gamma_0 S_d = \gamma_0 \left(1.35 S_{Gk} + 1.4 \gamma_L \sum_{i=1}^{n} \psi_{c_i} S_{Q_i k}\right) \tag{1.3}$$

式中　S_{Gk}——永久荷载标准值的效应。

　　$S_{Q_1 k}$——起控制作用的一个可变荷载（主导可变荷载）标准值的效应。

　　$S_{Q_i k}$——第 i 个可变荷载标准值的效应。

　　γ_{Q_i}——第 i 个可变荷载分项系数，一般情况下取 1.4；对于标准值大于 $4kN/m^2$ 的工业房屋楼面结构的活荷载应取 1.3。

　　γ_L——结构构件的抗力模型不定性系数。对静力设计，考虑结构设计使用年限的荷载调整系数，设计使用年限 50 年，取 1.0；设计使用年限 100 年，取 1.1。

　　ψ_{c_i}——第 i 个可变荷载的组合值系数。楼面活荷载一般取 0.7；对书库、档案库、储藏室或通风机房应取 0.9；雪荷载 0.7；风荷载 0.6。

　　n——参与组合的可变荷载数。

　　(2) 当仅有楼面活荷载（一个可变荷载）时

$$\gamma_0 S_d = \gamma_0 (1.2 \text{恒} + 1.4 \gamma_L \text{活}) \tag{1.4}$$

$$\gamma_0 S_d = \gamma_0 (1.35 \text{恒} + 1.4 \gamma_L \psi_c \text{活}) \tag{1.5}$$

　　当工业楼面活荷载标准值大于 $4kN/m^2$ 时，式 (1.2) ~式 (1.5) 中的可变荷载分项系数 1.4 应取为 1.3。根据《建筑结构荷载规范》(GB 50009—2012) 的规定，当永久荷载效应对结构有利时，式（1.2）和式（1.4）中的永久荷载分项系数1.2应取为1.0。

1.3.2.2 稳定性验算表达式

当砌体结构作为一个刚体，需要验算整体稳定性（例如倾覆、滑移、漂浮）时，应按下列公式中最不利组合进行验算：

$$\gamma_0(1.2S_{G_2k} + 1.4\gamma_L S_{Q_1k} + \gamma_L \sum_{i=2}^{n} S_{Q_ik}) \leqslant 0.8S_{G_1k} \tag{1.6}$$

$$\gamma_0(1.35S_{G_2k} + 1.4\gamma_L \sum_{i=1}^{n} \psi_{c_i} S_{Q_ik}) \leqslant 0.8S_{G_1k} \tag{1.7}$$

式中　S_{G_1k}——起有利作用的永久荷载标准值的效应；

　　　S_{G_2k}——起不利作用的永久荷载标准值的效应。

在验算整体稳定时，永久荷载效应与可变荷载效应符号相反，而前者对结构起有利作用。若永久荷载分项系数仍取同号效应时相同的值，则将影响构件的可靠度。为了保证砌体结构和结构构件具有必要的可靠度，故当永久荷载对整体稳定有利时，取分项系数 $\gamma_G = 0.8$，即式（1.6）和式（1.7）不等号右端的系数0.8。

1.3.2.3 正常使用极限状态设计

砌体结构除应按承载能力极限状态设计外，还应满足正常使用极限状态的要求。正常使用极限状态对应于结构或结构构件达到正常使用或耐久性的某项规定限值，它对应于结构的适用性和耐久性两个功能要求。

根据砌体结构自身的特点，其正常使用极限状态的要求，一般情况下可由相应的构造措施予以保证，而不必进行挠度和裂缝宽度等的验算。

本 章 小 结

由各种块体通过铺设砂浆黏结而成的材料称为砌体，而由砌体做成的墙、柱作为建筑物主要受力构件的结构，称为砌体结构。砌体结构是砖、砌块和石材建造的结构的统称。砌体可分为无筋砌体和配筋砌体，也可分为承重砌体和自承重砌体，还可分为砖砌体、砌块砌体和石砌体。过去主要采用砖石砌体，所以这类结构习惯上又称为砖石结构。

砌体结构是古老的建筑结构，在人类文明的进程中留下了许多遗迹，诸如桥梁、城墙、庙堂、住房等领域，体现了古代、近代的设计和建造水平。建筑领域，砌体结构曾是多层建筑的主流结构，目前绝大多数墙体仍然采用砌体，砌体结构在高层建筑中也有一席之地。随着建筑材料的发展和科技的进步，可以预见，砌体结构仍然有美好的未来。

砌体结构的设计经历了经验法、容许应力法、破损阶段设计法和极限状态设计法，目前砌体结构的设计采用以概率理论为基础的极限状态设计法，但实用计算并不直接采用概率公式，而是采用分项系数的设计表达式。根据对结构的不利和有利，永久荷载分项系数可取1.2、1.35、1.0和0.8；可变荷载分项系数一般取1.4，也有取1.3的。砌体结构应按承载能力极限状态设计，并满足正常使用极限状态的要求。根据砌体结构自身的特点，正常使用极限状态的要求一般情况下可由相应的构造措施来保证。

思 考 题

1.1　什么是砌体？砌体有哪些种类？

1.2 砌体结构有哪些特点？

1.3 砌体结构可在哪些领域应用？

1.4 在发明水泥以前，砌体结构为何没能大量用于民用建筑？

1.5 国内砌体结构的发展趋势是什么？

1.6 砌体结构的目标可靠指标如何取值？相应的失效概率是多少？

本章小结

第2章　砌体的力学性能

内容提要

　　本章首先介绍砌体结构材料，即块体和砂浆的性能和强度等级；其次介绍砌体的砌筑质量控制等级、砌筑质量基本要求；然后重点讲述砌体的力学性能和力学性能指标取值、热工参数和摩擦系数取值；最后给出耐久性基本要求，即砌体结构的环境类别和不同环境下选材的一些规定。

2.1　砌体结构材料

　　由各种块体通过铺设砂浆黏结而成的材料称为砌体，砌体砌筑成的结构称为砌体结构。块体和砂浆是组成砌体的主要材料，它们的性能好坏将直接影响到作为复合体的砌体的强度与变形。

2.1.1　块体的种类及强度等级

　　所谓块体，就是砌体所用各种砖、石、小型砌块的总称。块体用 MU（Masonry Unit）为代号，以极限抗压强度 f_1（MPa）来确定强度等级，将块体的强度等级表示为 $\mathrm{MU}f_1$。

2.1.1.1　砖

　　砖是建筑用的人造小型块材，外形主要为直角六面体，分为烧结砖、蒸压砖和混凝土砖三类。以 10 块砖抗压强度的平均值确定砖的强度等级，根据变异系数不同，还需满足强度标准值和单块最小抗压强度值的要求，部分砖尚需满足折压比之规定。

　　（1）烧结砖　烧结砖有烧结普通砖（实心砖）、烧结多孔砖和烧结空心砖等种类，如图 2.1 所示。

(a) 烧结普通砖　　　　　(b) 烧结多孔砖　　　　　(c) 烧结空心砖

图 2.1　烧结砖

　　烧结普通砖又称为标准砖（简称标砖），它是由煤矸石、页岩、粉煤灰或黏土为主要原料，经塑压成型制坯，干燥后经焙烧而成的实心砖，如图 2.1(a) 所示。普通砖国内统一的外形尺寸为 240mm×115mm×53mm。依据主要原料不同，可分为烧结煤矸石砖、烧结页岩砖、烧结粉煤灰砖、烧结黏土砖等，其中实心黏土砖是主要品种，推广非黏土砖是砖瓦工业的发展方向。

烧结多孔砖简称多孔砖，为大面有孔的直角六面体，砌筑时孔洞垂直于受压面。它是以煤矸石、页岩、粉煤灰或黏土为主要原料，经焙烧而成，且孔洞率大于或等于33%，孔的尺寸小而数量多，主要用于承重部位的砖。21世纪初，我国烧结多孔砖采用圆孔砖，如图2.1(b)所示。2011年以后，国家逐渐淘汰圆孔砖，推广矩形孔（或矩形条孔）砖，如图2.2所示。烧结多孔砖的长度、宽度、高度（mm）应符合下列要求：290、240、190、180、140、115、90，常用规格尺寸有290mm×140mm×90mm、240mm×115mm×90mm、190mm×190mm×90mm等。

图2.2 烧结矩形孔（或矩形条孔）砖

烧结空心砖就是孔洞率不小于40%，孔的尺寸大而数量少的烧结砖，如图2.1(c)所示。烧结空心砖是以煤矸石、页岩、粉煤灰或黏土等为主要原料，经成型、干燥和焙烧而成的空心砖。砌筑时孔洞水平，主要用于框架填充墙和自承重隔墙。

烧结普通砖和烧结多孔砖的强度等级共分为MU30、MU25、MU20、MU15和MU10五级，强度等级指标见表2.1。

表2.1 烧结普通砖、烧结多孔砖强度等级指标　　　　　　　　　　　　　　单位：MPa

强度等级	抗压强度平均值	变异系数 $\delta \leqslant 0.21$	变异系数 $\delta > 0.21$
		强度标准值 $f_k \geqslant$	单块最小抗压强度值 $f_{min} \geqslant$
MU30	30.0	22.0	25.0
MU25	25.0	18.0	22.0
MU20	20.0	14.0	16.0
MU15	15.0	10.0	12.0
MU10	10.0	6.5	7.5

具体测定方法为：烧结普通砖取砖10块，分别切断，用水泥净浆将半块砖两两叠粘在一起，上下做抹平面，试样近似呈立方体；烧结多孔砖则是以10块整砖作为试样，并以受压面的毛面积为基准。将准备好的砖试样在压力试验机上受压，直至破坏，测定各单块砖的抗压强度 f_i。10块砖的强度统计参数如下所述。

抗压强度平均值　　　　　　$$\overline{f} = \frac{1}{n}\sum_{i=1}^{n} f_i = \frac{1}{10}\sum_{i=1}^{10} f_i \qquad (2.1)$$

抗压强度标准差　　　　　　$$S = \sqrt{\frac{1}{n-1}\sum_{i=1}^{10}(f_i - \overline{f})^2} = \sqrt{\frac{1}{9}\sum_{i=1}^{10}(f_i - \overline{f})^2} \qquad (2.2)$$

抗压强度变异系数　　　　　　$$\delta = S/\overline{f} \qquad (2.3)$$

抗压强度标准值　　　　　　$$f_k = \overline{f} - 1.8S = \overline{f}(1 - 1.8\delta) \qquad (2.4)$$

① 按"平均值——标准值"评定强度等级。当变异系数 $\delta \leqslant 0.21$ 时，按表 2.1 中抗压强度平均值和标准值评定砖的强度等级。

② 按"平均值——最小值"评定强度等级。当变异系数 $\delta > 0.21$ 时，按表 2.1 中抗压强度平均值、单块最小抗压强度值评定砖的强度等级。

按《墙体材料应用统一技术规范》（GB 50574—2010）的规定，烧结多孔砖强度等级的划分除考虑抗压强度以外，尚应考虑抗折强度与抗压强度之比（即折压比）的要求，见表2.2。

表 2.2　承重砖的折压比

砖种类	高度/mm	强度等级				
		MU30	MU25	MU20	MU15	MU10
		折压比(不小于)				
蒸压普通砖	53	0.16	0.18	0.20	0.25	—
多孔砖	90	0.21	0.23	0.24	0.27	0.32

注：1. 蒸压普通砖包括蒸压灰砂普通砖和蒸压粉煤灰普通砖。

2. 多孔砖包括烧结多孔砖和混凝土多孔砖。

烧结空心砖的强度等级有 MU10、MU7.5、MU5 和 MU3.5 共四个等级。实践中发现，若自承重墙的砖强度低、性能差，则使用中容易出现开裂，地震时填充墙脆性垮塌现象比较严重，为确保自承重墙体的安全，烧结空心砖的强度等级不应低于 MU3.5。

（2）蒸压砖　蒸压砖应用较多的是硅酸盐砖，材料压制成坯并经高压釜蒸汽养护而形成的砖，依主要材料不同又分为灰砂砖和粉煤灰砖，其尺寸规格与实心黏土砖相同。这种砖不能用于长期受热 200℃以上、受急冷急热或有酸性介质腐蚀的建筑部位。

蒸压灰砂普通砖是以石灰等钙质材料和砂等硅质材料为主要原料，经坯料制备、压制排气成型、高压蒸汽养护而成的实心砖。

蒸压粉煤灰普通砖是以石灰或水泥等钙质材料与粉煤灰等硅质材料及集料（砂等）为主要原料，掺加适量石膏，经坯料制备、压制排气成型、高压蒸汽养护而成的实心砖。

承重结构采用的蒸压灰砂普通砖、蒸压粉煤灰普通砖的强度等级为如下三级：MU25、MU20 和 MU15，依据抗压强度平均值和单块抗压强度最小值进行评定，见表 2.3。同时，折压比应符合表 2.2 之规定。

表 2.3　蒸压灰砂普通砖和蒸压粉煤灰普通砖强度等级指标　　　单位：MPa

强度等级	抗压强度	
	平均值不小于	单块最小值不小于
MU25	25.0	20.0
MU20	20.0	16.0
MU15	15.0	12.0

（3）混凝土砖　混凝土砖是以水泥为胶结材料，以砂、石等为主要集料，加水搅拌、成型、养护制成的一种实心砖或多孔的半盲孔砖。混凝土砖具有质轻、防火、隔声、保温、抗渗、抗震、耐久等特点，且无污染、节能降耗，可直接替代烧结普通砖、多孔砖用于各种承重的建筑墙体结构中，是新型墙体材料的一个重要组成部分。

混凝土普通砖的主要规格尺寸为 240mm×115mm×53mm、240mm×115mm×90mm 等；混凝土多孔砖的主要规格尺寸为 240mm×115mm×90mm、240mm×190mm×90mm、

190mm×190mm×90mm 等。

混凝土普通砖、多孔砖的强度等级分四级：MU30、MU25、MU20 和 MU15，依据抗压强度平均值和单块抗压强度最小值进行评定，见表2.4。同时，对于混凝土多孔砖，其折压比尚应符合表2.2之规定。

表 2.4 混凝土普通砖和混凝土多孔砖强度等级指标 单位：MPa

强度等级	抗压强度	
	平均值不小于	单块最小值不小于
MU30	30.0	24.0
MU25	25.0	20.0
MU20	20.0	16.0
MU15	15.0	12.0

2.1.1.2 砌块

砌块是建筑用的人造块材，外形主要为直角六面体，主要规格的长度、宽度和高度至少一项分别大于365mm、240mm 和115mm，且高度不大于长度或宽度的6倍，长度不超过高度的3倍。砌块的规格目前尚不统一，通常将高度大于 115mm 而小于 390mm 的砌块称为小型砌块，高度为 390～900mm 的砌块称为中型砌块，高度大于 900mm 的砌块称为大型砌块。

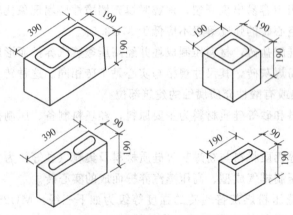

图 2.3 混凝土小型空心砌块和轻集料混凝土小型空心砌块的规格尺寸

小型空心砌块通常由普通混凝土或轻集料（火山渣、浮石、陶粒、煤矸石）混凝土制成。混凝土小型空心砌块和轻集料混凝土小型空心砌块的常用规格尺寸如图 2.3 所示，空心率为 25%～50%。工程上将混凝土小型空心砌块和轻集料混凝土小型空心砌块简称混凝土砌块或砌块。

砌块表观密度较小，可减轻结构自重，保温隔热性能好，施工速度快，能充分利用工业废料，价格便宜。目前已广泛应用于房屋的墙体，在一些地区小型砌块已成功用于高层建筑的承重墙体。如图 2.4 所示为混凝土空心砌块产品。

图 2.4 混凝土空心砌块

以 5 个砌块试样毛截面抗压强度的平均值和单个块体抗压强度的最小值来确定砌块的强度等级。承重结构用砌块的强度等级共分五级：MU20、MU15、MU10、MU7.5 和 MU5；

自承重墙使用的轻集料混凝土砌块的强度等级分为 MU10、MU7.5、MU5 和 MU3.5 共四级。

2.1.1.3 石材

砌体结构中，常用的天然石材为无明显风化的花岗岩、砂岩和石灰岩等。石材的抗压强度高，耐久性好，多用于房屋基础、勒脚部位。在有开采加工能力的地区，也可用于房屋的墙体，但石材传热性较高，用于采暖房屋的墙壁时，厚度需要很大，经济性较差。石材也可用来修筑水坝、拱桥和挡土墙等结构。

按加工后的外形规则程度，将石材分为料石和毛石两种。

(1) 料石　料石为形状比较规则的六面体。料石按加工的平整程度又细分为细料石、粗料石和毛料石三类。

① 细料石：通过加工，外表规则，叠砌面凹入深度不应大于 10mm，高度和宽度不小于 200mm、且不应小于长度的 1/4。

② 粗料石：通过加工，外表规则，叠砌面凹入深度不应大于 20mm，高度和宽度不小于 200mm、且不应小于长度的 1/4。

③ 毛料石：外形大致方正，一般不加工或仅稍加修整，高度不应小于 200mm，叠砌面凹入深度不应大于 25mm。

(2) 毛石　形状不规则，中部厚度不应小于 200mm。

石材尺寸千变万化，规定以 70mm×70mm×70mm 的立方体试块测定抗压强度，并用三个试块抗压强度的平均值来确定其强度等级。对于其他尺寸的立方体试块，测得的抗压强度需乘以表 2.5 中相应的换算系数后才能作为石材的强度等级。

石材的强度共分为七个等级：MU100、MU80、MU60、MU50、MU40、MU30 和 MU20。

表 2.5　石材强度等级换算系数

立方体边长/mm	200	150	100	70	50
换算系数	1.43	1.28	1.14	1	0.86

2.1.2　砂浆的种类及强度等级

砂浆是由胶凝材料（水泥、石灰）、细集料（砂）、掺加料（可以是矿物掺合料、石灰膏、电石膏、黏土膏等的一种或多种）和水等为主要原材料进行拌合，硬化后具有强度的工程材料。砂浆的作用是将块体连成整体而形成砌体，并铺平块体表面使应力分布趋于均匀；砂浆填满块体之间的缝隙，可减少砌体的透气性，提高砌体的保温、抗冻性能。砌体强度直接与砂浆的强度、砂浆的流动性（可塑性）和砂浆的保水性密切相关，所以强度、流动性和保水性是衡量砂浆质量的三大指标。

2.1.2.1 砂浆的种类

砂浆按成分组成，通常分为水泥砂浆、混合砂浆和专用砂浆。

(1) 水泥砂浆　由水泥、砂和水为主要原材料，也可根据需要加入矿物掺合料等配制而成的砂浆，称为水泥砂浆或纯水泥砂浆。水泥砂浆强度高、耐久性好，但流动性、保水性均稍差，一般用于房屋防潮层以下的砌体或对强度有较高要求的砌体。

(2) 混合砂浆　以水泥、砂和水为主要原材料，并加入石灰膏、电石膏、黏土膏的一种或多种，也可根据需要加入矿物掺合料等配制而成的砂浆，称为水泥混合砂浆，简称混合砂浆。依掺合料的不同，又有水泥石灰砂浆、水泥黏土砂浆等之分，但应用最广的混合砂浆还是水泥石灰砂浆。水泥石灰砂浆具有一定的强度和耐久性，且流动性、保水性均较好，易于砌筑，是一般墙体中常用的砂浆。

（3）砌块专用砂浆　由水泥、砂、水以及根据需要掺入的掺合料和外加剂等组分，按一定比例，采用机械拌合制成，专门用于砌筑混凝土砌块的砌筑砂浆，称为砌块专用砂浆。

（4）蒸压砖专用砂浆　由水泥、砂、水以及根据需要掺入的掺合料和外加剂等组分，按一定比例，采用机械拌合制成，专门用于砌筑蒸压灰砂砖砌体或蒸压粉煤灰砖砌体，且砌体抗剪强度不应低于烧结普通砖砌体取值的砂浆，称为蒸压砖专用砂浆。

蒸压灰砂普通砖、蒸压粉煤灰普通砖等蒸压硅酸盐砖是半干压法生产的，制砖钢模十分光亮，在高压成型时会使砖质地密实、表面光滑，吸水率也较小，这种光滑的表面影响了砖与砖的砌筑与黏结，使砌体的抗剪强度较烧结普通砖低 1/3，故应采用工作性能好、黏结力高、耐候性强且施工方便的专用砌筑砂浆，以保证砌体的抗剪强度不低于烧结普通砖砌体的取值。

2.1.2.2　砂浆的强度等级

将砂浆做成 70.7mm×70.7mm×70.7mm 的立方体试块，标准养护 28 天［温度（20±2）℃，相对湿度＞90％］。用养护好的砂浆试块进行抗压强度试验，由三个试块测试值确定砂浆立方抗压强度平均值 f_2（精确至 0.1MPa）。普通砌筑砂浆的强度等级符号为 M（砂浆英文单词 Mortar 的首字母），用 Mf_2 表示砂浆的强度等级。砂浆的强度等级共分为五级：M15、M10、M7.5、M5 和 M2.5；砌块专用砂浆的强度等级符号为 Mb，用 Mbf_2 表示强度等级，规范推荐使用的有以下四个级别：Mb15、Mb10、Mb7.5 和 Mb5；蒸压砖专用砂浆的强度等级符号为 Ms，用 Msf_2 表示强度等级，规范推荐应用如下四个级别：Ms15、Ms10、Ms7.5 和 Ms5。

需要注意的是，确定砂浆强度等级时，应采用同类块体作为砂浆强度试块的底模。

2.1.2.3　砂浆的流动性和保水性

（1）流动性　在砌筑砌体的过程中，要求块材与砂浆之间有较好的密实度，应使砂浆容易而且能够均匀地铺开，从而提高砌体强度和砌筑效率，这要求砂浆具有合适的稠度，以保证它有一定的流动性。砂浆的流动性又称可塑性，采用重力为 3N、顶角 30°的标准锥体沉入砂浆中的深度来测定，锥体的沉入深度（沉入度）根据砂浆的用途规定为：用于烧结普通砖砌体、蒸压粉煤灰砖砌体的砂浆稠度为 70～90mm，用于混凝土砖砌体、蒸压灰砂砖砌体的砂浆稠度为 50～70mm；用于石砌体的砂浆稠度为 30～50mm。

（2）保水性　砂浆能保持水分的能力，称为保水性。砂浆的质量在很大程度上取决于其保水性。在砌筑时，块体将吸收一部分水分，这对于砂浆的强度和密实性是有利的，但如果砂浆的保水性很差，新铺在块体上的砂浆的水分很快被吸去，将使砂浆难以铺平，影响正常硬化作用，降低砂浆强度，从而使砌体强度有所下降。

砂浆的保水性用分层度表示。将拌好的砂浆试样一次装入分层度筒内，测出上层砂浆的沉入度；静置 30min 后，再取出筒内下面 1/3 部分的砂浆，重新拌合，并测定沉入度。前后两次沉入度之差（mm），定义为砂浆的分层度。保水性良好的砂浆，其分层度应为 10～20mm。分层度大于 20mm 的砂浆，容易离析，不便于施工；但若分层度小于 10mm，则砂浆硬化后易产生干缩裂缝。

在砂浆中掺入适量的掺合料，可提高砂浆的流动性和保水性，既能节约水泥，又可提高砌筑质量。纯水泥砂浆的流动性和保水性都比混合砂浆差，试验发现，当 M5 以下的混合砂浆砌筑的砌体比相同强度等级的水泥砂浆砌筑的砌体强度要高。所以，施工中不应采用强度等级低于 M5 的水泥砂浆替代同强度等级的水泥混合砂浆，如需替代，应将水泥砂浆提高一个强度等级。

2.1.3 其他材料

砌体结构中，除以块材和砂浆为主要材料以外，还广泛使用混凝土、钢筋和外加剂等辅助材料。

（1）混凝土 混合结构房屋中较多地方采用钢筋混凝土，除楼盖外，挑梁、过梁、墙梁的托梁、圈梁以及构造柱等通常采用钢筋混凝土；组合砖砌体的面层可以采用钢筋砂浆，也可以采用钢筋混凝土。所以，混合结构房屋中普通混凝土的用量比较大，其强度等级不应低于 C20。

在混凝土小型空心砌块建筑中，为了提高房屋的整体性、承载力和抗震性能，常在砌块竖向孔洞内设置钢筋并浇注灌孔混凝土，使其形成钢筋混凝土芯柱；在有些小型混凝土空心砌块砌体中，虽然孔洞内没有配置钢筋，但为了增大砌体的截面面积，或为了满足其他功能要求，也需要灌孔。混凝土空心砌块灌孔所用的混凝土称为砌块灌孔混凝土，简称为灌孔混凝土，用符号"Cb"表示。灌孔混凝土是由水泥、砂、碎石、水以及根据需要掺入掺合料和外加剂，经过机械搅拌后，浇注芯柱或填实孔洞。为了保证灌孔混凝土在砌块孔洞内的密实性，灌孔混凝土应采用高流动性、高黏结性、低收缩性的细石混凝土。混凝土砌块砌体灌孔混凝土强度等级不应低于 Cb20，且不应低于块体强度等级的 1.5 倍。

（2）钢筋 砌体结构中的构造钢筋（圈梁、构造柱钢筋，墙体之间的拉结钢筋），通常采用 HPB300 级热轧光圆钢筋；受力钢筋可采用 HPB300 钢筋，也可采用 HRB335、HRB400 热轧带肋钢筋。网状配筋砖砌体的钢筋，多采用冷拔低碳钢丝。

（3）外加剂 外加剂的用量虽然较少，但却可以改善砂浆的性能，从而提高砌体的砌筑质量。在砌筑砂浆中掺用的砂浆增塑剂、早强剂、缓凝剂、防冻剂、防水剂等产品种类繁多，性能和质量也存在差异，为保证砌筑砂浆的性能和砌体的砌筑质量，应对外加剂的品种和用量进行检验和试配，符合要求后方可使用。

因为掺氯盐的砂浆氯离子含量较大，氯离子对钢筋具有较强的腐蚀性，所以配筋砌体不得采用掺氯盐的砂浆砌筑，以确保结构的耐久性。

2.2 砌体的砌筑质量

砌体是大量块体经现场砌筑而成，施工技术、管理水平都将影响砌筑质量，从而影响结构的安全程度，因此，不管是结构设计还是施工验收，对砌筑质量都非常关注。

2.2.1 砌体的砌筑质量控制等级

根据施工现场的质量管理体系、砂浆和混凝土的强度、砌筑工人的技术等级方面的综合水平，将砌体的施工质量控制等级分为 A、B、C 三级，见表 2.6。质量控制等级不同，砌体的强度指标不同。A 级质量等级强度指标最高，B 级次之，C 级最低。

表 2.6 砌体的施工质量控制等级

项 目	施工质量控制等级		
	A	B	C
现场质量管理	监督检查制度健全,并严格执行;施工方有在岗专业技术管理人员,人员齐全,并持证上岗	监督检查制度基本健全,并能执行;施工方有在岗专业技术管理人员,人员齐全,并持证上岗	有监督检查制度;施工方有在岗专业技术管理人员
砂浆、混凝土强度	试块按规定制作,强度满足验收规定,离散性小	试块按规定制作,强度满足验收规定,离散性较小	试块按规定制作,强度满足验收规定,离散性大
砂浆拌合	机械拌合;配合比计量控制严格	机械拌合;配合比计量控制一般	机械或人工拌合;配合比计量控制较差
砌筑工人	中级工以上,其中,高级工不少于 30%	高、中级工不少于 70%	初级工以上

注:1. 砂浆、混凝土强度离散性大小根据强度标准差确定。

 2. 配筋砌体不得为 C 级施工。

施工质量控制等级的选择主要根据设计和建设单位商定,并在工程设计图中明确设计采用的施工质量控制等级。考虑到我国目前的施工质量水平,对一般多层房屋宜按 B 级控制;对配筋砌块剪力墙高层建筑,设计时宜选用 B 级的砌体强度指标,而在施工时宜采用 A 级的施工质量控制等级,以提高这种结构体系的安全储备。

2.2.2 砌体的砌筑质量基本要求

2.2.2.1 砖的湿润程度

实践证明,砖的湿润程度对砌体的施工质量影响较大。干砖砌筑不仅不利于砂浆强度的正常增长,大大降低砌体强度,影响砌体的整体性,而且砌筑困难;吸水饱和的砖砌筑时,会使刚砌的砌体尺寸稳定性差,易出现墙体平面外弯曲,砂浆易流淌,灰缝厚度不均,砌体强度降低。因此,砖的含水率不能过高,也不能过低。施工操作中,砖应提前 1~2 天适度湿润,严禁采用干砖或处于饱和状态的砖砌筑,块体的湿润程度宜符合下列要求:

① 烧结砖的相对含水率 60%~70%,所谓相对含水率就是含水率与吸水率的比值;

② 蒸压砖的相对含水率 40%~50%;

③ 混凝土砖不需浇水湿润,但在气候干燥炎热的情况下,宜在砌筑前对其喷水湿润。

2.2.2.2 灰缝厚度和砂浆饱满度

灰缝横平竖直,厚薄均匀,不仅使砌体表面美观,而且使砌体的变形及传力均匀。试验发现,水平灰缝增厚,砌体的抗压强度降低,反之则砌体的抗压强度提高;但灰缝过薄,将使块体间的黏结不良,产生局部挤压现象,也会降低砌体强度。竖向灰缝过宽或过窄,不仅影响观感质量,而且易造成灰缝砂浆饱满度较差,影响砌体的使用功能、整体性及降低砌体的抗剪强度。

砖砌体和混凝土空心小型砌块砌体的灰缝应横平竖直,厚薄均匀,水平灰缝厚度及竖向灰缝宽度宜为 10mm,但不应小于 8mm,也不应大于 12mm。石砌体的灰缝厚度应符合下列规定:毛石砌体外露面的灰缝厚度不宜大于 40mm;毛料石和粗料石的灰缝厚度不宜大于 20mm;细料石的灰缝厚度不宜大于 5mm。

砌体灰缝砂浆应密实饱满。砖墙水平灰缝的砂浆饱满度不得低于 80%,竖向灰缝不应出现瞎缝、透明缝和假缝。竖向瞎缝就是砌体中相邻块体间无砌筑砂浆,又彼此接触的竖向缝;假缝是为掩盖砌体灰缝内在质量缺陷,砌筑砌体时仅在靠近砌体表面处抹有砂浆,而内部无砂浆的竖向灰缝。砖柱水平灰缝和竖向灰缝砂浆饱满度不得低于 90%。混凝土小型空心砌块砌体水平灰缝和竖向灰缝的砂浆饱满度,按净面积计算不得低于 90%。石砌体灰缝的砂浆饱满度不宜小于 80%。

2.2.2.3　块体组砌方法和砌筑进度

多孔砖的孔洞应垂直于受压面砌筑;半盲孔多孔砖的封底面应朝上砌筑。240mm 厚承重墙的每层墙的最上一皮砖,砖砌体的阶台水平面上及挑出层的外皮砖,应整砖丁砌。

砖砌体组砌方法应正确,内外搭砌,上下错缝。相邻上下两皮砖搭砌长度若小于 25mm,则称为竖向通缝,简称通缝。施工要求:清水墙、窗间墙无通缝;混水墙中不得有长度大于 300mm 的通缝,长度 200~300mm 的通缝每间不超过 3 处,且不得位于同一面墙体上。

对实心砖柱,用砍砖办法有可能做到严格的搭砌,完全消除竖向通缝,但由于砍砖不易整齐,往往只顾及外侧尺寸,内部形成难以密实的砂浆块,反而会降低砌体的受力性能。所以,在不砍砖的情况下,可以采用如图 2.5 所示的砌法,按①、②、③、④交替砌筑,其竖向通缝均未超过 3 皮砖,又有比较好的搭缝。但如果采用图中②、③交替砌筑,则柱的四周虽有良好的搭缝,但却与中心部分无联系,这就是所谓的"包心砌法",其承载能力将大大降低。因此砌体结构工程施工质量验收规范明确规定,砖柱不得采用包心砌法。

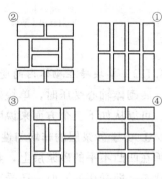

图 2.5　砖柱组砌方式

为了保证砌体的砌筑质量和生产安全,需要对墙体每日砌筑高度进行控制。正常施工条件下,砖砌体、小型砌块砌体每日砌筑高度宜控制在 1.5m 或一步脚手架高度内;石砌体不宜超过 1.2m。

2.3　砌体的力学性能

2.3.1　砌体的受压性能

2.3.1.1　砖砌体轴心受压破坏特征

烧结普通砖砌体轴心受压标准试样尺寸为 240mm×370mm×720mm,轴心压力从零开始逐渐增加直至破坏。砖砌体受压过程中,共经历三个阶段,如图 2.6 所示。

① 第Ⅰ阶段,弹性和弹塑性阶段。从开始加载到个别砖出现微细裂缝为止,砌体的横向变形较小,压应力引起的变形主要是弹性变形,塑性变形较小。第一批裂缝出现时的荷载大约为破坏荷载的 0.5~0.7 倍。若不继续增加荷载,微细裂缝不会继续扩展或增加。

② 第Ⅱ阶段,裂缝扩展阶段。随着荷载的增加,微细裂缝逐渐发展,当荷载继续增加达到破坏荷载的 0.8~0.9 倍时,个别砖竖向裂缝不断扩展,并上下贯通若干皮砖,在砌体内逐渐连接成几段连续的裂缝。此时裂缝处于不稳定扩展阶段,即使荷载不再增加,裂缝也会继续发展。

③ 第Ⅲ阶段,破坏阶段。当试验荷载进一步增加时,裂缝便迅速开展,其中几条主要竖向裂缝将把砌体分割成若干截面尺寸为半砖左右的小柱体,整个砌体明显向外鼓出。最后某些小柱体失稳或压碎,砖砌体宣告破坏。

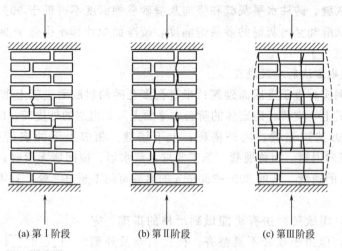

(a) 第Ⅰ阶段   (b) 第Ⅱ阶段   (c) 第Ⅲ阶段

图 2.6　砖砌体轴心受压破坏特征

2.3.1.2　单块砖在砌体内的受力特点

砖砌体轴心受压时，单块砖并不是简单受压，而是处于复合受力状态，理论分析十分复杂。可以从如下三个方面来说明砖的受力状态。

① 由于砂浆层的非均匀性和砖表面并不平整，使得砖与砂浆之间并非全面接触，而是支承在凹凸不平的砂浆层上，竖向压应力分布不均匀，所以在轴心受压砌体中砖处于复杂受力状态，即受压的同时，还受弯曲和剪切作用，如图 2.7 所示。因为砖的抗弯、抗剪强度远低于抗压强度，所以在砌体中常常由于单块砖承受不了弯曲拉应力和剪应力而出现第一批裂缝。

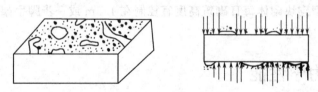

图 2.7　砌体内砖的受力示意图

② 砂浆和砖泊松比的比值为 1.5～5，说明砂浆的横向变形大于砖的横向变形。由于黏结力的存在，砂浆和砖的横向变形不能各自独立进行，而要受到对方的制约。砖阻止砂浆横向变形，使砂浆横向受到压力作用，反之轴心受压砌体中砖横向受到砂浆的作用而受拉。砂浆处于各向受压状态，抗压强度有所增加。用强度等级低的砂浆砌筑的砌体，其抗压强度可以高于砂浆强度。

③ 竖向灰缝内砂浆不能填实，在该截面内截面有效面积有所减小，同时砂浆和砖的黏结力也不可能完全保证。因此，在竖向灰缝截面上的砖内产生横向拉应力和剪应力的应力集中，引起砌体强度的降低。

鉴于上述受力特征，轴心受压砌体中的砖处于局部受压、受弯、受剪、横向受拉的复杂应力状态。由于砖的抗弯、抗拉强度很低，故砖砌体受压后砖块将出现因拉应力而产生的横向裂缝。这种裂缝随着荷载的增加而上下贯通，直至将整个砌体分割成若干半砖小柱，侧向鼓出，破坏了砌体的整体工作。砌体以失稳形式发生破坏，仅局部截面上的砖被压坏，就整个截面来说，砖的抗压能力并没有被充分利用，这也就是为什么砌体的抗压强度远小于块体抗压强度的原因。

2.3.1.3　影响砌体抗压强度的因素

大量的砌体轴心受压试验分析表明，影响砌体抗压强度的主要因素有块材的强度等级和尺寸、砂浆的强度等级和性能、砌筑质量等方面。

（1）块材的强度等级和尺寸　块材的强度等级越高，其抗折强度越大，在砌体中越不容易开裂，因而可在很大程度上提高砌体的抗压强度。试验表明，当块材的强度等级提高一倍时，砌体的抗压强度大约能提高 50%。

块材的截面高度（厚度）增加，其截面的抗弯、抗拉和抗剪能力均不同程度地增强。砌体受压时，处于复合受力状态的块材的抗裂能力提高，从而提高砌体的抗压强度。但块材的厚度（特别是砖的厚度）不能增加太多，以免给砌筑施工带来不便。

（2）砂浆的强度等级和性能　砂浆的强度等级越高，受压后的横向变形越小，减少了砂浆与块材之间横向变形的差异，使块材承受的横向水平拉应力减小，改善了砌体的受力状态，可在一定程度上提高砌体的抗压强度。试验表明，砂浆的强度等级提高一倍，砌体的抗压强度可提高 20% 左右，但水泥用量需要增加大约 50%。砂浆强度等级对砌体抗压强度的影响比块材强度等级对砌体抗压强度的影响小，当砂浆强度等级较低时，提高砂浆强度等级，砌体的抗压强度增长较快；而当砂浆强度等级较高时，若再提高砂浆强度等级，则砌体的抗压强度增长将减缓。为了节约水泥用量，一般不宜采用提高砂浆强度等级的方法来提高其抗压强度。

流动性和保水性是衡量砂浆性能的指标，砂浆性能好，容易铺砌均匀、密实，可降低砌体内块体的弯曲正应力、剪切应力，使砌体的抗压强度得到提高。试验表明，纯水泥砂浆的流动性和保水性较差，当采用强度等级较低（<M5）的纯水泥砂浆砌筑时，砌体的抗压强度比采用相同强度等级的水泥混合砂浆砌筑的砌体的抗压强度降低 15% 左右。砂浆的流动性也不宜过大，因为流动性太大，受压后横向变形增加，会降低砌体的抗压强度。

（3）砌筑质量　砂浆的饱满程度对砌体抗压强度影响较大。砂浆铺砌饱满、均匀，可改善块体在砌体中的受力性能，使其较均匀地受压，从而提高砌体的抗压强度。砂浆层厚度对砌体抗压强度有影响，砂浆层过薄过厚都不利。因为砂浆层过薄，不易铺砌均匀；砂浆层过厚，则横向变形增大。砖的含水率也会影响砌体的抗压强度。砖的含水率过低，就会过多地吸收砂浆的水分，降低砂浆的保水性，影响砌体的抗压强度；砖的含水率过高，将影响砖与砂浆的黏结力。

砌体施工质量控制等级分为 A、B、C 三个等级。A 级质量最好，B 级质量次之，C 级质量再次之。若以 B 级质量等级砌体的抗压强度为 1，则 A 级质量等级砌体的抗压强度>1，C 级质量等级砌体的抗压强度<1。规范以系数来调整不同质量等级砌体承载能力的差异。

2.3.1.4　砖砌体受压时的应力-应变关系

砌体压缩变形由块体变形、砂浆变形及砂浆和块体间的空隙压密变形三部分构成，其中块体变形所占份额较小。当压应力较小时，砌体的应力-应变关系近似为直线，可以认为发生的变形是弹性变形；但当压应力增大时，砌体表现出弹塑性性质，应力-应变为曲线关系，如图 2.8 所示。

根据试验资料，砖砌体受压之 σ-ε 曲线，可用如下函数表述

$$\varepsilon = -\frac{1}{460\sqrt{f_m}}\ln\left(1-\frac{\sigma}{f_m}\right) \tag{2.5}$$

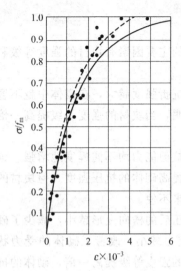

图 2.8　砖砌体的应力-应变曲线

$$或\qquad \sigma = f_m\left[1 - \exp\left(-460\sqrt{f_m}\varepsilon\right)\right] \qquad (2.6)$$

式中　f_m——砖砌体的抗压强度平均值，MPa。

取 $\sigma = 0.9f_m$ 所对应的应变为砌体的极限应变 ε_u：

$$\varepsilon_u = 0.005 f_m^{-0.5} \qquad (2.7)$$

2.3.2　砌体的受拉性能

砌体轴心受拉时，根据外力作用方向不同以及材料的抵抗能力差异，可能出现三种破坏情况，如图 2.9 所示。

（1）沿齿缝截面破坏　当力的作用方向平行于水平灰缝时，若块材强度较高，砂浆强度较低，则将发生水平和竖向灰缝成齿形或阶梯形破坏，即沿齿缝截面 1—1 破坏，如图 2.9(a) 所示。

沿齿缝截面的强度取决于砂浆和块体的黏结力。根据作用力方向不同，黏结力分两种：力垂直于灰缝面的为法向黏结力，力平行于灰缝面的为切向黏结力。试验表明，法向黏结力很低，一般不足切向黏结力的 50%，而且往往还不易保证。竖向灰缝一般不能很好地填满砂浆，黏结力属于法向黏结力，所以计算时不予考虑。沿齿缝截面的强度计算，只考虑水平灰缝中的黏结力（切向黏结力）。

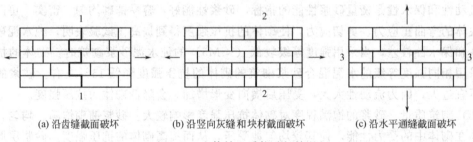

<table>
<tr><td>(a) 沿齿缝截面破坏</td><td>(b) 沿竖向灰缝和块材截面破坏</td><td>(c) 沿水平通缝截面破坏</td></tr>
</table>

图 2.9　砌体轴心受拉破坏情况

（2）沿竖向灰缝和块体截面破坏　当力的作用方向平行于水平灰缝时，若块材强度较低，砂浆强度较高，切向黏结力高于块体的抗拉能力时，则将发生沿竖向灰缝和块体截面 2—2 破坏，如图 2.9(b) 所示。

沿竖向灰缝和块体截面破坏时，砌体的抗拉能力完全取决于块体本身的抗拉能力。不考虑竖向灰缝，实际抗拉截面面积只有砌体受拉截面面积的一半。《砌体结构设计规范》规定了块体的最低强度等级，可以防止这类破坏的发生。

（3）沿水平通缝截面破坏　当力的作用方向垂直于水平灰缝时，将沿水平通缝截面 3—3 破坏，如图 2.9(c) 所示。因水平灰缝截面的抗拉强度主要靠砂浆的法向黏结力提供，其抗拉强度较低，故设计时应避免这种受力方式。

2.3.3　砌体的受弯性能

砌体在弯矩 M 作用下，截面一侧受拉，另一侧受压，由于砌体的抗压能力远高于抗拉能力，所以砌体发生弯曲受拉破坏。和轴心受拉类似，砌体弯曲受拉时也有三种破坏形式，如图 2.10 所示。

当弯矩所产生的拉应力与水平灰缝平行时，若块材强度较高、砂浆强度较低，则可能发

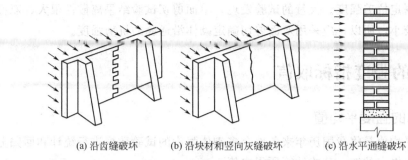

(a) 沿齿缝破坏　　　　(b) 沿块材和竖向灰缝破坏　　　　(c) 沿水平通缝破坏

图 2.10　砌体弯曲受拉破坏形式

生沿齿缝破坏；若块材强度较低、砂浆强度较高，则可能发生沿块材和竖向灰缝破坏。当弯矩所产生的拉应力与水平灰缝垂直时，则可能沿水平通缝发生破坏。

砌体竖向弯曲时，沿水平通缝截面破坏。砌体水平方向弯曲时，有两种破坏可能，一是沿齿缝截面破坏，二是沿块材和竖向灰缝破坏。沿块材和竖向灰缝截面受弯破坏发生于灰缝黏结强度高于块体本身抗拉强度的情况，弯曲抗拉强度主要取决于块体的强度等级。《砌体结构设计规范》规定了块体的最低强度等级，以防止沿块材和竖向灰缝截面的受弯破坏。

2.3.4　砌体的受剪性能

在实际工程中，砌体在纯剪力作用下的受剪破坏形式有两类：沿通缝破坏和沿阶梯形截面破坏，如图 2.11 所示。因为竖向灰缝的砂浆往往不饱满，其抗剪能力很低，所以可取两类破坏的抗剪强度相等，即只考虑沿水平通缝抗剪。

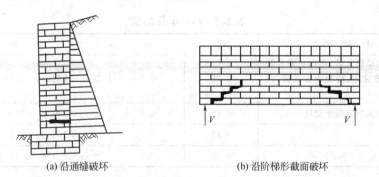

(a) 沿通缝破坏　　　　　　　　　　(b) 沿阶梯形截面破坏

图 2.11　砌体的受剪破坏形式

通缝抗剪强度是砌体的基本强度指标之一，因为砌体沿灰缝受拉、受弯破坏都和抗剪强度有关。砌体沿通缝截面的抗剪强度，由剪切试验确定，分单面剪切和双面剪切两种方法，如图 2.12 所示。单面剪切［见图 2.12(a)］就是一个灰缝剪切面，测定剪切破坏时的极限剪力，计算抗剪强度。双面剪切［见图 2.12(b)］就是两个灰缝剪切面，破坏时在其中一个

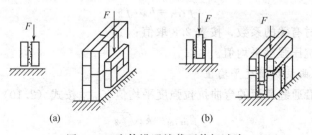

(a)　　　　　　　　　　　　　(b)

图 2.12　砌体沿通缝截面剪切试验

截面先发生，测定抗剪强度。大量的试验发现，单面剪切试验结果离散性很大，双面剪切试验结果离散性较小，所以，应采用双面剪切确定砌体沿通缝的抗剪强度。

2.4 砌体的强度指标取值

2.4.1 砌体的强度平均值

砌体强度平均值是将我国历年来各地众多砌体强度的试验数据进行统计和回归分析，并经多次校核，由提出的统一公式计算所得之值。

2.4.1.1 砌体的抗压强度平均值

砌体轴心抗压强度平均值按式（2.8）计算

$$f_m = k_1 f_1^a (1+0.07 f_2) k_2 \tag{2.8}$$

式中　f_m——砌体轴心抗压强度平均值，MPa；

　　　k_1——砌体种类和砌筑方法等因素对砌体抗压强度的影响系数；

　　　f_1——块体抗压强度平均值，MPa，即块体强度等级 MU 后面的数值；

　　　α——公式回归参数；

　　　f_2——砂浆抗压强度平均值，MPa，即砂浆强度等级 M（或 Mb、Ms）后面的数值；

　　　k_2——砂浆强度等级不同时，砌体抗压强度的影响系数。

公式（2.8）中的系数 k_1、α 和 k_2 的值与块体、砂浆有关，按表 2.7 取值，且 k_2 在表列条件以外时均等于 1。

表 2.7 　k_1、α 及 k_2 值

砌 体 种 类	k_1	α	k_2
烧结普通砖、烧结多孔砖、蒸压灰砂普通砖、蒸压粉煤灰普通砖、混凝土普通砖、混凝土多孔砖	0.78	0.5	当 $f_2<1$ 时，$k_2=0.6+0.4f_2$
混凝土砌块、轻集料混凝土砌块	0.46	0.9	当 $f_2=0$ 时，$k_2=0.8$
毛料石	0.79	0.5	当 $f_2<1$ 时，$k_2=0.6+0.4f_2$
毛石	0.22	0.5	当 $f_2<2.5$ 时，$k_2=0.4+0.24f_2$

混凝土砌块砌体的轴心抗压强度平均值，当 $f_2>10$MPa 时，应乘以系数（$1.1-0.01f_2$），MU20 的砌体应乘系数 0.95，且满足 $f_1 \geq f_2$，$f_1 \leq 20$MPa。

2.4.1.2 砌体的抗拉强度平均值

砌体沿齿缝的轴心抗拉强度主要与砂浆和块体间的黏结强度有关，其平均值 $f_{t,m}$ 直接由砂浆强度确定

$$f_{t,m} = k_3 \sqrt{f_2} \tag{2.9}$$

式中　k_3——与块材有关的系数，按表 2.8 取值；

　　　f_2——砂浆抗压强度平均值。

2.4.1.3 砌体的弯曲抗拉强度平均值

砌体沿齿缝和沿通缝截面的弯曲抗拉强度平均值 $f_{tm,m}$ 按式（2.10）计算

$$f_{tm,m} = k_4 \sqrt{f_2} \tag{2.10}$$

系数 k_4 与砌体种类有关，按表 2.8 取值。

表 2.8　k_3、k_4 和 k_5 值

砌 体 种 类	k_3	k_4		k_5
		沿齿缝	沿通缝	
烧结普通砖、烧结多孔砖、混凝土普通砖、混凝土多孔砖	0.141	0.250	0.125	0.125
蒸压灰砂普通砖、蒸压粉煤灰普通砖	0.090	0.180	0.090	0.090
混凝土砌块	0.069	0.081	0.056	0.069
毛石	0.075	0.113	—	0.188

2.4.1.4　砌体的抗剪强度平均值

砌体的抗剪强度主要取决于砂浆强度，其平均值 $f_{v,m}$ 按式（2.11）计算

$$f_{v,m}=k_5\sqrt{f_2} \tag{2.11}$$

式中，系数 k_5 按表 2.8 采用。

2.4.2　砌体强度标准值

按 95% 保证率要求，砌体强度标准值为强度平均值减 1.645 倍标准差，或强度平均值乘以 $(1-1.645\delta_f)$，δ_f 为变异系数。据此，砌体轴心抗压强度标准值 f_k、轴心抗拉强度标准值 $f_{t,k}$、弯曲抗拉强度标准值 $f_{tm,k}$ 和抗剪强度标准值 $f_{v,k}$ 应按式（2.12）计算

$$\begin{cases} f_k=f_m(1-1.645\delta_f) \\ f_{t,k}=f_{t,m}(1-1.645\delta_f) \\ f_{tm,k}=f_{tm,m}(1-1.645\delta_f) \\ f_{v,k}=f_{v,m}(1-1.645\delta_f) \end{cases} \tag{2.12}$$

变异系数 δ_f 按表 2.9 取值。

表 2.9　砌体强度变异系数 δ_f

砌 体 种 类	抗压	抗拉、弯、剪
烧结普通砖、烧结多孔砖、蒸压灰砂普通砖、蒸压粉煤灰普通砖、混凝土普通砖、混凝土多孔砖、混凝土砌块、料石砌体	0.17	0.2
毛石砌体	0.24	0.26

2.4.3　砌体强度设计值

2.4.3.1　一般砌体的强度设计值

砌体强度设计值为砌体强度标准值除以材料分项系数 γ_f，当施工质量控制等级为 B 级时，取材料分项系数 $\gamma_f=1.6$（A 级质量等级时，取 $\gamma_f=1.5$；C 级质量等级时，取 $\gamma_f=1.8$），所以

$$f=\frac{f_k}{\gamma_f},f_t=\frac{f_{t,k}}{\gamma_f},f_{tm}=\frac{f_{tm,k}}{\gamma_f},f_v=\frac{f_{v,k}}{\gamma_f} \tag{2.13}$$

由式（2.13）计算的砌体强度设计值，修约到 0.01MPa。施工质量控制等级为 B 级时，龄期为 28d 以毛截面计算的各类砌体强度设计值见附表 1～附表 8。

【例 2.1】　试求用 MU20 标准砖、M10 混合砂浆砌筑的砌体的轴心抗压强度设计值。

【解】　由表 2.7 和表 2.9 得 $k_1=0.78$，$k_2=1$，$\alpha=0.5$，$\delta_f=0.17$

$$f_m=k_1f_1^\alpha(1+0.07f_2)k_2=0.78\times20^{0.5}\times(1+0.07\times10)\times1$$

$$=5.93\text{MPa}$$

$$f_k=f_m(1-1.645\delta_f)=5.93\times(1-1.645\times0.17)=4.27\text{MPa}$$

$$f=\frac{f_k}{\gamma_f}=\frac{4.27}{1.6}=2.67\text{MPa}$$

【例 2.2】 混凝土砌块砌体，已知块体强度等级 MU15、砂浆强度等级 Mb7.5，试求轴心抗拉强度设计值。

【解】 沿齿缝计算

$$k_3=0.069,\ \delta_f=0.2$$

$$f_{t,m}=k_3\sqrt{f_2}=0.069\times\sqrt{7.5}=0.19\text{MPa}$$

$$f_{t,k}=f_{t,m}(1-1.645\delta_f)=0.19\times(1-1.645\times0.2)=0.13\text{MPa}$$

$$f_t=\frac{f_{t,k}}{\gamma_f}=\frac{0.13}{1.6}=0.08\text{MPa}$$

2.4.3.2 灌孔砌体的强度设计值

单排孔混凝土砌块对孔砌筑时，部分孔洞可以灌注混凝土，形成所谓的灌孔砌体。灌孔混凝土砌块砌体的抗压强度设计值 f_g，应按式 (2.14)、式 (2.15) 计算

$$f_g=f+0.6\alpha f_c \tag{2.14}$$

$$\alpha=\delta\rho \tag{2.15}$$

式中　f_g——灌孔混凝土砌块砌体的抗压强度设计值，并不应大于未灌孔砌体抗压强度设计值的 2 倍；

　　　　f——未灌孔混凝土砌块砌体的抗压强度设计值，应按附表 4 采用；

　　　　f_c——灌孔混凝土的轴心抗压强度设计值；

　　　　α——混凝土砌块砌体中灌孔混凝土面积和砌体毛面积的比值；

　　　　δ——混凝土砌块的孔洞率；

　　　　ρ——混凝土砌块砌体的灌孔率，系截面灌孔混凝土面积与截面孔洞面积的比值，灌孔率应根据受力或施工条件确定，且不应小于 33%。

混凝土砌块砌体的灌孔混凝土强度等级不应低于 Cb20，且不应低于 1.5 倍的块体强度等级。灌孔混凝土强度指标取同强度等级的混凝土强度指标。

单排孔混凝土砌块对孔砌筑时，灌孔砌体的抗剪强度设计值 f_{vg}，应按式 (2.16) 计算

$$f_{vg}=0.2f_g^{0.55} \tag{2.16}$$

2.4.3.3 砌体强度设计值的调整系数

下列情况的各类砌体，其强度设计值应取附表 1～附表 8 之值乘以如下调整系数 γ_a。

① 对无筋砌体构件，其截面面积 $A<0.3\text{m}^2$ 时，$\gamma_a=0.7+A$；对配筋砌体构件，当其中砌体截面面积 $A<0.2\text{m}^2$ 时，$\gamma_a=0.8+A$；构件截面面积 A 以"m^2"计。

② 当用强度等级低于 M5.0 的水泥砂浆砌筑时，轴心抗压，$\gamma_a=0.9$；轴心抗拉、弯曲抗拉、抗剪，$\gamma_a=0.8$。

③ 当验算施工中房屋的构件时，$\gamma_a=1.1$。

④ 当施工质量控制等级为 C 级时（配筋砌体不允许采用 C 级），$\gamma_a=0.89$；当采用 A 级施工质量控制等级时，$\gamma_a=1.05$。

同时满足上述多项时，γ_a 的系数应连乘。

施工阶段砂浆尚未硬化的新砌体的强度和稳定性，可按砂浆强度为 0 进行验算。对于冬

期施工采用掺盐砂浆法施工的砌体，砂浆强度等级按常温施工的强度等级提高一级时，砌体强度和稳定性可不验算。配筋砌体不得采用掺盐砂浆施工。

2.5　砌体的其他性能指标

2.5.1　砌体的弹性模量

砌体受压时的应力和应变之间为曲线关系，不能像材料力学那样简单地定义弹性模量。砌体的模量有切线模量、割线模量之分。

2.5.1.1　切线模量

过应力-应变曲线上任一点作切线，切线的斜率定义为该点的切线模量，用 E 表示

$$E = \frac{\mathrm{d}\sigma}{\mathrm{d}\varepsilon} \tag{2.17}$$

切线模量随应力水平（大小）而变，并非常数。坐标原点的切线模量，称为为原点弹性模量，用 E_0 表示

$$E_0 = \frac{\mathrm{d}\sigma}{\mathrm{d}\varepsilon}\bigg|_{\varepsilon=0} = \tan\alpha_0 \tag{2.18}$$

2.5.1.2　割线模量

砌体应力-应变曲线原点与曲线上任一点 A（ε_A，σ_A）的连线，称为割线。割线的斜率定义为割线模量

$$E = \frac{\sigma_A}{\varepsilon_A} \tag{2.19}$$

割线模量又称为变形模量。A 点位置不同，割线模量不同。

2.5.1.3　砌体的弹性模量

为了与使用阶段受力状态之工作性能相符，工程上将图 2.13 中 A 点的割线模量作为砌体的弹性模量。

（1）砖砌体、砌块砌体的弹性模量　对于砖砌体和砌块砌体，取 A 点应力 $\sigma_A = 0.43f_m$，应变由式（2.5）计算，则有弹性模量的计算公式

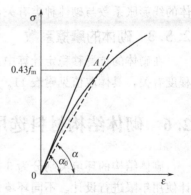

图 2.13　砌体的弹性模量

$$E = \frac{\sigma_A}{\varepsilon_A} = 0.43f_m \times \frac{-460\sqrt{f_m}}{\ln(1-0.43)} = 352f_m^{1.5} \tag{2.20}$$

式（2.20）说明弹性模量与抗压强度平均值的 1.5 次方成比例。现行规范根据试验实测结果的统计分析，取 E 与砌体抗压强度设计值 f 成正比，比例系数与砂浆强度、块体种类等有关，取值见附表 9。弹性模量是材料的基本力学性能，与构件尺寸等无关，计算弹性模量时，砌体抗压强度 f 不需要乘调整系数。

（2）石砌体的弹性模量　粗料石、毛料石和毛石砌体，取 $\sigma_A = 0.43f_m$，割线模量使用如下经验公式计算

$$E = 576 + 677f_2 \tag{2.21}$$

细料石砌体的弹性模量，取上式结果的 3 倍。石砌体的弹性模量亦列于附表 9。

（3）单排孔且孔对孔砌筑的混凝土砌块灌孔砌体的弹性模量，取灌孔砌体抗压强设计值

f_g的 2000 倍，即 $E = 2000 f_g$。

2.5.1.4 砌体的剪变模量

在使用阶段（$\sigma < 0.5 f_m$），砌体的泊松比 ν 大约为 $0.15 \sim 0.3$，则由材料力学可知

$$G = \frac{E}{2(1+\nu)} = (0.43 \sim 0.38)E$$

现行规范规定：砌体的剪变模量可按砌体弹性模量的 0.4 倍采用，即 $G = 0.4E$。烧结普通砖砌体的泊松比可取 0.15。

2.5.2 砌体的热工参数

砌体浸水时体积膨胀、失水时体积收缩（干燥收缩或干缩），而且收缩变形比膨胀变形大得多，因此工程上对砌体的干缩变形十分重视。干缩变形的特点是早期发展比较快，以后逐渐变慢，几年后才停止干缩。干燥收缩造成建筑物墙体的裂缝有时是相当严重的，因此在设计、施工和使用过程中，均不可忽视砌体干缩造成的危害。干缩变形的指标就是收缩率，各类砌体的收缩率取值可参见附表 10。

因国内收缩率的试验数据较少，附表 10 中的数值主要参照块材的收缩率和相关规定，经分析确定的。砌体收缩率和块体的上墙含水率有关，也与砌体的施工方法关系密切。如当地有可靠的收缩率试验数据，可采用当地的试验数据。

试验表明，砖在受热时强度提高；砂浆在不超过 400℃ 时强度不降低，低温时强度明显降低。工程中砌体将受到冷热循环作用，在计算受热砌体时一般不考虑砌体强度提高的有利影响。对于采用普通黏土砖和普通砂浆的砌体，要求最高受热温度不超过 400℃。

温度变化引起砌体热胀、冷缩变形。当这种变形受到约束时，砌体会产生附加内力、附加变形及裂缝。当计算这种附加内力、变形及裂缝时，砌体的线膨胀系数是重要的参数。砌体的线膨胀系数与砌体种类有关，具体取值可按附表 10 采用。

2.5.3 砌体的摩擦系数

在砌体的抗滑移稳定计算中，要用到砌体的摩擦系数。摩擦系数与摩擦面的材料和潮湿程度有关，具体取值见附表 11。

2.6 砌体结构材料选用要求

砌体结构的环境类别分为 5 类，参见表 2.10。砌体结构的耐久性应根据环境类别和设计使用年限进行设计。不同环境条件下，耐久性的要求不同；不同设计使用年限，耐久性要求也不相同。对于设计使用年限为 50 年的砌体结构，从耐久性的角度出发，对材料提出了如下相应要求。

表 2.10 砌体结构的工作环境类别

环境类别	条　　件
1	正常居住及办公建筑的内部干燥环境
2	潮湿的室内或室外环境，包括与无侵蚀性土和水接触的环境
3	严寒和使用化冰盐潮湿环境（室内或室外）
4	与海水直接接触的环境，或处于滨海地区的盐饱和的气体环境
5	有化学侵蚀的气体、液体或固态形式的环境，包括有侵蚀性土壤的环境

地面以下或防潮层以下的砌体，潮湿房间的墙或处于 2 类环境的砌体，所用材料的最低强度等级应符合表 2.11 的规定。

表 2.11　地面以下或防潮层以下的砌体、潮湿房间的墙所用材料的最低强度等级

潮湿程度	烧结普通砖	混凝土普通砖、蒸压普通砖	混凝土砌块	石　材	水泥砂浆
稍湿的	MU15	MU20	MU7.5	MU30	M5
很潮湿的	MU20	MU20	MU10	MU30	M7.5
含水饱和的	MU20	MU25	MU15	MU40	M10

注：1. 在冻胀地区，地面以下或防潮层以下的砌体，不宜采用多孔砖，如采用时，其孔洞应用不低于 M10 的水泥砂浆预先灌实。当采用混凝土空心砌块时，其孔洞应采用强度等级不低于 Cb20 的混凝土预先灌实。

2. 对安全等级为一级或设计使用年限大于 50 年的房屋，表中材料强度等级应至少提高一级。

处于环境类别 3～5，有侵蚀性介质的砌体材料应符合下列规定：

① 不应采用蒸压灰砂普通砖、蒸压粉煤灰普通砖；

② 应采用实心砖（烧结砖、混凝土砖），砖的强度等级不应低于 MU20，水泥砂浆的强度等级不应低于 M10；

③ 混凝土砌块的强度等级不应低于 MU15，灌孔混凝土的强度等级不应低于 Cb30，砂浆的强度等级不应低于 Mb10；

④ 应根据环境条件对砌体材料的抗冻指标和耐酸、碱性能提出要求，或符合有关规范的规定。

无筋高强度等级的砖石结构，经历数百年甚至上千年的考验，其耐久性不容置疑。但对于由非烧结块材、多孔块材砌筑的砌体，处于冻胀或某些侵蚀环境条件下，其耐久性易于受损，故提高其块体强度等级是最有效和普遍采用的方法。

本章小结

块体和砂浆是组成砌体的主要材料，砌体结构还采用钢筋、普通混凝土或灌孔混凝土等材料。块体是砌体中的骨架部分，包括砖、砌块和石材，主要以抗压强度平均值确定其强度等级，根据变异系数的不同，尚需考虑强度标准值或单块抗压强度最小值，对于多孔砖和蒸压普通砖，还应满足折压比的要求。砌筑砂浆可分为水泥砂浆、混合砂浆和专用砂浆等种类，其作用是将块体连成整体以形成砌体，并铺平块体表面使应力分布趋于均匀；砂浆填满块体之间的缝隙，可减少砌体的透气性，提高保温、抗冻性能。强度、流动性和保水性是衡量砂浆质量的三大指标。

砌体的砌筑质量控制等级分为 A、B、C 三级，一般情况下应按 B 级进行施工控制。灰缝厚度、砂浆的饱满度以及块体的含水率等都将影响砌体的力学性能，组砌方法也对砌体性能有影响，所以施工时都有相应规定，必须满足要求。

砖砌体轴心受压破坏过程可分为三个阶段，在不同受力阶段，裂缝的开展情况有所不同。砌体中的砖处于受压、受弯、受剪和受拉的复合应力状态，抗压强度降低；而砂浆却是三向受压状态，其抗压强度有所提高。砖砌体的抗压强度明显低于它所用砖的抗压强度。砖砌体在轴心受拉、弯曲受拉、受剪时分别具有不同的破坏形态，与块体强度或块体和砂浆之间的黏结强度有关。当砂浆强度等级较低，发生沿齿缝或通缝截面破坏时，主要与砂浆的强度等级有关；当块体强度等级较低，发生沿块体和竖向灰缝截面破坏时，主要与块体的强度等级有关。砌体轴心受拉、弯曲受拉和受剪强度均低于砌体的抗压强度。

根据多年的实测数据分析，提出砌体强度平均值的统一计算公式。砌体强度标准值是具有95％保证率的砌体强度值，它等于砌体强度平均值减去1.645倍标准差。砌体强度设计值为砌体强度标准值除以材料分项系数γ_f而得，而材料分项系数γ_f与砌筑质量控制等级有关：当为B级时，$\gamma_f=1.6$；当为C级时，$\gamma_f=1.8$；当为A级时，$\gamma_f=1.5$。按B级质量控制时的砌体强度设计值，见附表1～附表8。按附表查取砌体强度设计值时，还应根据具体情况乘以强度调整系数γ_a，才能用于工程计算。砌体的弹性模量、剪变模量、干缩率和线膨胀系数都是砌体变形性能的组成部分，而摩擦系数则是砌体抗滑移稳定验算中常用的一个物理指标。

砌体的环境类别分为5类。不同环境条件下，对块材、砂浆的种类和强度等级提出了不同的规定，以满足耐久性的要求。

思 考 题

2.1 如何确定烧结普通砖的强度等级？

2.2 砂浆在砌体中起什么作用？

2.3 如何划分砌体的砌筑质量控制等级？如何选择砌筑质量控制等级？

2.4 在砖墙砌筑施工时，为什么对水平灰缝的厚度有严格要求？

2.5 影响砌体抗压强度的主要因素有哪些？

2.6 砖砌体轴心受压时分哪几个受力阶段？它们的特征如何？

2.7 砌体在弯曲受拉时有哪几种破坏形态？

2.8 为什么工程上不允许将轴心受拉构件设计成沿水平通缝截面受拉？

2.9 在何种情况下可按砂浆强度为零来确定砌体强度？此时砌体强度为零吗？

2.10 安全等级为一级的砌体房屋，在潮湿程度为稍湿的环境下，防潮层以下的砖墙如何选择烧结普通砖和水泥砂浆的强度等级？

选 择 题

2.1 烧结普通砖的强度等级是以砖的（　　）作为划分依据的。

A. 抗拉强度　　　B. 抗弯强度　　　C. 抗折强度　　　D. 抗压强度

2.2 确定砂浆强度等级的立方体标准试块的边长尺寸是（　　）。

A. 50mm　　　B. 70.7mm　　　C. 100mm　　　D. 150mm

2.3 进行抗压试验的石材立方体边长为150mm，若以此种试块的抗压试验数据确定强度等级，则其换算系数为（　　）。

A. 1.43　　　B. 1.28　　　C. 1.14　　　D. 1.0

2.4 砌体的抗压强度主要取决于（　　）。

A. 块材的强度

B. 砂浆的强度

C. 块材和砂浆的强度

D. 砂浆和块材的含水率

2.5 当用强度等级低于M5的水泥砂浆砌筑时，对各类砌体的强度设计值均应乘以调整系数γ_a，这是由于水泥砂浆（　　）的缘故。

A. 强度设计值较高

B. 密实性较好

C. 耐久性较差

D. 保水性、流动性较差

2.6 砌体弹性模量取值为（　　）。

A. 原点切线模量　　　　　　　　　　B. $\sigma=0.43f_\mathrm{m}$ 时的切线模量

C. $\sigma=0.43f_\mathrm{m}$ 时的割线模量　　　D. $\sigma=f_\mathrm{m}$ 时的割线模量

2.7　验算施工阶段砂浆尚未硬化的新砌体的承载能力时，砌体强度（　　）。

A. 按砂浆强度为零确定　　　　　　　B. 按零计算

C. 按 60% 计算　　　　　　　　　　D. 按 75% 计算

2.8　砖砌体的强度与砖和砂浆强度的关系，何种为正确？（　　）。

(1) 砖的抗压强度恒大于砖砌体的抗压强度；

(2) 砂浆的抗压强度恒小于砖砌体的抗压强度；

(3) 烧结普通砖的轴心抗拉强度仅取决于砂浆的强度等级；

(4) 烧结普通砖砌体的抗剪强度仅取决于砂浆的强度等级。

A. (1)(2)　　　　B. (1)(3)　　　　C. (1)(4)　　　　D. (3)(4)

2.9　砂浆层的厚度对砌体的抗压强度有影响，施工要求砂浆层的平均厚度为（　　）。

A. 20mm　　　　B. 16mm　　　　C. 12mm　　　　D. 10mm

2.10　由 MU25 烧结普通砖和 M5 混合砂浆砌筑的砖砌体，其抗压强度标准值为（　　）。

A. 4.15MPa　　　B. 3.79MPa　　　C. 3.39MPa　　　D. 3.30MPa

2.11　施工质量控制等级为 B 级时，砌体的材料分项系数取值为（　　）。

A. 1.2　　　　　B. 1.5　　　　　C. 1.6　　　　　D. 1.8

2.12　砖柱不得采用包心砌法，且水平灰缝和竖向灰缝砂浆的饱满度不得低于（　　）。

A. 85%　　　　　B. 80%　　　　　C. 95%　　　　　D. 90%

计 算 题

2.1　某工地砖砌体所用材料的强度等级为：烧结普通砖 MU15、混合砂浆 M2.5，施工质量控制等级为 B 级，试计算该砌体抗压强度平均值、标准值和设计值，并确定弹性模量。

2.2　毛料石砌体的石材强度等级为 MU60，混合砂浆强度等级为 M5，施工质量控制等级为 C 级，试确定砌体的抗压强度平均值、标准值、设计值。

第3章 无筋砌体构件承载力

> **内容提要**
>
> 本章为无筋砌体构件承载力计算,属于承载能力极限状态设计,目的是满足安全性的功能要求,主要内容包括无筋砌体构件整体受压承载力、局部受压承载力,无筋砌体受弯、受拉、受剪承载力,是本书的重点之一。

3.1 无筋砌体构件整体受压承载力

砌体结构中,轴心受压构件和偏心受压构件是最基本的受力构件。

在轴心压力作用下,砌体截面上压应力分布均匀,承载力极限状态时,截面应力达到抗压强度 f,如图 3.1(a) 所示。轴心压力作用下,构件材料利用充分,是较好的受力状态。

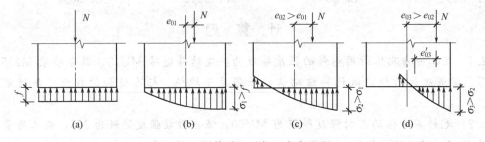

图 3.1 砌体受压时截面应力变化

在偏心压力作用下,截面上压应力分布不均匀,随着荷载偏心距的增大,受力特性将发生很大变化。当偏心距较小时,整个截面受压,受砌体非弹性性能影响,截面中压应力呈曲线分布,承载力极限状态时,构件截面靠近轴力一侧边缘的压应力大于砌体的抗压强度,如图 3.1(b) 所示。当偏心距较大时,截面远离荷载一侧边缘附近为受拉区,其余部分为受压区,若受拉区边缘拉应力大于砌体沿通缝的弯曲抗拉强度,则出现沿截面通缝的水平裂缝,如图 3.1(c) 所示;随着裂缝的开展,受压区面积减小。对出现裂缝后的剩余面积,轴向力的偏心距将由 e_{03} 减小为 e'_{03},如图 3.1(d) 所示。破坏时,虽然砌体受压一侧的极限变形及极限强度比轴心受压构件高,但由于压应力不均匀的加剧和受压面积的减少,截面所能承担的轴向力将随偏心距的加大而明显下降。《砌体结构设计规范》采用偏心影响系数 φ 来反映截面承载能力受偏心距的影响。

3.1.1 墙柱高厚比

所谓墙柱高厚比 β,就是墙柱的计算高度与厚度的比值,即 $\beta = H_0/h$,它是构件长细比的一个替代量。对于承载力计算,尚需考虑材料不同的影响,故高厚比按式(3.1)、式

（3.2）定义

矩形截面
$$\beta = \gamma_\beta \frac{H_0}{h} \tag{3.1}$$

T 形截面
$$\beta = \gamma_\beta \frac{H_0}{h_T} \tag{3.2}$$

式中　H_0——受压构件的计算高度，与房屋类别和构件支承条件有关，见第 5 章；

　　　γ_β——不同砌体材料的高厚比修正系数，按表 3.1 采用；

　　　h——矩形截面厚度，轴心受压时为较小边长，偏心受压时为偏心方向的边长；

　　　h_T——T 形截面折算厚度，可取截面惯性半径的 3.5 倍，即 $h_T = 3.5i$。

表 3.1　高厚比修正系数 γ_β

砌体材料类别	γ_β
烧结普通砖、烧结多孔砖	1.0
混凝土普通砖、混凝土多孔砖、混凝土及轻集料混凝土砌块	1.1
蒸压灰砂普通砖、蒸压粉煤灰普通砖、细料石	1.2
粗料石、毛石	1.5

注：对灌孔混凝土砌块砌体，γ_β 取 1.0。

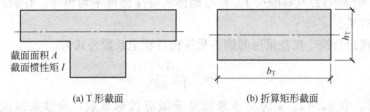

（a）T 形截面　　　　　　（b）折算矩形截面

图 3.2　T 形截面折算为矩形截面

将 T 形截面折算为矩形截面，b_T 为折算宽度，h_T 为折算厚度，如图 3.2 所示。折算的原则是两者的截面面积相等，对各自中性轴的惯性矩相同。设已知 T 形截面的面积为 A，对中性轴的惯性矩为 I，则有 $A = b_T h_T$，$I = \frac{1}{12} b_T h_T^3$

引入惯性半径
$$i = \sqrt{\frac{I}{A}} = \sqrt{\frac{b_T h_T^3}{12} \times \frac{1}{b_T h_T}} = \frac{h_T}{\sqrt{12}}$$

由此得到 T 形截面的折算厚度
$$h_T = \sqrt{12}\,i \approx 3.5i \tag{3.3}$$

3.1.2　受压构件承载力影响系数

3.1.2.1　轴心受压构件稳定系数

理论上，短的轴心受压构件发生强度破坏，长的轴心受压构件会发生失稳破坏。欧拉临界应力与构件长细比 λ 的平方成反比，即

$$\sigma_{cr} = \frac{\pi^2 E}{\lambda^2} \tag{3.4}$$

E 为材料弹性模量，可取切线模量。由式（2.6）求导数得到

$$E = \frac{d\sigma}{d\varepsilon}\bigg|_{\sigma = \sigma_{cr}} = 460\sqrt{f_m}(f_m - \sigma_{cr}) \tag{3.5}$$

式（3.5）代入式（3.4）

$$\sigma_{cr}=\frac{460\pi^2\sqrt{f_m}(f_m-\sigma_{cr})}{\lambda^2}$$

由此解得

$$\frac{\sigma_{cr}}{f_m}=\frac{1}{1+\dfrac{1}{460\pi^2\sqrt{f_m}}\lambda^2} \tag{3.6}$$

对于矩形截面，惯性半径为

$$i=\sqrt{\frac{I}{A}}=\sqrt{\frac{bh^3}{12}\times\frac{1}{bh}}=\frac{h}{\sqrt{12}}$$

设构件的计算高度为 H_0，则构件长细比

$$\lambda=\frac{H_0}{i}=\sqrt{12}\,\frac{H_0}{h}=\sqrt{12}\beta \tag{3.7}$$

式中，$\beta=H_0/h$，即构件的高厚比。将式（3.7）代入式（3.6），得

$$\frac{\sigma_{cr}}{f_m}=\frac{1}{1+\dfrac{12}{460\pi^2\sqrt{f_m}}\beta^2}=\frac{1}{1+\alpha\beta^2} \tag{3.8}$$

式（3.8）中 $\alpha=12/(460\pi^2\sqrt{f_m})$ 与砌体的抗压强度平均值 f_m 有关，也即与砂浆强度和块体强度有关。

根据上述理论公式，规范采用的轴心受压构件稳定系数公式为

$$\varphi_0=\frac{1}{1+\alpha\beta^2} \tag{3.9}$$

当 $\beta\leqslant3$ 时，取 $\varphi_0=1$。α 为与砂浆强度等级有关的系数，当砂浆强度等级 $\geqslant$ M5 时，$\alpha=0.0015$；当砂浆强度等级为 M2.5 时，$\alpha=0.002$；当砂浆强度为零时，$\alpha=0.009$。而且构件的高厚比应按式（3.1）或式（3.2）取值。

3.1.2.2 矩形截面偏心影响系数

根据我国对矩形、T 形、十字形等截面构件的偏心受压试验统计资料分析结果，提出短构件（$\beta\leqslant3$）受压时的偏心影响系数计算公式

$$\varphi=\frac{1}{1+(e/i)^2} \tag{3.10}$$

因为 $i=h/\sqrt{12}$，所以式（3.10）成为

$$\varphi=\frac{1}{1+12(e/h)^2} \tag{3.11}$$

式中　e——轴向力偏心距（$e=M/N$）；

　　　h——矩形截面偏心方向的边长。

对于 $\beta>3$ 的细长受压构件，在偏心压力作用下，将产生纵向弯曲，而使得实际的偏心距增加至 $e+e_i$（见图 3.3），其中 e_i 为附加偏心距。以新的偏心距代替式（3.11）中的 e，可得到受压细长构件考虑纵向弯曲附加偏心距的影响系数

$$\varphi=\frac{1}{1+12\left(\dfrac{e+e_i}{h}\right)^2} \tag{3.12}$$

附加偏心距 e_i，可以根据 $e=0$ 时，$\varphi=\varphi_0$ 的边界条件来确定，即

$$\varphi=\varphi_0=\frac{1}{1+12\,(e_i/h)^2}$$

所以

$$e_i=\frac{h}{\sqrt{12}}\sqrt{\frac{1}{\varphi_0}-1} \qquad (3.13)$$

将式（3.13）代入式（3.12）得

$$\varphi=\frac{1}{1+12\left[\dfrac{e}{h}+\sqrt{\dfrac{1}{12}\left(\dfrac{1}{\varphi_0}-1\right)}\right]^2} \qquad (3.14)$$

再将式（3.9）代入式（3.14），得细长受压构件偏心影响系数的最后计算公式

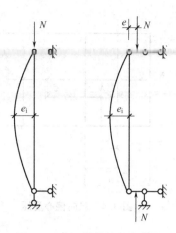

图 3.3　受压构件的纵向弯曲

$$\varphi=\frac{1}{1+12\left(\dfrac{e}{h}+\beta\sqrt{\dfrac{\alpha}{12}}\right)^2} \qquad (3.15)$$

式中　e——轴向力偏心距（$e=M/N$）；

　　　　h——矩形截面偏心方向的边长，当为轴心受压时为截面的较小边长；

　　　　β——构件的高厚比，当 $\beta\leqslant3$ 时，取 $\beta=0$ 代入公式。

矩形截面无筋砌体受压构件影响系数可以按上述公式计算，也可以直接查附表 12。

3.1.2.3　T 形截面、十字形截面偏心影响系数

对于 T 形截面或十字形截面受压构件，计算偏心影响系数时，可以采用矩形截面的相应公式，以折算厚度 h_T 代替 h 即可。

3.1.3　受压构件承载力计算

3.1.3.1　轴心受压和单向偏心受压构件承载力计算

砌体结构轴心受压和单向偏心受压构件，承载力应按式（3.16）计算

$$N\leqslant\varphi f A \qquad (3.16)$$

式中　N——轴向力设计值；

　　　　φ——高厚比 β 和轴向力的偏心距 e 对受压构件承载力的影响系数；

　　　　f——砌体抗压强度设计值；

　　　　A——截面面积，对各类砌体均应按毛截面计算。

对带壁柱墙，翼缘计算宽度 b_f，可按下列规定采用：

① 多层房屋，当有门窗洞口时，可取窗间墙宽度；当无门窗洞口时，每侧翼墙宽度可取壁柱高度（层高）的 1/3，但不应大于相邻壁柱间的距离；

② 单层房屋，可取壁柱宽加 2/3 墙高，但不大于窗间墙宽度和相邻壁柱间的距离；

③ 计算带壁柱墙的条形基础时，可取相邻壁柱间的距离。

偏心距较大的受压构件在荷载较大时，往往在使用阶段砌体受拉边缘产生较宽的水平裂缝，构件刚度降低，纵向弯曲的影响增大，构件的承载力显著降低，因此，从安全和经济的角度考虑，无筋砌体受压构件由内力设计值计算的轴向力的偏心距 e 不能过大。规范要求 $e\leqslant0.6y$，y 为截面形心到轴向力所在偏心方向截面边缘的距离。

对矩形截面构件，当轴向力偏心方向的截面边长大于另一方向的边长时，除按偏心受压

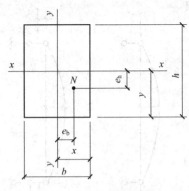

图 3.4 双向偏心受压

计算外，还应对较小边长方向，按轴心受压进行验算。

3.1.3.2 双向偏心受压构件承载力计算

无筋砌体矩形截面双向偏心受压构件，沿 x 方向偏心 e_b，沿 y 方向偏心 e_h，如图 3.4 所示。构件的承载力仍可采用式（3.16）进行计算，但承载力影响系数 φ 应按式（3.17）～式（3.19）计算：

$$\varphi = \frac{1}{1+12\left[\left(\dfrac{e_b+e_{ib}}{b}\right)^2+\left(\dfrac{e_h+e_{ih}}{h}\right)^2\right]} \tag{3.17}$$

$$e_{ib} = \frac{b}{\sqrt{12}}\sqrt{\frac{1}{\varphi_0}-1}\left(\frac{e_b/b}{e_b/b+e_h/h}\right) \tag{3.18}$$

$$e_{ih} = \frac{h}{\sqrt{12}}\sqrt{\frac{1}{\varphi_0}-1}\left(\frac{e_h/h}{e_b/b+e_h/h}\right) \tag{3.19}$$

式中　e_b、e_h——轴向力在截面形心 x 轴、y 轴方向的偏心距，e_b、e_h 宜分别不大于 0.5x、0.5y；

　　　x、y——自截面形心沿 x 轴、y 轴至轴向力所在偏心方向截面边缘的距离；

　　　e_{ib}、e_{ih}——轴向力在截面形心 x 轴、y 轴方向的附加偏心距。

【例 3.1】　截面尺寸为 490mm×740mm 的砖柱，采用 MU10 烧结普通砖和 M5 混合砂浆砌筑，B 级施工质量控制，长边和短边方向的计算高度相等，$H_0 = 5.9$m。轴向压力设计值 $N_1 = 84$kN 和 $N_2 = 196$kN，作用点位置如图 3.5 所示，试验算该砖柱的承载力。

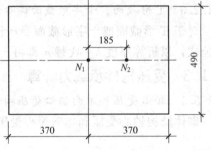

图 3.5　例 3.1 图

【解】　（1）长边方向偏心受压承载力

内力设计值

$N = N_1 + N_2 = 84 + 196 = 280$kN

$M = N_2 \times 185 = 196 \times 185 = 36260$kN·mm

偏心距

$e = \dfrac{M}{N} = \dfrac{36260}{280} = 129.5$mm $< 0.6y = 0.6 \times 370$

$= 222$mm，满足要求

$\dfrac{e}{h} = \dfrac{129.5}{740} = 0.175$

影响系数

$\beta = \gamma_\beta \dfrac{H_0}{h} = 1.0 \times \dfrac{5900}{740} = 8.0$，查附表 12，$\varphi = 0.54$

截面面积

$A = 490 \times 740 = 362600mm^2 = 0.3626m^2 > 0.3$m^2

承载力验算

查附表 1，$f = 1.50$MPa

$\varphi f A = 0.54 \times 1.50 \times 0.3626 \times 10^3 = 293.7$kN $> N = 280$kN，承载力满足要求

（2）短边方向轴心受压承载力

$$\frac{e}{h}=0$$

$$\beta=\gamma_\beta\frac{H_0}{h}=1.0\times\frac{5900}{490}=12，查附表12，\varphi=0.82$$

$\varphi fA=0.82\times1.50\times0.3626\times10^3=446.0\text{kN}>N=280\text{kN}$，满足要求

【例 3.2】　某一截面尺寸为 1200mm×190mm 的混凝土小型空心砌块砌体墙段，采用强度等级为 MU10 的砌块和 Mb5 砌块专用砂浆砌筑，施工质量控制等级为 B 级，计算高度 $H_0=3.6\text{m}$。已知轴向压力设计值 $N=142\text{kN}$，偏心距 $e=36\text{mm}$（沿墙厚方向），试验算该墙段的承载力。如果施工质量控制等级为 C 级，问该墙段的承载力是否还能满足要求？

【解】（1）施工质量控制等级为 B 级

$A=1.2\times0.19=0.228\text{m}^2<0.3\text{m}^2$

$\gamma_a=0.7+A=0.7+0.228=0.928$

$f=\gamma_a\times$附表 4 之值 $=0.928\times2.22=2.06\text{MPa}$

$e=36\text{mm}<0.6y=0.6\times190/2=57\text{mm}$，满足要求

$$\frac{e}{h}=\frac{36}{190}=0.1895$$

$$\beta=\gamma_\beta\frac{H_0}{h}=1.1\times\frac{3600}{190}=20.8$$

砂浆强度等级 Mb5，$\alpha=0.0015$

$$\varphi=\frac{1}{1+12\left(\dfrac{e}{h}+\beta\sqrt{\dfrac{\alpha}{12}}\right)^2}=\frac{1}{1+12\times\left(0.1895+20.8\times\sqrt{\dfrac{0.0015}{12}}\right)^2}=0.319$$

$\varphi fA=0.319\times2.06\times0.228\times10^3=149.8\text{kN}>N=142\text{kN}$，承载力满足要求

（2）施工质量控制等级为 C 级

C 级质量控制等级，砌体的抗压强度设计值还应乘以调整系数 $\gamma_a=0.89$，所以

$f=0.89\times2.06=1.83\text{MPa}$

$\varphi fA=0.319\times1.83\times0.228\times10^3=133.1\text{kN}<N=142\text{kN}$ 承载力不满足要求

【例 3.3】　试验算某单层单跨无吊车工业房屋窗间墙截面的承载力。该窗间墙用 MU10 烧结普通砖和 M2.5 混合砂浆砌筑，B 级施工质量控制，截面如图 3.6 所示，计算高度 $H_0=6.5\text{m}$。承受轴向压力设计值 $N=310\text{kN}$，弯矩设计值 $M=37.2\text{kN·m}$，荷载偏向翼缘。

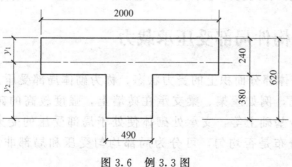

图 3.6　例 3.3 图

【解】（1）截面几何性质

面积

$$A = 2000 \times 240 + 490 \times 380$$

$$= 666200 \text{mm}^2$$

$$= 0.6662 \text{m}^2 > 0.3 \text{m}^2$$

截面形心位置

$$y_1 = \frac{A_1 y_{c1} + A_2 y_{c2}}{A} = \frac{2000 \times 240 \times 120 + 490 \times 380 \times (240 + 190)}{666200} = 207 \text{mm}$$

$$y_2 = 620 - y_1 = 620 - 207 = 413 \text{mm}$$

惯性矩

$$I = \frac{1}{12} \times 2000 \times 240^3 + 2000 \times 240 \times (207 - 120)^2$$

$$+ \frac{1}{12} \times 490 \times 380^3 + 490 \times 380 \times (413 - 190)^2$$

$$= 1.744 \times 10^{10} \text{mm}^4$$

截面换算厚度

$$i = \sqrt{\frac{I}{A}} = \sqrt{\frac{1.744 \times 10^{10}}{666200}} = 162 \text{mm}$$

$$h_T = 3.5i = 3.5 \times 162 = 567 \text{mm}$$

（2）影响系数

$$e = \frac{M}{N} = \frac{37.2 \times 10^3}{310} = 120 \text{mm} < 0.6y = 0.6 \times 207 = 124 \text{mm}$$

$$\frac{e}{h_T} = \frac{120}{567} = 0.212$$

$$\beta = \gamma_\beta \frac{H_0}{h_T} = 1.0 \times \frac{6500}{567} = 11.5$$

砂浆强度等级 M2.5，$\alpha = 0.002$

$$\varphi = \frac{1}{1 + 12\left(\dfrac{e}{h} + \beta\sqrt{\dfrac{\alpha}{12}}\right)^2} = \frac{1}{1 + 12 \times \left(0.212 + 11.5 \times \sqrt{\dfrac{0.002}{12}}\right)^2} = 0.39$$

（3）承载力验算

查附表1，$f = 1.30 \text{MPa}$

$\varphi f A = 0.39 \times 1.30 \times 0.6662 \times 10^3 = 337.8 \text{kN} > N = 310 \text{kN}$，承载力满足要求

3.2 无筋砌体构件局部受压承载力

压力仅作用在砌体部分面积上的受力状态，称为砌体局部受压。在混合结构房屋中常有局部受压的情况，例如屋架、梁支承在砖墙上，强度较高的砖柱或钢筋混凝土柱支承在强度较低的砖基础上等，支承处砌体便处于局部受压的受力状态。按照砌体局部受压面上压应力分布是否均匀，可分为局部均匀受压和局部非均匀受压两种情况，如图3.7所示。

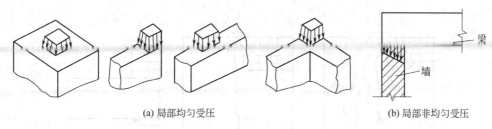

(a) 局部均匀受压　　　　　　　　　　　　(b) 局部非均匀受压

图 3.7　砌体局部受压情形

3.2.1　局部受压的受力特点和破坏形态

3.2.1.1　局部受压的受力特点

当砌体受到局部压应力作用时，压应力会沿着一定的扩散线（扩散面）分布到砌体构件较大截面或者全部截面上，如图 3.8 所示。砌体局部受压时，较小的承压面上承受着较大的压力，压应力较高；远离局部受压区的砌体，所承担的应力则较小。

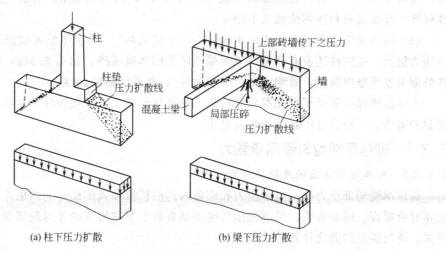

(a) 柱下压力扩散　　　　　　　　　　(b) 梁下压力扩散

图 3.8　砌体局部压力的扩散

局部受压截面周围存在有未受压或受有较小压力的砌体，这些未直接受压的砌体对中间局部受压砌体的横向变形（横向膨胀）起着约束作用，使其产生二向或三向受压应力状态。由于周围砌体的上述套箍作用，使得局部受压时砌体的抗压强度得以提高。设局部抗压强度与轴心抗压强度的比值为 γ，则称 γ 为砌体局部抗压强度提高系数，显然应有关系 $\gamma \geqslant 1.0$。

可以认为，只要存在未直接受荷载作用的面积，就有压力扩散现象，就会产生双向或三向应力状态，也就能在不同程度上提高直接受压部分（局部受压部分）砌体的强度。

3.2.1.2　局部受压的破坏形态

大量试验表明，砌体局部受压可能出现以下三种破坏形态，如图 3.9 所示。

（1）纵向裂缝发展导致破坏——"先裂后坏"　在局部受压面附近处于三向受压应力状态，但在局部受压面下方出现横向拉应力，当此拉应力超过砌体的抗拉强度时，即出现竖向裂缝，然后向上、向下发展，形成众多的纵向或斜向裂缝，连成一条主要裂缝而导致构件破坏，称之为"先裂后坏"，如图 3.9(a) 所示。这种破坏形态多发生在 A_0/A_l 不太大的情况下，此处 A_0 为影响局部抗压强度的计算面积，A_l 为局部受压面积。因为破坏时形成一条主裂缝、若干条次裂缝，所以具有一定的塑性变形性能。

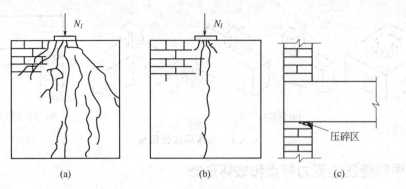

图 3.9 砌体局部受压破坏形态

(2) 劈裂破坏——"一裂就坏" 当 A_0/A_l 大于某一值时，随着压力增大到一定数值，一旦构件外侧出现与受力方向一致的竖向裂缝，构件立即开裂而导致破坏，破坏时犹如刀劈，裂缝少而集中，故称为劈裂破坏或"一裂就坏"，如图 3.9(b) 所示。这种破坏属于脆性破坏，开裂荷载和破坏荷载几乎相等。

(3) 局部受压面积下砌体表面压碎——"未裂先坏" 当块体强度较低，局部受压面积内压力很大，在构件还没有开裂时局部受压区的砌体被压碎，如图 3.9(c) 所示。破坏时构件外侧未发生竖向裂缝，故称之为"未裂先坏"，具有明显的脆性。

大多数砌体局部受压是先裂后坏的第一种破坏形态，因劈裂破坏和局部压碎破坏表现出明显的脆性，工程设计中必须避免其发生。

3.2.2 砌体局部均匀受压承载力

3.2.2.1 砌体局部抗压强度提高系数

砌体承受局部压力后，由于应力在砌体内部的扩散和周围砌体的约束作用，局部抗压强度将有所提高。试验表明，局部抗压强度提高系数主要和周围砌体对局部受压区的约束程度有关，规范提出的简化计算公式如下

$$\gamma = 1 + 0.35\sqrt{\frac{A_0}{A_l} - 1} \tag{3.20}$$

影响砌体局部抗压强度的计算面积 A_0 按"厚度延长"的原则取用，如图 3.10 所示，应有：

图 3.10(a) 所示的四边约束，$A_0 = (a+c+h)h$；

图 3.10(b) 所示的三边约束，$A_0 = (a+2h)h$；

图 3.10(c) 所示的二边约束，$A_0 = (a+h)h + (b+h_1-h)h_1$；

图 3.10(d) 所示的一边约束，$A_0 = (a+h)h$。

式中 a、b——矩形局部受压面积 A_l 的边长；

h、h_1——墙厚或柱的较小边长，墙厚；

c——矩形局部受压面积的外边缘至构件边缘的较小距离，大于 h 时，应取为 h。

为了避免在砌体内产生纵向劈裂破坏，由式 (3.20) 计算所得的提高系数不能过大，规范作出如下限制：

① 图 3.10(a) 四边约束情况下，$\gamma \leqslant 2.5$；

② 图 3.10(b) 三边约束情况下，$\gamma \leqslant 2.0$；

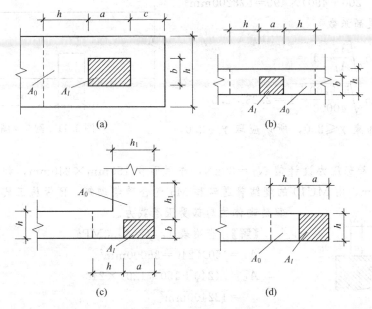

图 3.10　影响砌体局部抗压强度的计算面积 A_0

③ 图 3.10(c) 二边约束情况下，$\gamma \leqslant 1.5$；

④ 图 3.10(d) 一边约束情况下，$\gamma \leqslant 1.25$。

对于灌孔的混凝土砌块砌体，在①、②情况下，尚应符合 $\gamma \leqslant 1.5$；未灌孔混凝土砌块砌体，$\gamma = 1.0$；

对多孔砖砌体孔洞难以灌实时，应按 $\gamma = 1.0$ 取用；当设置混凝土垫块时，按垫块下砌体局部受压计算。

3.2.2.2　砌体局部均匀受压承载力计算

砌体截面中局部均匀受压时，局部压应力应满足的强度条件为

$$\sigma_l = \frac{N_l}{A_l} \leqslant \gamma f$$

据此得由内力表示的承载力计算公式

$$N_l \leqslant \gamma f A_l \tag{3.21}$$

式中　N_l——局部受压面积上的轴向力设计值；

　　　γ——砌体局部抗压强度提高系数；

　　　f——砌体的抗压强度设计值，局部受压面积小于 0.3m^2 时，可不考虑强度调整系数 γ_a 的影响；

　　　A_l——局部受压面积，$A_l = ab$。

【例 3.4】　如图 3.11 所示砖砌体局部均匀受压平面，其局部抗压强度提高系数 γ，应取下列何项数值？（　　）

A. 2.15　　　　　B. 2.28　　　　　C. 2.00　　　　　D. 2.30

【解】　局部受压面积

$A_l = 200 \times 200 = 40000\text{mm}^2$

计算面积

$$A_0 = (490 + 200 + 490) \times 490 = 578200 \text{mm}^2$$

抗压强度提高系数

$$\gamma = 1 + 0.35 \sqrt{\frac{A_0}{A_l} - 1}$$

$$= 1 + 0.35 \sqrt{\frac{578200}{40000} - 1} = 2.28 > 2.0$$

因为三边约束 $\gamma \leqslant 2.0$，所以应取 $\gamma = 2.0$，正确答案为 C。

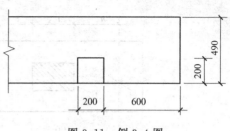

图 3.11　例 3.4 图

【例 3.5】 局部压力设计值 $N_l = 80 \text{kN}$，作用面积 $150 \text{mm} \times 240 \text{mm}$，如图 3.12 所示。砖墙厚度 240mm，由 MU10 的烧结普通砖和 M5 混合砂浆砌筑，B 级施工质量控制。试验算砖砌体的局部受压承载力。

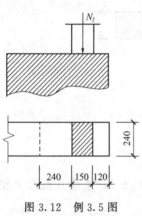

图 3.12　例 3.5 图

【解】 查附表 1，$f = 1.50 \text{MPa}$

$$A_l = 150 \times 240 = 36000 \text{mm}^2$$

$$A_0 = (240 + 150 + 120) \times 240$$

$$= 122400 \text{mm}^2$$

$$\gamma = 1 + 0.35 \sqrt{\frac{A_0}{A_l} - 1}$$

$$= 1 + 0.35 \sqrt{\frac{122400}{36000} - 1} = 1.54 > 1.5$$

二边约束，所以取 $\gamma = 1.5$。

$\gamma f A_l = 1.5 \times 1.50 \times 36000 \text{N} = 81 \text{kN} > N_l = 80 \text{kN}$，砌体局部受压承载力满足要求。

3.2.3　梁端下砌体局部非均匀受压承载力

在混合结构房屋中，钢筋混凝土梁支承于砌体上，砌体支承面受到梁端的局部压力作用。由于梁受外力后产生挠曲变形，梁端产生转角，支座内边缘处砌体的压缩变形量最大，向梁端方向压缩变形逐渐减小，所以压应力分布不均匀，是典型的局部非均匀受压情况。当梁的支承长度 a 较大或梁的转角较大时，可能出现梁端部分面积与砌体脱开，有效支承长度 a_0 小于实际支承长度 a，如图 3.13 所示。

(1) 梁端有效支承长度 a_0　设梁的截面高度为 h_c(mm)，砌体的抗压强度设计值为 f(MPa)，则梁端有效支承长度 a_0(mm) 由下近似公式计算

$$a_0 = 10 \sqrt{\frac{h_c}{f}} \tag{3.22}$$

计算结果不应大于实际支承长度，即 $a_0 \leqslant a$。当计算得到的 $a_0 > a$ 时，应取 $a_0 = a$。

(2) 上部荷载传来的压力　当梁端支承在墙、柱高度中的某一部位时，局部受压面积上除梁端压力外，还有上部砌体传来的压应力 σ_0。由于梁端顶面上翘的趋势而产生"拱作用"（见图 3.14），即内拱卸荷，卸荷作用随 A_0/A_l 的增大而增大。上部压应力 σ_0 传至梁端下砌体的平均压应力减小为 σ_0'

$$\sigma_0' = \psi \sigma_0 \tag{3.23}$$

$$\psi = 1.5 - 0.5 \frac{A_0}{A_l} \tag{3.24}$$

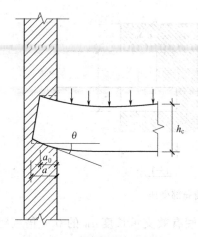

图 3.13　梁端砌体局部受压

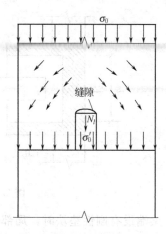

图 3.14　上部荷载的传递

式中　ψ——上部荷载折减系数，当 $A_0/A_l \geqslant 3$ 时，取 $\psi = 0$；

A_l——局部受压面积，$A_l = a_0 b$（其中 b 为梁截面宽度）；

σ_0——上部平均压应力设计值。

（3）局部受压区的最大压应力　砌体局部受压区的平均压应力为局部压力合力除以局部受压面积，也可由最大压应力乘以一个不超过 1 的系数 η 得到，所以有

$$\sigma_{平均} = \eta\,\sigma_{\max} = \frac{N_l + \sigma_0' A_l}{A_l} = \frac{N_l}{A_l} + \psi\sigma_0$$

最大压应力

$$\sigma_{\max} = \frac{N_l/A_l + \psi\sigma_0}{\eta} \tag{3.25}$$

式中　η——梁端底面压应力图形的完整系数，应取 0.7，对于过梁和墙梁应取 1.0。

（4）局部受压承载力验算　局部受压承载力要求 $\sigma_{\max} \leqslant \gamma f$，将式（3.25）代入则有应力表达式

$$\frac{N_l/A_l + \psi\sigma_0}{\eta} \leqslant \gamma f \tag{3.26}$$

由上式很容易得到内力表达式为

$$N_l + \psi N_0 \leqslant \eta\gamma f A_l \tag{3.27}$$

式中　N_0——局部受压面积内上部轴向力设计值，$N_0 = \sigma_0 A_l$。

3.2.4　刚性垫块下砌体局部非均匀受压承载力

梁端下设置刚性垫块，可以改善砌体局部受压性能，提高局部受压承载力。刚性垫块可以预制、也可以现浇。垫块高度 t_b、宽度 b_b、伸入墙内的长度 a_b，如图 3.15 所示。刚性垫块的构造应符合下列要求：

① 刚性垫块的高度不应小于 180mm，自梁边算起的垫块挑出长度不应大于垫块高度 t_b；

② 在带壁柱墙的壁柱内设刚性垫块时（见图 3.15），其计算面积 A_0 应取壁柱范围内的面积，而不应计算翼缘部分。同时，壁柱上垫块伸入翼墙内的长度不应小于 120mm；

③ 当现浇垫块与梁端整体浇筑时，垫块可在梁高范围内设置。

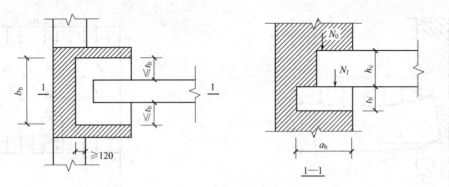

图 3.15　壁柱上设有垫块时梁端局部受压

梁端设有刚性垫块时，局部压力 N_l 作用点可取梁端有效支承长度 a_0 的 0.4 倍（距离墙内缘）。梁端有效支承长度按式（3.28）确定

$$a_0 = \delta_1 \sqrt{\frac{h_c}{f}} \tag{3.28}$$

式中　δ_1——刚性垫块的影响系数，按表 3.2 采用。

表 3.2　系数 δ_1 值表

σ_0/f	0	0.2	0.4	0.6	0.8
δ_1	5.4	5.7	6.0	6.9	7.8

注：表中其间的数值可采用插入法求得。

刚性垫块下的局部受压状态可以视为以垫块截面尺寸为截面的砌体短柱（$\beta \leqslant 3$）的偏心受压，并考虑砌体抗压强度的部分提高，所以有

$$N_l + N_0 \leqslant \varphi \gamma_1 f A_b \tag{3.29}$$

式中　N_0——垫块面积 A_b 内上部轴向力设计值，$N_0 = \sigma_0 A_b$。

　　　φ——垫块上 N_0 与 N_l 合力的影响系数，应取 $\beta \leqslant 3$ 时的 φ 值；N_l 的作用位置为距内侧 $0.4a_0$，确定 φ 时偏心距为 $e = \dfrac{N_l(0.5a_b - 0.4a_0)}{N_l + N_0}$，且 $\dfrac{e}{h} = \dfrac{e}{a_b}$。

　　　γ_1——垫块外砌体面积的有利影响系数，γ_1 应为 0.8γ，但不小于 1.0。γ 为砌体局部抗压强度提高系数，由式（3.20）以 A_b 代替 A_l 计算得出。

　　　A_b——垫块面积，$A_b = a_b b_b$。

3.2.5　垫梁下砌体局部非均匀受压承载力

当梁端支承处的砌体上设有连续的钢筋混凝土梁（如圈梁）时，该梁可起到垫梁的作用，如图 3.16 所示。长度大于 πh_0 的垫梁下砌体局部受压承载力应按下列公式计算

$$N_l + N_0 \leqslant 2.4 \delta_2 f b_b h_0 \tag{3.30}$$
$$N_0 = \pi b_b h_0 \sigma_0 / 2 \tag{3.31}$$
$$h_0 = 2 \sqrt[3]{\frac{E_c I_c}{Eh}} \tag{3.32}$$

式中　N_0——垫梁上部轴向力设计值，N；

　　　b_b——垫梁在墙厚方向的宽度，mm；

　　　δ_2——垫梁底面压应力分布系数，当荷载沿墙厚方向均匀分布时可取 $\delta_2 = 1.0$，不

48

均匀分布时可取 $\delta_2 = 0.8$；

h_0——垫梁折算高度，mm；

E_c、I_c——垫梁的混凝土弹性模量和截面惯性矩；

E——砌体的弹性模量；

h——墙厚，mm。

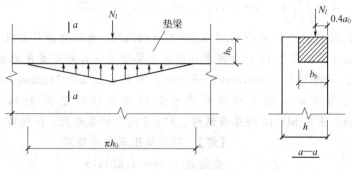

图 3.16 垫梁局部受压

垫梁上梁端有效支承长度 a_0 可按公式（3.28）计算。

【例 3.6】 某窗间墙截面尺寸 $1600\text{mm} \times 240\text{mm}$，计算高度 $H_0 = 3.6\text{m}$，采用 MU10 的烧结普通砖和 M5 混合砂浆砌筑，B 级施工质量控制。墙上支承有 $250\text{mm} \times 600\text{mm}$ 的钢筋混凝土梁，如图 3.17 所示。已知梁上荷载设计值产生的支承压力 $N_l = 75\text{kN}$，上部荷载设计值产生的窗间墙的轴向压力设计值为 90kN。试验算梁端支承处砌体的局部受压承载力和窗间墙的整体受压承载力。

【解】

(1) 梁端下砌体局部受压承载力验算

查附表 1，$f = 1.50\text{MPa}$

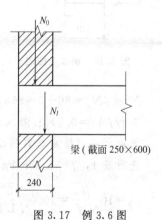

梁（截面 250×600）

图 3.17 例 3.6 图

$$a_0 = 10\sqrt{\frac{h_c}{f}} = 10 \times \sqrt{\frac{600}{1.50}} = 200\text{mm} < a = 240\text{mm}$$

$$A_l = a_0 b = 200 \times 250 = 50000\text{mm}^2$$

$$A_0 = (240 + 250 + 240) \times 240 = 175200\text{mm}^2$$

$$\frac{A_0}{A_l} = \frac{175200}{50000} = 3.5 > 3，\ \psi = 0$$

$$\gamma = 1 + 0.35\sqrt{\frac{A_0}{A_l} - 1} = 1 + 0.35 \times \sqrt{3.5 - 1} = 1.55 < 2.0$$

（三边约束）

$$N_l + \psi N_0 = 75 + 0 = 75\text{kN}$$

$$< \eta\gamma f A_l = 0.7 \times 1.55 \times 1.50 \times 50000\text{N} = 81.4\text{kN}，满足要求$$

(2) 窗间墙整体受压承载力验算

$$N = N_l + N_0 = 75 + 90 = 165\text{kN}$$

$$e = \frac{N_l(h/2 - 0.4a_0)}{N} = \frac{75 \times (120 - 0.4 \times 200)}{165} = 18.2\text{mm}$$

$$< 0.6y = 0.6 \times 120 = 72\text{mm}，满足要求$$

$$\frac{e}{h}=\frac{18.2}{240}=0.076$$

$$\beta=\gamma_\beta\frac{H_0}{h}=1.0\times\frac{3600}{240}=15$$

$$\varphi=\frac{1}{1+12\left(\frac{e}{h}+\beta\sqrt{\frac{\alpha}{12}}\right)^2}=\frac{1}{1+12\times\left(0.076+15\times\sqrt{\frac{0.0015}{12}}\right)^2}=0.58$$

$\varphi fA=0.58\times1.50\times1600\times240\text{N}=334\text{kN}>N=165\text{kN}$，承载力满足要求

【例 3.7】 试验算如图 3.18 所示房屋外纵墙上梁端下砌体局部受压承载力，若不满足，请采取相应措施。梁截面尺寸 200mm×550mm，支承长度 $a=240$mm，梁端反力设计值 $N_l=86$kN。梁底墙体截面由上部荷载产生的轴向力设计值为 160kN，窗间墙截面 1200mm×370mm，采用 MU10 烧结普通砖、M2.5 混合砂浆砌筑，B 级施工质量控制。

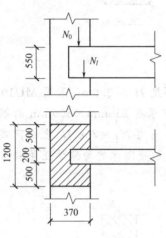

图 3.18　例 3.7 图之一

【解】 局部受压承载力验算

查附表 1，$f=1.30$MPa

$$a_0=10\sqrt{\frac{h_c}{f}}=10\times\sqrt{\frac{550}{1.30}}=206\text{mm}$$

$$<a=240\text{mm}$$

$$A_l=a_0b=206\times200=41200\text{mm}^2$$

$$A_0=(370+200+370)\times370$$
$$=347800\text{mm}^2$$

$$\frac{A_0}{A_l}=\frac{347800}{41200}=8.44>3，\psi=0$$

$$\gamma=1+0.35\sqrt{\frac{A_0}{A_l}-1}=1+0.35\times\sqrt{8.44-1}=1.95<$$

2.0（三边约束）

$N_l+\psi N_0=86+0=86\text{kN}$

$>\eta\gamma fA_l=0.7\times1.95\times1.30\times41200\text{N}=73.1\text{kN}$，不满足要求

措施之一：提高材料强度等级，采用 MU15 的砖、M5 混合砂浆

查附表 1，$f=1.83$MPa

$$a_0=10\sqrt{\frac{h_c}{f}}=10\times\sqrt{\frac{550}{1.83}}=173\text{mm}<a=240\text{mm}$$

$$A_l=a_0b=173\times200=34600\text{mm}^2$$

$$A_0=(370+200+370)\times370=347800\text{mm}^2$$

$$\frac{A_0}{A_l}=\frac{347800}{34600}=10.1>3，\psi=0$$

$$\gamma=1+0.35\sqrt{\frac{A_0}{A_l}-1}=1+0.35\times\sqrt{10.1-1}=2.06>2.0，取\ \gamma=2.0$$

$N_l+\psi N_0=86+0=86\text{kN}$

$<\eta\gamma fA_l=0.7\times2.0\times1.83\times34600\text{N}=88.6\text{kN}$，满足要求

措施之二：加刚性垫块（见图 3.19），垫块尺寸取为 $a_b\times b_b\times t_b=240\text{mm}\times$

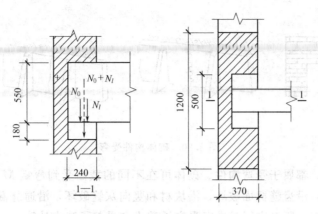

图 3.19　例 3.7 图之二

500mm×180mm

$$A_b = a_b b_b = 240 \times 500 = 120000 \text{mm}^2$$

$$A_0 = 1200 \times 370 = 444000 \text{mm}^2$$

$$\gamma = 1 + 0.35 \sqrt{\frac{A_0}{A_l} - 1} = 1 + 0.35 \times \sqrt{\frac{444000}{120000} - 1} = 1.58 < 2.0$$

$$\gamma_1 = 0.8\gamma = 0.8 \times 1.58 = 1.26 > 1.0$$

$$\sigma_0 = \frac{160 \times 10^3}{1200 \times 370} = 0.36 \text{MPa}$$

$$N_0 = \sigma_0 A_b = 0.36 \times 120000 \text{N} = 43.2 \text{kN}$$

$$\frac{\sigma_0}{f} = \frac{0.36}{1.30} = 0.277$$

$$\delta_1 = 5.7 + \frac{6.0 - 5.7}{0.4 - 0.2} \times (0.277 - 0.2) = 5.82$$

$$a_0 = \delta_1 \sqrt{\frac{h_c}{f}} = 5.82 \times \sqrt{\frac{550}{1.30}} = 119.7 \text{mm}$$

$$e = \frac{N_l(0.5a_b - 0.4a_0)}{N_l + N_0} = \frac{86 \times (0.5 \times 240 - 0.4 \times 119.7)}{86 + 43.2} = 48 \text{mm}$$

$$\frac{e}{h} = \frac{e}{a_b} = \frac{48}{240} = 0.2，按 \beta \leqslant 3 查附表 12：\varphi = 0.68$$

$$N_l + N_0 = 86 + 43.2 = 129.2 \text{kN}$$

$$< \varphi \gamma_1 f A_b = 0.68 \times 1.26 \times 1.30 \times 120000 \text{N} = 133.7 \text{kN}，满足要求。$$

提高材料强度等级和加刚性垫块这两种措施均能满足要求，具体采用哪一种措施，需要经过技术经济论证（比较）。

3.3　无筋砌体其他受力形式的承载力

实际工程中，无筋砌体除主要受压外，还有少量的受弯构件、轴心受拉构件和受剪构件，以下介绍它们的承载力计算。

3.3.1　无筋砌体受弯构件承载力

如图 3.20 所示，承受竖向荷载的砖砌平拱过梁，承受土压力的挡土墙以及承受水平风

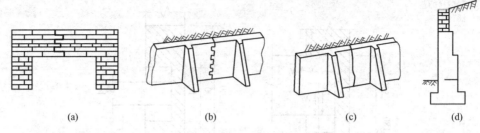

图 3.20 砌体构件受弯

荷载作用的围墙等，都属于受弯构件。砌体可在不同的截面受到弯矩 M 作用，出现相应的弯曲受拉破坏形态：沿齿缝截面破坏，沿块材和竖向灰缝破坏，沿通缝截面破坏。受弯构件截面上还存在剪力 V，所以应同时进行受弯承载力和受剪承载力计算。

3.3.1.1 受弯构件的受弯承载力计算

砌体受弯构件的受弯承载力，要求出弯矩设计值计算的最大弯曲拉应力不超过砌体的弯曲抗拉强度设计值，即

$$\sigma_{tmax} = \frac{M}{W} \leqslant f_{tm} \tag{3.33}$$

或

$$M \leqslant f_{tm}W \tag{3.34}$$

式中　M——弯矩设计值；

　　f_{tm}——砌体的弯曲抗拉强度设计值，应按附表 8 采用；

　　W——截面抵抗矩。

3.3.1.2 受弯构件的受剪承载力计算

砌体受弯构件的受剪承载力，要求由剪力设计值计算的最大剪应力不超过砌体的抗剪强度设计值，即

$$\tau_{max} = \frac{VS}{Ib} = \frac{V}{b(I/S)} = \frac{V}{bz} \leqslant f_v \tag{3.35}$$

或

$$V \leqslant f_v bz \tag{3.36}$$

式中　V——剪力设计值；

　　f_v——砌体的抗剪强度设计值，应按附表 8 采用；

　　b——截面宽度；

　　z——内力臂，$z = I/S$，当截面为矩形时 $z = 2h/3$（h 为截面高度）；

　　I——截面惯性矩；

　　S——截面面积矩（中性轴为界的半个截面对中性轴的面积矩）。

【例 3.8】 如图 3.21 所示 370mm 厚带壁柱墙，壁柱间距为 4.5m，由 MU10 的烧结普通砖和 M2.5 混合砂浆砌筑而成，B 级施工质量控制。承受横向水平均布风荷载标准值 0.9kN/m²。取结构重要性系数 $\gamma_0 = 1.0$，设计使用年限 50 年，试验算壁柱间墙的受弯承载力。

【解】 取 1m 高的水平墙带作为计算单元，截面尺寸为 $b = 1000$mm，$h = 370$mm。按简支梁计算内力，跨中弯矩最大、支座剪力最大，内力设计值为（可变荷载分项系数 $\gamma_Q = 1.4$）：

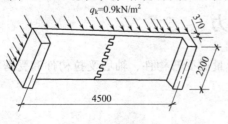

$q_k = 0.9kN/m^2$

图 3.21　例 3.8 图

$$q_k = 0.9 \times 1 = 0.9 \text{kN/m}$$

$$q = \gamma_L \gamma_Q q_k = 1.0 \times 1.4 \times 0.9 = 1.26 \text{kN/m}$$

$$M = \gamma_0 S_d = \gamma_0 \times \frac{1}{8} q l^2 = 1.0 \times \frac{1}{8} \times 1.26 \times 4.5^2 = 3.19 \text{kN} \cdot \text{m}$$

$$V = \gamma_0 S_d = \gamma_0 \times \frac{1}{2} q l = 1.0 \times \frac{1}{2} \times 1.26 \times 4.5 = 2.84 \text{kN}$$

砌体强度设计值

构件截面面积$>0.3\text{m}^2$，查附表 8，$f_{tm} = 0.17 \text{MPa}$，$f_v = 0.08 \text{MPa}$

受弯承载力

$$f_{tm} W = 0.17 \times \frac{1}{6} \times 1000 \times 370^2 = 3.88 \times 10^6 \text{N} \cdot \text{mm}$$

$$= 3.88 \text{kN} \cdot \text{m} > M = 3.19 \text{kN} \cdot \text{m}，满足要求$$

受剪承载力

$$z = \frac{2}{3} h = \frac{2}{3} \times 370 = 246.7 \text{mm}$$

$$f_v b z = 0.08 \times 1000 \times 246.7 = 19.7 \times 10^3 \text{N}$$

$$= 19.7 \text{kN} > V = 2.84 \text{kN}，满足要求$$

3.3.2　无筋砌体轴心受拉构件承载力

砌体的抗拉能力很弱，工程上采用砌体轴心受拉的构件很少。对于容积不大的圆形水池或筒仓，在液体或松散材料的侧压力作用下，壁内产生的环向拉力不大，可采用砌体结构，如图 3.22 所示。

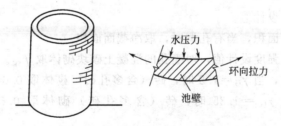

图 3.22　圆形水池池壁受拉

砌体轴心受拉构件的承载力应按式（3.37）计算：

$$N_t \leqslant f_t A \tag{3.37}$$

式中　N_t——轴心拉力设计值；

　　　f_t——砌体的轴心抗拉强度设计值，应按附表 8 采用。

【例 3.9】　如图 3.23 所示为圆形砖砌沉淀池，池壁用 MU10 烧结普通砖、M5 水泥砂浆砌筑，B 级施工质量控制。池壁上段厚 370mm、下段厚 490mm。已知在池壁 A—A 处产生的最大环向拉力设计值 $N_t = 45 \text{kN/m}$，试验算池壁 A—A 处的受拉承载力。

【解】　取 1m 高砖砌体进行验算

（1）砌体抗拉强度设计值

截面面积$>0.3\text{m}^2$，水泥砂浆 M5，$f_t = 0.13 \text{MPa}$

（2）承载力验算

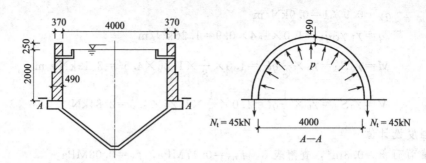

图 3.23　例 3.9 图

池壁 A—A 处轴心拉力设计值

$$N_t = 45 \times 1 = 45\text{kN}$$

$$f_t A = 0.13 \times 490 \times 1000 = 63.7 \times 10^3 \text{N} = 63.7\text{kN}$$

$$> N_t = 45\text{kN}，满足要求$$

3.3.3　无筋砌体受剪构件承载力

砌体沿水平灰缝（通缝）截面或阶梯形截面的抗剪承载力，因截面上的垂直压应力对摩擦力的有利作用而提高。受剪构件的承载力计算中要考虑这一有利因素，计算公式如下

$$V \leqslant (f_v + \alpha\mu\sigma_0)A \tag{3.38}$$

当 $\gamma_G = 1.2$ 时　　　　$\mu = 0.26 - 0.082\dfrac{\sigma_0}{f}$ 　　　　(3.39)

当 $\gamma_G = 1.35$ 时　　　$\mu = 0.23 - 0.065\dfrac{\sigma_0}{f}$ 　　　　(3.40)

式中　V——截面剪力设计值。

A——水平截面面积，当有孔洞时，取净截面面积。

f_v——砌体抗剪强度设计值，对灌孔的混凝土砌块砌体取 f_{vg}。

α——修正系数，当 $\gamma_G = 1.2$ 时，砖（含多孔砖）砌体取 0.60，混凝土砌块砌体取 0.64；当 $\gamma_G = 1.35$ 时，砖（含多孔砖）砌体取 0.64，混凝土砌块砌体取 0.66。

μ——剪压复合受力影响系数。

f——砌体的抗压强度设计值。

σ_0——永久荷载设计值产生的水平截面平均压应力，其值不应大于 $0.8f$。

【例 3.10】如图 3.24 所示的砖砌弧拱过梁，用 MU10 烧结普通砖、M5 混合砂浆砌筑而成，B 级施工质量控制。已知荷载设计值产生的拱座水平推力（剪力）为 $V = 15.6\text{kN}$，永久荷载设计值产生的压力为 25.0kN（按 $\gamma_G = 1.2$ 组合）。受剪截面面积 370mm×490mm，试验算砌体的抗剪承载力。

【解】砖砌体：1.2 组合　$\alpha = 0.60$

截面面积：$A = 0.37 \times 0.49 = 0.1813\text{m}^2 < 0.3\text{m}^2$

$$\gamma_a = 0.7 + A = 0.7 + 0.1813 = 0.8813$$

砌体强度设计值

$$f = 0.8813 \times 1.50 = 1.32\text{MPa}$$

$$f_v = 0.8813 \times 0.11 = 0.097\text{MPa}$$

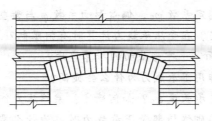

图 3.24　例 3.10 图

剪压复合受力影响系数

$$\sigma_0 = \frac{25.0\times10^3}{370\times490} = 0.138\text{MPa}$$

$$\frac{\sigma_0}{f} = \frac{0.138}{1.32} = 0.10 < 0.8$$

$$\mu = 0.26 - 0.082\frac{\sigma_0}{f} = 0.26 - 0.082\times0.10 = 0.25$$

抗剪承载力

$$(f_v + \alpha\mu\sigma_0)A = (0.097 + 0.60\times0.25\times0.138)\times370\times490\text{N}$$
$$= 21.3\text{kN} > V = 15.6\text{kN}，满足要求$$

本 章 小 结

砌体结构受压构件截面破坏时的极限轴力随偏心距 e 和高厚比 β 的增大而明显降低，这种不利影响可用影响系数 φ 来综合考虑。φ 值与砂浆强度等级、构件的高厚比 β 以及偏心程度 e/h（或 e/h_T）有关，可根据公式计算，也可查附表 12 取值。

整体受压承载力计算公式 $N \leqslant \varphi f A$，适用于偏心距较小的受压构件。过大的偏心距易在使用阶段产生较宽的使用裂缝，并使刚度下降，承载力显著降低。偏心距由内力设计值计算 $e = M/N$，并规定 $e \leqslant 0.6y$。限制偏心距的大小，就是限制使用时的裂缝宽度，以满足正常使用极限状态的要求。若 $e > 0.6y$，则应采取相应措施，或设计成组合砖砌体。

局部受压面下的砌体横向变形受到约束，产生二向或三向受压应力状态，使得砌体局部抗压强度有较大程度的提高。局部抗压强度提高系数 γ 随局部受压约束程度 A_0/A_l 的增强而增大，为了防止在砌体内产生纵向劈裂破坏，对 γ 的上限值做出了规定或限制。

梁端下砌体局部受压时，由于梁的挠曲变形和砌体压缩变形的影响，梁端有效支承长度 a_0 和实际支承长度 a 不同，梁端下砌体压应力非均匀分布。考虑到梁上端形成的"内拱卸荷"的有利作用，上部墙体传来的轴向压力 N_0 可按系数 ψ 进行折减，折减系数满足条件 $0 \leqslant \psi \leqslant 1$。梁端下设置刚性垫块时，垫块下的局部受压接近于偏心受压，计算公式借助于砌体偏心受压的承载力公式（引进系数 γ_1）。

砌体受弯构件和轴心受拉构件承载力计算，可借用材料力学的公式。砌体沿水平通缝截面或沿阶梯形截面破坏时的受剪承载力，与砌体的抗剪强度 f_v 和作用在截面上的压应力 σ_0 的大小有关。

思 考 题

3.1　砌体受压时，随着偏心距的变化，截面应力状态如何变化？

3.2 受压砌体构件的稳定系数 φ_0、偏心影响系数 φ 与哪些因素有关?

3.3 偏心距 e 如何确定? 在受压承载力计算时有何限制?

3.4 如何计算 T 形截面、十字形截面的折算厚度?

3.5 砌体在局部压力作用下承载力为什么会提高?

3.6 什么是梁端有效支承长度 a_0? 如何确定? 梁端压力作用点位于什么位置?

3.7 验算梁端支承面的砌体局部受压承载力时, 为什么要对其上部轴向力设计值 N_0 乘以折减系数 ψ? ψ 与什么因素有关?

3.8 当梁端支承面砌体局部受压承载力不足时, 可采取哪些措施来解决此问题?

选 择 题

3.1 下列措施中, 不能提高砌体受压构件承载力的是 ( )。

A. 提高块体和砂浆强度等级   B. 提高构件的高厚比 β

C. 减小构件轴向力偏心距 e D. 加大构件截面尺寸

3.2 无筋砌体受压构件承载力计算公式的适用条件是 ( )。

A. $e \leqslant 0.7y$ B. $e > 0.7y$ C. $e \leqslant 0.6y$ D. $e > 0.6y$

3.3 当梁截面高度为 h_c, 支承长度为 a 时, 梁直接支承在砌体上的有效支承长度 a_0 为 ( )。

A. $a_0 > a$ B. $a_0 = h_c$

C. $a_0 = 10\sqrt{\dfrac{h_c}{f}}$ D. $a_0 = 10\sqrt{\dfrac{h_c}{f}}$ 且 $a_0 \leqslant a$

3.4 在进行无筋砌体受压构件的承载力计算时, 下列关于轴向力的偏心距的叙述中, 何者正确? ( )

A. 应由荷载标准值产生构件截面的内力计算求得

B. 应由荷载设计值产生构件截面的内力计算求得

C. 大小不受限制

D. 不宜超过 $0.8y$

3.5 限制砌体局部抗压强度提高系数 γ 的上限值, 其目的是 ( )。

A. 防止块体局部压碎   B. 防止纵向劈裂破坏

C. 满足适用性要求   D. 满足耐久性要求

3.6 下述关于砌体局部受压的说法何种正确? ( )

A. 砌体局部抗压强度的提高是因为周围砌体的套箍作用使局部砌体处于二向或三向受力状态

B. 局部抗压强度的提高是因为力的扩散的影响

C. 对未灌孔的混凝土砌块砌体, 局部抗压强度提高系数 $\gamma \leqslant 1.25$

D. 对多孔砖砌体, 局部抗压强度提高系数 $\gamma \leqslant 1.0$

3.7 某楼面钢筋混凝土梁支承于砖墙上, 梁宽为 200mm, 墙厚 240mm, 墙宽 1000mm, 梁端有效支承长度为 240mm。砌体局部受压面积上由上部荷载设计值产生的轴向力为 10kN, 如图 3.25 所示, 在进行梁端支承处砌体的局部受压承载力计算时, 该项荷载的取值应为 ( )。

A. 10kN   B. 0   C. 15kN   D. 5kN

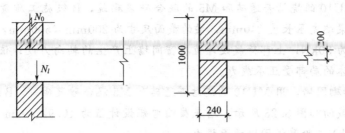

图 3.25 选择题 3.7 图

3.8 以下几种情况，哪一种可以不进行局部受压承载力验算？（ ）

A. 支承柱或墙的基础面   B. 支承屋架或梁的砌体墙

C. 支承梁或屋架的砌体柱   D. 窗间墙下面的砌体墙

3.9 梁端支承处砌体局部受压承载力应考虑的因素有（ ）。

A. 上部荷载的影响

B. 梁端压力设计值产生的支承压力和压应力图形的完整系数

C. 局部承压面积

D. A、B 及 C

3.10 受剪承载力计算公式的适用条件是轴压比 σ_0/f（ ）。

A. >0.8 B. $\leqslant 0.8$ C. >0.6 D. $\leqslant 0.6$

计 算 题

3.1 有一承受轴心压力的砖柱，截面尺寸 490mm×490mm，采用烧结普通砖 MU10、混合砂浆 M5 砌筑，B 级施工质量控制。荷载设计值在柱顶产生的轴心压力为 220kN（由可变荷载控制的组合），柱的计算高度 $H_0=H=3.9$m，试验算该柱的承载力（验算柱底截面）。

3.2 某住宅外廊砖柱，截面尺寸为 370mm× 490mm，采用 MU10 烧结普通砖、M5 混合砂浆砌筑，B 级施工质量控制。承受轴向压力设计值 $N=130$kN，偏心距 $e=65$mm（沿长边方向偏心），柱在长边和短边方向的计算高度相等，$H_0=3.6$m。试验算该柱的承载力。

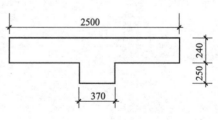

图 3.26 计算题 3.3 图

3.3 试验算某教学楼窗间墙的承载力，截面如图 3.26 所示。轴向力设计值 $N=400$kN，弯矩设计值 $M=32.0$kN·m，荷载偏向翼缘一侧。计算高度 $H_0=4.8$m，采用 MU10 的烧结普通砖和 M5 混合砂浆砌筑，B 级施工质量控制。

3.4 钢筋混凝土柱，截面尺寸为 200mm×240mm，支承在砖墙上，墙厚 240mm，如图 3.27 所示。墙体采用 MU15 烧结普通砖和 M5 的混合砂浆砌筑，B 级施工质量控制。柱传给墙的轴向力设计值 $N=118$kN，试进行砌体局部受压承载力验算（局部均匀受压）。

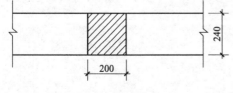

图 3.27 计算题 3.4 图

3.5 已知一窗间墙，截面尺寸为 1000mm×

240mm，采用 MU10 的烧结普通砖和 M5 的混合砂浆砌筑，B 级施工质量控制。墙上支承钢筋混凝土梁，梁端支承长度 240mm，梁的截面尺寸为 200mm×500mm，梁端荷载设计值产生的支承压力为 50kN，上部荷载设计值在窗间墙上产生的轴向力设计值为 125kN。试验算梁端支承处砌体的局部受压承载力。

3.6　有一砖砌围墙，用 MU10 的烧结普通砖和 M5 混合砂浆砌筑，B 级施工质量控制。一个标准间距的截面如图 3.28 所示，墙底截面弯矩设计值为 10.9kN·m（翼缘受拉），剪力设计值为 5.82kN。验算该围墙的承载力。

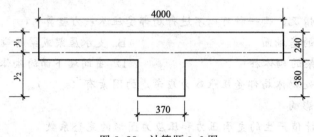

图 3.28　计算题 3.6 图

3.7　有一圆形砖砌水池，壁厚 370mm，采用 MU15 烧结普通砖和 M7.5 水泥砂浆砌筑，B 级施工质量控制。池壁承受的最大环向拉力设计值按 52kN/m 计算，试验算池壁的承载力（沿高度取 1m 计算）。

3.8　砖砌弧拱，由 MU10 烧结普通砖和 M5 混合砂浆砌筑而成，B 级施工质量控制。拱支座产生水平推力设计值 $V=24.8$kN（1.2 组合），支座上部传来恒载压力标准值为 50kN，支座砌体截面为 900mm×240mm，试计算拱座处砌体的抗剪承载力。

第 4 章 配筋砌体构件承载力

┌─ 内容提要 ─

　　本章主要内容为配筋砌体构件的受力特点、适用范围、构造要求和承载力计算，包括配筋砖砌体、组合砖砌体、砖砌体和钢筋混凝土构造柱组合墙以及配筋砌块砌体等受压构件，属于现代砌体结构之范畴。

　　配筋砌体是钢筋与砌体或钢筋混凝土（钢筋砂浆）与砌体形成的一种砌体形式，它为古老的砌体结构注入了新的活力。配筋砌体强度高，变形能力较强，可减小构件截面尺寸，增加结构的整体性，提高抗震能力，适用于修建更高层数和高度的楼房。应用于工程实践的配筋砌体有网状配筋砖砌体、组合砖砌体、砖砌体和钢筋混凝土构造柱组合墙以及配筋砌块砌体等类型。

4.1 网状配筋砖砌体受压承载力

4.1.1 网状配筋砖砌体的受力特点

　　网状配筋砖砌体是在砖砌体的水平灰缝（通缝）内加入钢筋网片形成的砌体构件，钢筋网片的网格尺寸为 $a \times b$、竖向间距为 s_n，如图 4.1 所示。因钢筋网设置在水平灰缝内，故又称为横向配筋砖砌体。

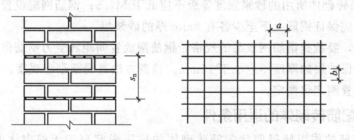

图 4.1　网状配筋砖砌体

　　由于钢筋和砂浆以及砂浆和块材之间的黏结作用，使得钢筋和砌体能够共同工作。在竖向压力作用下，钢筋因砌体的横向变形而受拉；钢筋的弹性模量大于砌体的弹性模量，钢筋的变形相对较小，它可以阻止砌体横向变形的发展。一方面，钢筋约束砌体横向变形，使砌体处于三向压应力状态，从而间接地提高砌体承担竖向压力的能力；另一方面，钢筋能联结被竖向裂缝所分割的小砖柱，使其不会过早失稳破坏，因而间接地提高了砌体承担轴向荷载的能力。砖砌体与横向钢筋网的共同工作，可一直维持到砖砌体被压碎。

　　网状配筋砖砌体从施加荷载开始到破坏为止，按照裂缝的出现和发展可分为三个受力阶段，其受力性能与无筋砌体存在着本质上的区别。

第Ⅰ阶段　在加载的初始阶段个别砖内出现裂缝，所表现出的受力特点与无筋砌体相同，但产生第一批裂缝的荷载大约为破坏荷载的 60%～75%。因灰缝中的钢筋提高了单砖的抗弯、抗剪能力，故初裂荷载高于无筋砌体。

第Ⅱ阶段　在第一批裂缝出现后继续增加荷载，裂缝发展很缓慢，纵向裂缝受横向钢筋的约束，不能沿砌体高度方向形成连续裂缝，仅在横向钢筋网之间形成较小的纵向裂缝和斜裂缝，但裂缝数目较多。这一阶段所表现的破坏特征与无筋砌体有较大的不同。

第Ⅲ阶段　荷载增加至极限荷载，部分开裂严重的砖脱落或被压碎，导致砌体完全破坏。由于钢筋的拉结作用，这一阶段不会像无筋砌体那样形成竖向小柱体而失稳，因此砖抗压强度的利用程度高于无筋砌体。

4.1.2　网状配筋砖砌体的构造要求

网状配筋砖砌体的构造应符合下列规定。

① 对于横截面面积为 A_s 的钢筋组成的钢筋网，设网格尺寸为 $a \times b$、钢筋网间距为 s_n，则体积配筋率为

$$\rho = \frac{A_s}{V} = \frac{(a+b)A_s}{abs_n} \tag{4.1}$$

体积配筋率过小，则对提高抗压能力的效果不大；体积配筋率过大，钢筋的作用又不能充分发挥。所以，体积配筋率应有一个合理的范围，规范要求：$0.1\% \leqslant \rho \leqslant 1.0\%$。

② 钢筋过细，虽然也一样能在砖砌体中发挥作用，但从钢筋锈蚀的观点看，细钢筋没有粗钢筋耐久。但是，直径过粗的钢筋两个方向相叠会使水平灰缝过厚或保护层得不到保证。因此，钢筋直径应有所限制，当采用钢筋网时，钢筋的直径宜采用 3～4mm。

③ 钢筋网中钢筋的间距（即网格尺寸 a 和 b），不应大于 120mm，并不应小于 30mm。

④ 钢筋网的间距，不应大于五皮砖，并不应大于 400mm。

⑤ 网状配筋砖砌体所用的砂浆强度等级不应低于 M7.5；钢筋网应设置在砌体的水平灰缝中，灰缝厚度应保证钢筋上下至少各有 2mm 厚的砂浆层。

施工验收时，要检查钢筋网成品的规格，钢筋网放置间距和受力钢筋保护层厚度，灰缝中钢筋外露砂浆保护层的厚度不应小于 15mm。检查方法有局部剔缝观察，探针刺入灰缝内检查，或钢筋位置测定仪测定。

4.1.3　网状配筋砖砌体的适用条件

因为网状钢筋的作用使得网状配筋砖砌体的抗压强度高于无筋砌体的抗压强度，所以实际应用时应保证网状钢筋能够充分发挥其作用。试验表明，当荷载偏心作用时，横向配筋的效果随偏心距的增大而降低；对高厚比较大的构件，整个构件失稳破坏的因素愈来愈大，此时横向钢筋的作用也难以施展。所以，规范规定的网状配筋砖砌体的适用条件为：

① 偏心距不超过截面的核心范围，对于矩形截面 $e/h \leqslant 0.17$；

② 构件高厚比 $\beta \leqslant 16$。

对于满足上述条件的砖砌体，若构件尺寸受限制，无筋砌体构件不能满足受压承载力要求时，可考虑采用网状配筋砖砌体构件。

4.1.4　网状配筋砖砌体受压承载力

4.1.4.1　网状配筋砖砌体的抗压强度设计值

网状配筋砖砌体的抗压强度高于无筋砌体的抗压强度，根据试验资料分析得到如下经验公式

$$f_n = f + 2\left(1 - \frac{2e}{y}\right)\rho f_y \tag{4.2}$$

式中　f_n——网状配筋砖砌体抗压强度设计值；

$\quad\quad f$——砖砌体抗压强度设计值，若截面面积$<0.2\text{m}^2$，则需乘调整系数γ_a；

$\quad\quad e$——轴向力的偏心距；

$\quad\quad y$——截面形心到轴向力所在偏心方向截面边缘的距离；

$\quad\quad \rho$——体积配筋率；

$\quad\quad f_y$——钢筋的抗拉强度设计值，当f_y大于320MPa时，仍采用320MPa。

4.1.4.2　承载力影响系数

无筋砌体受压构件承载力影响系数的计算公式（3.14）也适用于网状配筋砖砌体构件。此时应以网状配筋砖砌体的稳定系数φ_{0n}代替φ_0，所以

$$\varphi_n = \cfrac{1}{1 + 12\left[\cfrac{e}{h} + \sqrt{\cfrac{1}{12}\left(\cfrac{1}{\varphi_{0n}} - 1\right)}\right]^2} \tag{4.3}$$

式中的稳定系数φ_{0n}可由式（3.9）确定，但取$\alpha = 0.0015 + 0.45\rho$，即

$$\varphi_{0n} = \frac{1}{1 + (0.0015 + 0.45\rho)\beta^2} \tag{4.4}$$

当$\beta \leqslant 3$时，取$\beta = 0$。上式说明，当$\beta > 3$时，随着配筋率ρ的增大，稳定系数φ_{0n}下降。将式（4.4）代入式（4.3）得

$$\varphi_n = \cfrac{1}{1 + 12\left[\cfrac{e}{h} + \beta\sqrt{\cfrac{1 + 300\rho}{8000}}\right]^2} \tag{4.5}$$

承载力影响系数可直接按式（4.5）计算，当$\beta \leqslant 3$时，取$\beta = 0$；也可由e/h、ρ、β查表4.1。对比无筋砌体受压构件承载力影响系数φ的计算公式（3.15）可知，当$\beta \leqslant 3$时，$\varphi_{0n} = \varphi_0$；而当$\beta > 3$时，$\varphi_n < \varphi$。

4.1.4.3　网状配筋砖砌体受压承载力计算

网状配筋砖砌体受压构件的承载力，可按下式计算

$$N \leqslant \varphi_n f_n A \tag{4.6}$$

式中　N——轴向力设计值；

$\quad\quad A$——构件截面面积。

对矩形截面构件，当轴向力偏心方向的截面边长大于另一方向的边长时，除按偏心受压计算外，还应对较小边长方向按轴心受压进行验算。

当网状配筋砖砌体构件下端与无筋砌体交接时，尚应验算交接处无筋砌体的局部受压承载力。

【例 4.1】　正方形截面砖柱采用 MU15 的烧结普通砖和 M7.5 的混合砂浆砌筑，施工质量控制等级为 B 级，截面尺寸 490mm×490mm，计算高度 $H_0 = 4.2\text{m}$，承受轴心压力设计值 $N = 480\text{kN}$，试验算承载力。因截面尺寸受限制，若承载力不满足，可采用网状配筋砖砌体。

表 4.1 影响系数 φ_n

$\rho/\%$	β	e/h				
		0	0.05	0.10	0.15	0.17
0.1	4	0.97	0.89	0.78	0.67	0.63
	6	0.93	0.84	0.73	0.62	0.58
	8	0.89	0.78	0.67	0.57	0.53
	10	0.84	0.72	0.62	0.52	0.48
	12	0.78	0.67	0.56	0.48	0.44
	14	0.72	0.61	0.52	0.44	0.41
	16	0.67	0.56	0.47	0.40	0.37
0.3	4	0.96	0.87	0.76	0.65	0.61
	6	0.91	0.80	0.69	0.59	0.55
	8	0.84	0.74	0.62	0.53	0.49
	10	0.78	0.67	0.56	0.47	0.44
	12	0.71	0.60	0.51	0.43	0.40
	14	0.64	0.54	0.46	0.38	0.36
	16	0.58	0.49	0.41	0.35	0.32
0.5	4	0.94	0.85	0.74	0.63	0.59
	6	0.88	0.77	0.66	0.56	0.52
	8	0.81	0.69	0.59	0.50	0.46
	10	0.73	0.62	0.52	0.44	0.41
	12	0.65	0.55	0.46	0.39	0.36
	14	0.58	0.49	0.41	0.35	0.32
	16	0.51	0.43	0.36	0.31	0.29
0.7	4	0.93	0.83	0.72	0.61	0.57
	6	0.86	0.75	0.63	0.53	0.50
	8	0.77	0.66	0.56	0.47	0.43
	10	0.68	0.58	0.49	0.41	0.38
	12	0.60	0.50	0.42	0.36	0.33
	14	0.52	0.44	0.37	0.31	0.30
	16	0.46	0.38	0.33	0.28	0.26
0.9	4	0.92	0.82	0.71	0.60	0.56
	6	0.83	0.72	0.61	0.52	0.48
	8	0.73	0.63	0.53	0.45	0.42
	10	0.64	0.54	0.46	0.38	0.36
	12	0.55	0.47	0.39	0.33	0.31
	14	0.48	0.40	0.34	0.29	0.27
	16	0.41	0.35	0.30	0.25	0.24
1.0	4	0.91	0.81	0.70	0.59	0.55
	6	0.82	0.71	0.60	0.51	0.47
	8	0.72	0.61	0.52	0.43	0.41
	10	0.62	0.53	0.44	0.37	0.35
	12	0.54	0.45	0.38	0.32	0.30
	14	0.46	0.39	0.33	0.28	0.26
	16	0.39	0.34	0.28	0.24	0.23

【解】 验算无筋砖柱承载力

$A=0.49\times0.49=0.24\text{m}^2<0.3\text{m}^2$

$\gamma_a=0.7+A=0.7+0.24=0.94$

$f = 0.94 \times 2.07 = 1.95 \text{MPa}$

$\beta = \gamma_\beta \dfrac{H_0}{h} = 1.0 \times \dfrac{4.2}{0.49} = 8.57$

$e/h = 0$

$\varphi = \varphi_0 = \dfrac{1}{1 + \alpha\beta^2} = \dfrac{1}{1 + 0.0015 \times 8.57^2} = 0.90$

$\varphi f A = 0.90 \times 1.95 \times 0.24 \times 10^3 = 421 \text{kN} < N = 480 \text{kN}$，承载力不满足要求

设计网状配筋砖柱。因 $\beta = 8.57 < 16$，$e/h = 0 < 0.17$，且截面尺寸受限，故可采用网状配筋砖柱。选用 $\phi^b 4$ 冷拔钢丝方格网（$A_s = 12.6 \text{mm}^2$，$f_y = 430 \text{MPa} > 320 \text{MPa}$，取 $f_y = 320 \text{MPa}$），网格尺寸 $a = b = 60 \text{mm} > 30 \text{mm}$ 且 $< 120 \text{mm}$，方格网片竖向间距 $s_n = 300 \text{mm} < 400 \text{mm}$ 且不超过五皮砖。

$A = 0.49 \times 0.49 = 0.24 \text{m}^2 > 0.2 \text{m}^2$

$f = 2.07 \text{MPa}$

$\rho = \dfrac{(a+b)A_s}{abs_n} = \dfrac{(60+60) \times 12.6}{60 \times 60 \times 300} = 0.14\% \quad \begin{matrix} > 0.1\% \\ < 1.0\% \end{matrix}$

$f_n = f + 2\left(1 - \dfrac{2e}{y}\right)\rho f_y = 2.07 + 2 \times (1-0) \times 0.14\% \times 320 = 2.97 \text{MPa}$

$\varphi_n = \dfrac{1}{1 + 12\left[\dfrac{e}{h} + \beta\sqrt{\dfrac{1+300\rho}{8000}}\right]^2} = \dfrac{1}{1 + 12 \times \left[0 + 8.57 \times \sqrt{\dfrac{1+300 \times 0.14\%}{8000}}\right]^2}$

$= 0.86$

$\varphi_n f_n A = 0.86 \times 2.97 \times 0.24 \times 10^3 = 613 \text{kN}$

$> N = 480 \text{kN}$，承载力满足要求

【例 4.2】 某一网状配筋砖柱，采用 MU10 烧结普通砖和 M7.5 混合砂浆砌筑，施工质量控制等级为 B 级；截面尺寸 370mm×490mm，计算高度 $H_0 = 5.18 \text{m}$，承受轴向压力设计值 $N = 160.0 \text{kN}$，弯矩设计值 $M = 12.54 \text{kN} \cdot \text{m}$（沿长边）。网状配筋选用 $\phi^b 4$ 冷拔钢丝焊接网（$A_s = 12.6 \text{mm}^2$，取 $f_y = 320 \text{MPa}$），网格尺寸 $a = b = 50 \text{mm}$，钢筋网片竖向间距 $s_n = 240 \text{mm}$。试验算承载力。

【解】 偏心受压承载力

$A = 0.37 \times 0.49 = 0.1813 \text{m}^2 < 0.2 \text{m}^2$

$\gamma_a = 0.8 + A = 0.8 + 0.1813 = 0.9813$

$f = 0.9813 \times 1.69 = 1.66 \text{MPa}$

$\rho = \dfrac{(a+b)A_s}{abs_n} = \dfrac{(50+50) \times 12.6}{50 \times 50 \times 240} = 0.21\% \quad \begin{matrix} > 0.1\% \\ < 1.0\% \end{matrix}$

$e = \dfrac{M}{N} = \dfrac{12.54 \times 10^3}{160.0} = 78.4 \text{mm} < 0.17h = 0.17 \times 490 = 83.3 \text{mm}$

$f_n = f + 2\left(1 - \dfrac{2e}{y}\right)\rho f_y = 1.66 + 2 \times \left(1 - \dfrac{2 \times 78.4}{245}\right) \times 0.21\% \times 320 = 2.14 \text{MPa}$

$\beta = \gamma_\beta \dfrac{H_0}{h} = 1.0 \times \dfrac{5.18}{0.49} = 10.57 < 16$

$$\frac{e}{h} = \frac{78.4}{490} = 0.16$$

$$\varphi_n = \frac{1}{1 + 12\left[\frac{e}{h} + \beta\sqrt{\frac{1+300\rho}{8000}}\right]^2}$$

$$= \frac{1}{1 + 12 \times \left[0.16 + 10.57 \times \sqrt{\frac{1+300 \times 0.21\%}{8000}}\right]^2} = 0.46$$

$\varphi_n f_n A = 0.46 \times 2.14 \times 0.1813 \times 10^3 = 178.5\text{kN}$

$> N = 160.0\text{kN}$，承载力满足要求

构件短边方向轴心受压承载力验算

$$f_n = f + 2\left(1 - \frac{2e}{y}\right)\rho f_y = 1.66 + 2 \times (1-0) \times 0.21\% \times 320 = 3.00\text{MPa}$$

$$\beta = \gamma_\beta \frac{H_0}{h} = 1.0 \times \frac{5.18}{0.37} = 14 < 16$$

$e/h = 0$，$\rho = 0.21\%$，查表 4.1，内查法得

$$\varphi_n = 0.72 - \frac{0.72 - 0.64}{0.3 - 0.1} \times (0.21 - 0.1) = 0.68$$

按式（4.4）或式（4.5）计算，也可得到 $\varphi_n = \varphi_{0n} = 0.68$

$\varphi_n f_n A = 0.68 \times 3.00 \times 0.1813 \times 10^3 = 369.9\text{kN}$

$> N = 160.0\text{kN}$，满足要求

4.2 组合砖砌体受压承载力

通常所说的组合砖砌体是指砖砌体和钢筋混凝土面层或钢筋砂浆面层组成的组合砌体，它不但能显著提高砌体的抗弯能力和延性，而且也能提高其抗压能力，具有和钢筋混凝土相近的性能。组合砖砌体主要用作受压构件，特别是轴向力偏心距超过无筋砌体构件的限值时的受压构件。

4.2.1 组合砖砌体的构造要求

组合砖砌体构件的构造应符合下列规定。

① 面层混凝土强度等级宜采用 C20，面层水泥砂浆强度等级不宜低于 M10，砌筑砂浆的强度等级不宜低于 M7.5。

② 砂浆面层的厚度，可采用 30 ～ 45mm。当面层厚度大于 45mm 时，其面层宜采用混凝土。

③ 竖向受力钢筋宜采用 HPB300 级钢筋，对于混凝土面层，亦可采用 HRB335 级钢筋。受压钢筋一侧的配筋率，对砂浆面层，不宜小于 0.1%，对混凝土面层，不宜小于 0.2%。受拉钢筋的配筋率，不应小于 0.1%。竖向受力钢筋的直径，不应小于 8mm，钢筋的净间距，不应小于 30mm。

④ 箍筋的直径，不宜小于 4mm 及 0.2 倍的受压钢筋直径，并不宜大于 6mm。箍筋的间距，不应大于 20 倍受压钢筋的直径及 500mm，并不应小于 120mm。

⑤ 当组合砖砌体构件一侧的竖向受力钢筋多于 4 根时，应设置附加箍筋或拉结钢筋。

⑥ 对于截面长短边相差较大的构件如墙体等，应采用贯通墙体的拉结钢筋作为箍筋，同时设置水平分布钢筋。水平分布钢筋的竖向间距及拉结钢筋的水平间距，均不应大于 500mm（见图 4.2）。

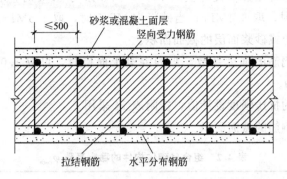

图 4.2　混凝土或砂浆面层组合墙

⑦ 组合砖砌体构件的顶部及底部，以及牛腿部位，必须设置钢筋混凝土垫块。竖向受力钢筋伸入垫块的长度，必须满足锚固要求。

4.2.2　组合砖砌体的适用范围

当无筋砌体受压构件的截面尺寸受限或设计不经济时，或轴向力偏心距 $e > 0.6y$ 时，宜采用砖砌体和钢筋混凝土面层或钢筋砂浆面层组成的组合砖砌体构件，如图 4.3 所示，其中（a）为矩形截面，（b）为 T 形截面。对于砖墙与组合砌体一同砌筑的 T 形截面构件［见图 4.3(b)］，其承载力和高厚比可按矩形截面组合砌体构件计算，如图 4.3(c) 所示。

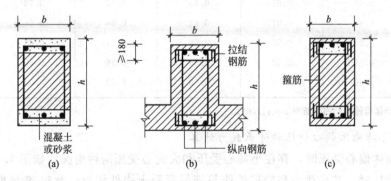

图 4.3　组合砖砌体构件截面

4.2.3　组合砖砌体受压承载力

4.2.3.1　组合砖砌体轴心受压构件承载力计算

在轴心压力作用下，组合砖砌体的第一批裂缝大多出现于砖砌体和钢筋混凝土（或钢筋砂浆）之间的连接处。随着荷载的增加，砖砌体逐渐产生竖向裂缝，但裂缝发展较为缓慢。最后，面层混凝土被压碎，钢筋受压屈服，组合砌体完全破坏；如为钢筋砂浆组合砌体，砂浆压碎时，受压钢筋未达到屈服应变，受压钢筋的强度不能被充分利用。

组合砖砌体轴心受压构件的承载力应按式（4.7）计算：

$$N \leqslant \varphi_{com}(fA + f_c A_c + \eta_s f_y' A_s') \tag{4.7}$$

式中　φ_{com}——组合砖砌体构件的稳定系数，可按表 4.2 采用。

A——砖砌体的截面面积。

f_c——混凝土或面层水泥砂浆的轴心抗压强度设计值，混凝土轴心抗压强度设计值，按附表 13 采用；砂浆的轴心抗压强度设计值可取为同强度等级混凝土的轴心抗压强度设计值的 70%，当砂浆为 M15 时，取 5.0MPa；当砂浆为 M10 时，取 3.4MPa；当砂浆为 M7.5 时，取 2.5MPa。

A_c——混凝土或砂浆面层的截面面积。

η_s——受压钢筋的强度系数，当为混凝土面层时，可取 1.0；当为砂浆面层时可取 0.9。

f_y'——钢筋的抗压强度设计值，按附表 14 采用。

A_s'——受压钢筋的截面面积。

表 4.2　组合砖砌体构件的稳定系数 φ_{com}

高厚比	配筋率 ρ/%					
β	0	0.2	0.4	0.6	0.8	≥1.0
8	0.91	0.93	0.95	0.97	0.99	1.00
10	0.87	0.90	0.92	0.94	0.96	0.98
12	0.82	0.85	0.88	0.91	0.93	0.95
14	0.77	0.80	0.83	0.86	0.89	0.92
16	0.72	0.75	0.78	0.81	0.84	0.87
18	0.67	0.70	0.73	0.76	0.79	0.81
20	0.62	0.65	0.68	0.71	0.73	0.75
22	0.58	0.61	0.64	0.66	0.68	0.70
24	0.54	0.57	0.59	0.61	0.63	0.65
26	0.50	0.52	0.54	0.56	0.58	0.60
28	0.46	0.48	0.50	0.52	0.54	0.56

注：组合砖砌体构件截面的配筋率 $\rho = A_s'/(bh)$。

4.2.3.2　组合砖砌体偏心受压构件承载力计算

组合砖砌体偏心受压时，存在小偏心受压和大偏心受压两种情况，如图 4.4 所示。组合砖砌体偏心受压时，其承载力和变形性能与钢筋混凝土构件相近。荷载-变形曲线显示，偏

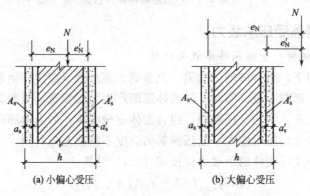

(a) 小偏心受压　　　　(b) 大偏心受压

图 4.4　组合砖砌体偏心受压构件

心距大者变形大，即延性较好；高厚比 β 对构件的延性也有较大影响，高厚比 β 大的构件延性大。

距轴向力较远一侧的钢筋 A_s 可能受拉，也可能受压，其应力 σ_s（单位：MPa）以拉为正（压为负），按下列规定计算：

小偏心受压，即 $\xi > \xi_b$ 时

$$\sigma_s = 650 - 800\xi \tag{4.8}$$

大偏心受压，即 $\xi \leqslant \xi_b$ 时

$$\sigma_s = f_y \tag{4.9}$$

$$\xi = x/h_0 \tag{4.10}$$

式中　σ_s——钢筋的应力，当 $\sigma_s > f_y$ 时，取 $\sigma_s = f_y$；当 $\sigma_s < -f'_y$ 时，取 $\sigma_s = -f'_y$。

　　ξ——组合砖砌体构件截面的相对受压区高度。

　　f_y——钢筋的抗拉强度设计值，按附表 14 采用。

组合砖砌体构件受压区相对高度的界限值 ξ_b，对于 HRB400 级钢筋，应取 0.36；对于 HRB335 级钢筋，应取 0.44；对于 HPB300 级钢筋，应取 0.47。

组合砖砌体偏心受压构件的承载力应按下列公式计算：

$$N \leqslant fA' + f_c A'_c + \eta_s f'_y A'_s - \sigma_s A_s \tag{4.11}$$

或

$$Ne_N \leqslant fS_s + f_c S_{c,s} + \eta_s f'_y A'_s (h_0 - a'_s) \tag{4.12}$$

此时受压区高度 x 可按下列公式确定：

$$fS_N + f_c S_{c,N} + \eta_s f'_y A'_s e'_N - \sigma_s A_s e_N = 0 \tag{4.13}$$

$$e_N = e + e_a + (h/2 - a_s) \tag{4.14}$$

$$e'_N = e + e_a - (h/2 - a'_s) \tag{4.15}$$

$$e_a = \frac{\beta^2 h}{2200}(1 - 0.022\beta) \tag{4.16}$$

式中　A'——砖砌体受压部分的面积；

　　A'_c——混凝土或砂浆面层受压部分的面积；

　　σ_s——钢筋 A_s 的应力；

　　A_s——距轴向力 N 较远侧钢筋的截面面积；

　　S_s——砖砌体受压部分的面积对钢筋 A_s 形心的面积矩；

　　$S_{c,s}$——混凝土或砂浆面层受压部分的面积对钢筋 A_s 形心的面积矩；

　　S_N——砖砌体受压部分的面积对轴向力 N 作用点的面积矩；

　　$S_{c,N}$——混凝土或砂浆面层受压部分的面积对轴向力 N 作用点的面积矩；

e_N、e'_N——分别为钢筋 A_s 和 A'_s 形心至轴向力 N 作用点的距离（见图 4.4）；

　　e——轴向力的初始偏心距，按荷载设计值计算，$e = M/N$，当 $e < 0.05h$ 时，取 $e = 0.05h$；

　　e_a——组合砖砌体构件在轴向力作用下的附加偏心距；

　　h_0——组合砖砌体构件截面的有效高度，取 $h_0 = h - a_s$；

a_s、a'_s——分别为钢筋 A_s 和 A'_s 形心至截面较近边的距离。

确定 a_s 和 a'_s 时，涉及钢筋的混凝土保护层厚度的取值。设计使用年限为 50 年时，砌体中钢筋的最小保护层厚度，应符合表 4.3 的规定。

表 4.3　钢筋的最小保护层厚度

环境类别	混凝土强度等级			
	C20	C25	C30	C35
	最低水泥含量/(kg/m³)			
	260	280	300	320
1	20	20	20	20
2	—	25	25	25
3	—	40	40	30
4	—	—	40	40
5	—	—	—	40

注：1. 材料中最大氯粒子含量和最大碱含量应符合现行国家标准《混凝土结构设计规范》GB 50010 的规定。

2. 当采用防渗砌体块体和防渗砂浆时，可以考虑部分砌体（含抹灰层）的厚度作为保护层，但对环境类别 1、2、3，其混凝土保护层厚度不应小于 10mm、15mm 和 20mm。

3. 钢筋砂浆面层的组合砖砌体构件的钢筋保护层厚度宜比表 4.3 规定的混凝土保护层厚度数值增加 5～10mm。

4. 对安全等级为一级或设计使用年限为 50 年以上的砌体结构，钢筋保护层的厚度应至少增加 10mm。

对组合砖砌体构件，当轴向力偏心方向的截面边长大于另一方向的边长时，除长边方向按偏心受压验算承载力外，还应对较小边按轴心受压验算承载力。

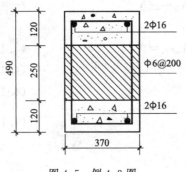

图 4.5　例 4.3 图

【例 4.3】　如图 4.5 所示的组合砖柱，由 MU10 烧结普通砖和 M7.5 混合砂浆砌筑而成，施工质量控制等级为 B 级，面层混凝土强度等级为 C20，配有 4Φ16 纵向受力钢筋（$A_s' = 804\text{mm}^2$）。柱的截面尺寸为 370mm×490mm，计算高度 $H_0 = 3.35\text{m}$，承受轴心压力设计值 $N = 850\text{kN}$。试验算该柱的承载力。

【解】　轴心受压构件

$$A = 0.25 \times 0.37 = 0.0925\text{m}^2 < 0.2\text{m}^2$$
$$A_c = 2 \times 0.12 \times 0.37 = 0.0888\text{m}^2$$
$$\gamma_a = 0.8 + A = 0.8 + 0.0925 = 0.8925$$

$$f = 0.8925 \times 1.69 = 1.51\text{MPa}$$

$f_c = 9.6\text{MPa}$，$f_y' = 270\text{MPa}$，$\eta_s = 1.0$

$$\beta = \gamma_\beta \frac{H_0}{h} = 1.0 \times \frac{3350}{370} = 9$$

$$\rho = \frac{A_s'}{bh} = \frac{804}{370 \times 490} = 0.44\%，受压钢筋一侧配筋率 0.22\% > 0.2\%$$

由表 4.2，插值得

$$\varphi_{com} = 0.935 + \frac{0.955 - 0.935}{0.6 - 0.4} \times (0.44 - 0.4) = 0.94$$

$$\varphi_{com}(fA + f_c A_c + \eta_s f_y' A_s')$$

$$= 0.94 \times (1.51 \times 0.0925 \times 10^6 + 9.6 \times 0.0888 \times 10^6 + 1.0 \times 270 \times 804)$$

$$= 1136.7 \times 10^3 \text{ N}$$

$$= 1136.7\text{kN} > N = 850\text{kN}，承载力满足要求$$

【例 4.4】　如图 4.6 所示为某车间的组合砖柱，截面尺寸 490mm×740mm，计算高度 $H_0 = 7.2$m，承受轴向压力设计值 $N = 552$kN，弯矩设计值 $M = 160.1$kN·m（作用在长边方向）。采用 MU10 烧结普通砖和 M7.5 混合砂浆砌筑而成，施工质量控制等级为 B 级，由层混凝土强度等级为 C20，对称配置纵向受力钢筋 3Φ18。环境类别为 1，设计使用年限 50 年，安全等级为二级，试验算该柱的承载力。

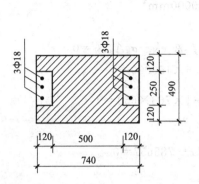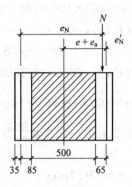

图 4.6　例 4.4 图

【解】　（1）面积和抗压强度设计值

砌体部分：$A = 490 \times 740 - 2 \times (250 \times 120) = 302600$mm²
　　　　　　$= 0.3026$m² > 0.2m²
　　　　　　$f = 1.69$N/mm²

混凝土部分：$A_c = 2 \times (250 \times 120) = 60000$mm²，$f_c = 9.6$N/mm²

钢筋部分：$A_s = A'_s = 763$mm²，$f_y = f'_y = 270$N/mm²

（2）配筋率验算

受拉一侧　$\dfrac{A_s}{bh} = \dfrac{763}{490 \times 740} = 0.21\% > 0.1\%$，满足构造要求

受压一侧　$\dfrac{A'_s}{bh} = \dfrac{763}{490 \times 740} = 0.21\% > 0.2\%$，满足构造要求

（3）轴向力作用位置

$$e = \frac{M}{N} = \frac{160.1 \times 10^3}{552} = 290\text{mm} > 0.05h = 0.05 \times 740 = 37\text{mm}$$

$$\beta = \gamma_\beta \frac{H_0}{h} = 1.0 \times \frac{7200}{740} = 9.73$$

$$e_a = \frac{\beta^2 h}{2200}(1 - 0.022\beta) = \frac{9.73^2 \times 740}{2200} \times (1 - 0.022 \times 9.73) = 25\text{mm}$$

钢筋保护层的最小厚度为 20mm（从箍筋外表面算起），纵向钢筋外径 18mm，设箍筋直径 6mm，则 $a_s = a'_s = 20 + 6 + 18/2 = 35$mm，所以

$$e_N = e + e_a + (h/2 - a_s) = 290 + 25 + (740/2 - 35) = 650\text{mm}$$
$$e'_N = e + e_a - (h/2 - a'_s) = 290 + 25 - (740/2 - 35) = -20\text{mm}$$

说明轴向力 N 作用点位于钢筋 A_s 和 A'_s 之间。

（4）受压区高度 x

$$h_0 = h - a_s = 740 - 35 = 705\text{mm}$$

根据轴向力的作用位置假设为小偏心受压，则有

$$\sigma_s = 650 - 800\xi = 650 - 800\frac{x}{h_0} = 650 - \frac{800}{705}x$$

$$S_N = 490 \times (x-120) \times \left(\frac{x-120}{2} + 65\right) + 2 \times 120 \times 120 \times (65-60)$$

$$= 245x^2 - 26950x - 150000\text{mm}^3$$

$$S_{c,N} = 250 \times 120 \times (65-60) = 150000\text{mm}^3$$

代入公式 (4.13)，即

$$fS_N + f_c S_{c,N} + \eta_s f_y' A_s' e_N' - \sigma_s A_s e_N = 0$$

有 $1.69 \times (245x^2 - 26950x - 150000) + 9.6 \times 150000 +$

$1.0 \times 270 \times 763 \times (-20) - \left(650 - \frac{800}{705}x\right) \times 763 \times 650 = 0$

整理得到关于 x 的一元二次方程

$$x^2 + 1249.2x - 785657 = 0$$

据此解得：$x = 459.7\text{mm}$

$$\xi = \frac{x}{h_0} = \frac{459.7}{705} = 0.65 > \xi_b = 0.47，与小偏心的假定相符$$

(5) 偏心受压承载力验算

$$\sigma_s = 650 - \frac{800}{705}x = 650 - \frac{800}{705} \times 459.7 = 128.4\text{N/mm}^2 < f_y = 270\text{N/mm}^2$$

由式 (4.11) 进行验算

$$fA' + f_c A_c' + \eta_s f_y' A_s' - \sigma_s A_s$$

$$= 1.69 \times (459.7 \times 490 - 250 \times 120) + 9.6 \times 250 \times 120 +$$

$$1.0 \times 270 \times 763 - 128.4 \times 763$$

$$= 726.0 \times 10^3 \text{ N} = 726.0\text{kN} > N = 552\text{kN}，承载力满足要求$$

(6) 构件短边方向轴心受压验算

$$\beta = \gamma_\beta \frac{H_0}{h} = 1.0 \times \frac{7200}{490} = 14.7$$

$$\rho = \frac{A_s + A_s'}{bh} = \frac{763 + 763}{490 \times 740} = 0.42\%$$

由表 4.2 插值求稳定系数

当 $\rho = 0.4\%$ 时

$$\varphi_{com} = 0.83 - \frac{0.83 - 0.78}{16 - 14} \times (14.7 - 14) = 0.8125$$

当 $\rho = 0.6\%$ 时

$$\varphi_{com} = 0.86 - \frac{0.86 - 0.81}{16 - 14} \times (14.7 - 14) = 0.8425$$

当 $\rho = 0.42\%$ 时

$$\varphi_{com} = 0.8125 - \frac{0.8425 - 0.8125}{0.6 - 0.4} \times (0.42 - 0.4) = 0.81$$

承载力条件

$$\varphi_{com}(fA + f_c A_c + \eta_s f_y' A_s')$$

$$=0.81\times(1.69\times302600+9.6\times60000+1.0\times270\times2\times763)$$
$$=1214.5\times10^3\,\text{N}=1214.5\text{kN}>N=552\text{kN},满足要求。$$

4.3　砖砌体和钢筋混凝土构造柱组合墙受压承载力

砖砌体和钢筋混凝土构造柱组合墙（见图 4.7），是在砖墙中间隔一定间距设置钢筋混凝土构造柱，并在各层楼盖处设置钢筋混凝土圈梁，使砖墙与钢筋混凝土构造柱、圈梁组成一个整体结构共同受力。构造柱和圈梁形成"弱框架"，墙体受到约束，竖向承载力提高；构造柱也能分担一部分墙体上的荷载。试验表明，当构造柱的间距 l 为 2m 左右时，柱的作用得到充分发挥；构造柱的间距 l 大于 4m 时，它对墙体受压承载力影响很小。

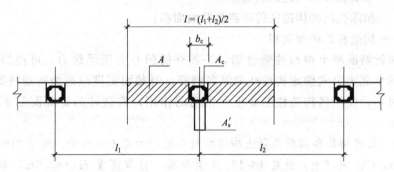

图 4.7　砖砌体和钢筋混凝土构造柱组合墙截面

4.3.1　组合砖墙材料和构造要求

为了充分发挥构造柱、圈梁弱框架对墙体的约束作用，《砌体结构设计规范》（GB 50003—2011）对材料选用和构造措施都有严格的规定。

① 砂浆的强度等级不应低于 M5，构造柱的混凝土强度等级不宜低于 C20。

② 构造柱的截面尺寸不宜小于 240mm×240mm，其厚度不应小于墙厚，边柱、角柱的截面宽度宜适当加大。柱内竖向受力钢筋，对于中柱，不宜少于 4φ12；对于边柱、角柱，不宜少于 4φ14。构造柱的竖向受力钢筋的直径也不宜大于 16mm。其箍筋，一般部位宜采用 φ6@200，楼层上下 500mm 范围内宜采用 φ6@100。构造柱的竖向受力钢筋应在基础梁和楼层圈梁中锚固，并应符合受拉钢筋的锚固要求。

③ 组合砖墙砌体结构房屋，应在纵横墙交接处、墙端部和较大洞口的洞边设置构造柱，其间距不宜大于 4m。各层洞口宜设置在相应位置，并宜上下对齐。

④ 组合砖墙砌体结构房屋应在基础顶面、有组合墙的楼层处设置现浇钢筋混凝土圈梁。圈梁的截面高度不宜小于 240mm；纵向钢筋不宜少于 4φ12，纵向钢筋应伸入构造柱内，并应符合受拉钢筋的锚固要求；圈梁的箍筋宜采用 φ6@200。

⑤ 砖砌体与构造柱的连接处应砌成马牙槎，并应沿墙高每隔 500mm 设 2φ6 的拉结钢筋，且每边伸入墙内不宜小于 600mm。

⑥ 构造柱可不单独设置基础，但应伸入室外地坪下 500mm，或与埋深小于 500mm 的基础梁相连。

⑦ 组合砖墙的施工程序应为先砌墙后浇混凝土构造柱。

4.3.2 组合砖墙轴心受压承载力计算

砖砌体和钢筋混凝土构造柱组合砖墙的轴心受压承载力可采用组合砖砌体轴心受压承载力公式（4.7），取受压钢筋强度系数 $\eta_s = 1.0$，并对构造柱引入强度系数以反映两者之间的差别，所以

$$N \leqslant \varphi_{com}[fA + \eta(f_c A_c + f'_y A'_s)] \tag{4.17}$$

$$\eta = \left(\frac{1}{l/b_c - 3}\right)^{0.25} \tag{4.18}$$

式中 φ_{com}——组合砖墙的稳定系数，可按表 4.2 采用；

$\quad\quad\ \eta$——强度系数，当 $l/b_c < 4$ 时，取 $l/b_c = 4$；

$\quad\quad\ l$——沿墙长方向构造柱的间距；

$\quad\quad\ b_c$——沿墙长方向构造柱的宽度；

$\quad\quad\ A$——扣除孔洞和构造柱的砖砌体截面面积；

$\quad\quad\ A_c$——构造柱的截面面积。

砖砌体和钢筋混凝土构造柱组合墙，平面外的偏心受压承载力，可按组合砖砌体偏心受压构件的承载力公式确定构造柱的纵向钢筋，但截面宽度应改为构造柱间距 l；大偏心受压时，可不计受压区构造柱混凝土和钢筋的作用，构造柱的计算配筋不应小于构造要求。

【例 4.5】 某砖砌体和钢筋混凝土构造柱组合墙，如图 4.8 所示。墙厚 240mm，构造柱间距 1000mm，C20 混凝土，纵筋 4ϕ12。1 类环境，计算高度 $H_0 = 3.6$m，每米宽度墙体承受轴心压力设计值 600kN/m。采用 MU10 烧结多孔砖、M7.5 混合砂浆砌筑，施工质量控制等级为 B 级，试验算该组合墙的承载力。

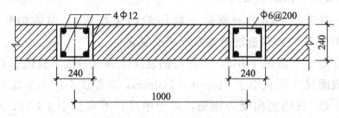

图 4.8 例 4.5 图

【解】 取 1m 墙体作为计算单元

$N = 600$kN，$f = 1.69\text{N/mm}^2$，$f_c = 9.6\text{N/mm}^2$，$f'_y = 270\text{N/mm}^2$

$A = (1000 - 240) \times 240 = 182400\text{mm}^2$

$\beta = \gamma_\beta \dfrac{H_0}{h} = 1.0 \times \dfrac{3600}{240} = 15$

$A_c = 240 \times 240 = 57600\text{mm}^2$，$A'_s = 4 \times 36\pi = 452\text{mm}^2$

$\rho = \dfrac{A'_s}{bh} = \dfrac{452}{1000 \times 240} = 0.19\%$

查表 4.2，$\varphi_{com} = 0.77$

$l/b_c = 1000/240 = 4.17 > 4$

$\eta = \left(\dfrac{1}{l/b_c - 3}\right)^{0.25} = \left(\dfrac{1}{4.17 - 3}\right)^{0.25} = 0.96$

$$\varphi_{com}[fA+\eta(f_cA_c+f'_yA'_s)]$$
$$=0.77\times[1.69\times182400+0.96\times(9.6\times57600+270\times452)]$$
$$=736.3\times10^3N=736.3kN>N=600kN,满足要求$$

4.4 配筋砌块砌体受压承载力

配筋砌块砌体构件是在砌块孔洞内设置纵向钢筋，在水平灰缝处设置水平钢筋或箍筋，并在孔洞内灌注混凝土形成的组合构件，如图 4.9 所示。在实际应用中，配筋砌块砌体构件有配筋砌块剪力墙和配筋砌块构造柱两种类型。

配筋砌块剪力墙宜采用全部灌芯砌体，在受力模式上类似于混凝土剪力墙结构，是结构的承重和抗侧力构件。由于配筋砌块砌体的强度高、延性好，所以不仅用于多层建筑，还可用于大开间和高层建筑。配筋砌块剪力墙（抗震墙）结构

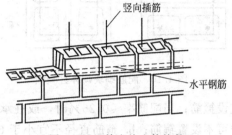

图 4.9　配筋砌块砌体构件

在抗震设防烈度为 6 度、7 度、8 度和 9 度地区建造房屋适用的最大高度分别可以达到 60m、55m、40m 和 24m，与现浇钢筋混凝土框架结构相同。

4.4.1 配筋砌块砌体基本构造要求

4.4.1.1 配筋砌块剪力墙钢筋的规格和设置

（1）钢筋的规格　钢筋的直径不宜大于 25mm，当设置在灰缝中时不应小于 4mm，在其他部位不应小于 10mm；配置在孔洞或空腔中的钢筋面积不应大于孔洞或空腔面积的 6%。

（2）钢筋的设置　设置在灰缝中的钢筋直径不宜大于灰缝厚度的 1/2；两平行的水平钢筋间的净距不应小于 50mm；柱和壁柱中的竖向钢筋的净距不宜小于 40mm（包括接头处钢筋间的净距）。

4.4.1.2 配筋砌块剪力墙构造钢筋要求

配筋砌块剪力墙的构造配筋应符合下列规定：

① 应在墙的转角、端部和孔洞的两侧配置竖向连续的钢筋，且钢筋直径不应小于 12mm；

② 应在洞口的底部和顶部设置不小于 2φ10 的水平钢筋，其伸入墙内的长度不应小于 40d 和 600mm；

③ 应在楼（屋）盖的所有纵横墙处设置现浇钢筋混凝土圈梁，圈梁的宽度和高度应等于墙厚和块高，圈梁主筋不应少于 4φ10，圈梁的混凝土强度等级不应低于同层混凝土块体强度等级的 2 倍，或该层灌孔混凝土强度等级，也不应低于 C20；

④ 剪力墙其他部位的竖向和水平钢筋的间距不应大于墙长、墙高的 1/3，也不应大于 900mm；

⑤ 剪力墙沿竖向和水平方向的构造钢筋配筋率均不应小于 0.07%。

4.4.1.3 砌体材料强度等级

配筋砌块砌体的砌体材料强度等级应符合下列规定：①砌块不应低于 MU10；②砌筑砂浆不应低于 Mb7.5；③灌孔混凝土不应低于 Cb20。

对安全等级为一级或设计使用年限大于 50 年的配筋砌块砌体房屋，所用材料的最低强度等级应至少提高一级。

4.4.1.4　配筋砌块砌体柱的构造要求

配筋砌块砌体柱（见图 4.10），除应符合上述要求外，尚应符合下列规定。

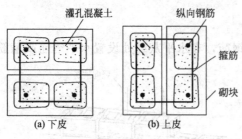

图 4.10　配筋砌块砌体柱截面

① 柱截面边长不宜小于 400mm，柱高度与截面短边之比不宜大于 30。

② 柱的纵向钢筋直径不宜小于 12mm，数量不应少于 4 根，全部纵向受力钢筋的配筋率不宜小于 0.2%。

③ 柱中箍筋的设置应根据下列情况确定：a. 当纵向钢筋的配筋率大于 0.25%，且柱承受的轴向力大于受压承载力设计值的 25% 时，柱应设箍筋；当配筋率≤0.25% 时，或柱承受的轴向力小于受压承载力设计值的 25% 时，柱中可不设置箍筋；b. 箍筋直径不宜小于 6mm；c. 箍筋的间距不应大于 16 倍的纵向钢筋直径、48 倍箍筋直径及柱截面短边尺寸中较小者；d. 箍筋应封闭，端部应弯钩或绕纵筋水平弯折 90°，弯折段长度不小于 10d；e. 箍筋应设置在灰缝或灌孔混凝土中。

4.4.2　配筋砌块砌体构件正截面受压承载力

4.4.2.1　基本假定

配筋砌块砌体构件正截面承载力应按下列基本假定进行计算。

① 截面应变分布保持平面。

② 竖向钢筋与其毗邻的砌体、灌孔混凝土的应变相同。

③ 不考虑砌体、灌孔混凝土的抗拉强度。

④ 根据材料选择砌体、灌孔混凝土的极限应变：当轴心受压时不应大于 0.002；偏心受压时的极限压应变不应大于 0.003。

⑤ 根据材料选择钢筋的极限拉应变，且不应大于 0.01。

⑥ 纵向受拉钢筋屈服与受压区砌体破坏同时发生的相对界限受压区高度，应按式 (4.19) 计算：

$$\xi_b = \frac{0.8}{1 + \dfrac{f_y}{0.003E_s}} \tag{4.19}$$

⑦ 大偏心受压时受拉钢筋考虑在 $h_0 - 1.5x$ 范围内屈服并参与工作。

4.4.2.2　轴心受压承载力计算

轴心受压配筋砌块砌体构件，当配有箍筋或水平分布钢筋时，其正截面受压承载力应按下列公式计算：

$$N \leqslant \varphi_{0g}(f_g A + 0.8 f_y' A_s') \tag{4.20}$$

$$\varphi_{0g} = \frac{1}{1 + 0.001\beta^2} \tag{4.21}$$

式中　N——轴向力设计值；

　　　f_g——灌孔砌体的抗压强度设计值，应按式 (2.14) 确定；

　　　f_y'——钢筋的抗压强度设计值，按附表 14 确定；

A ——构件的截面面积；

A_n' ——全部竖向钢筋的截面面积；

φ_{0g} ——轴心受压构件的稳定系数；

β ——构件的高厚比。

无箍筋或水平分布钢筋时，承载力仍可按式（4.20）计算，但应取 $f_y'A_s'=0$；配筋砌块砌体构件的计算高度 H_0 可取层高。

配筋砌块砌体构件，当竖向钢筋仅配在中间时，其平面外偏心受压承载力可按式（3.16）进行计算，但应采用灌孔砌体的抗压强度设计值 f_g 替代公式中的 f。

4.4.2.3　矩形截面偏心受压承载力计算

（1）偏心受压类型　当 $x\leqslant\xi_b h_0$ 时，为大偏心受压；当 $x>\xi_b h_0$ 时，为小偏心受压。相对界限受压区高度，对 HPB300 级钢筋，$\xi_b=0.57$，对 HRB335 级钢筋，$\xi_b=0.55$，对 HRB400 级钢筋，$\xi_b=0.52$。

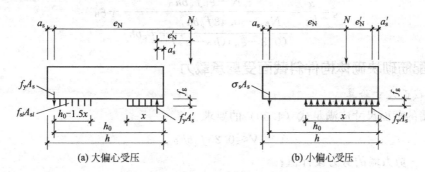

图 4.11　矩形截面偏心受压正截面承载力计算简图

（2）大偏心受压承载计算 ［见图 4.11(a)］

$$N\leqslant f_g bx+f_y'A_s'-f_yA_s-\sum f_{si}A_{si} \tag{4.22}$$

$$Ne_N\leqslant f_g bx(h_0-0.5x)+f_y'A_s'(h_0-a_s')-\sum f_{si}S_{si} \tag{4.23}$$

式中　N ——轴向力设计值；

f_g ——灌孔砌体的抗压强度设计值；

f_y、f_y' ——竖向受拉、受压主筋的强度设计值；

b ——截面宽度；

f_{si} ——竖向分布钢筋的抗拉强度设计值；

A_s、A_s' ——竖向受拉、受压主筋的截面面积；

A_{si} ——单根竖向分布钢筋的截面面积；

S_{si} ——第 i 根竖向分布钢筋对竖向受拉主筋的面积矩；

e_N ——轴向力作用点到竖向受拉主筋合力点之间的距离，可按式（4.14）确定；

a_s' ——受压区纵向钢筋合力点至截面受压区边缘的距离，对于 T 形、L 形、I 形截面，当翼缘受压时取 100mm，其他情况取 300mm。

当受压区高度 $x<2a_s'$ 时，其正截面承载力可按式（4.24）计算

$$Ne_N'\leqslant f_yA_s(h_0-a_s') \tag{4.24}$$

式中　e_N' ——轴向力作用点至竖向受压主筋合力点之间的距离，可按式（4.15）确定。

（3）小偏心受压承载计算 ［见图 4.11(b)］　小偏心受压时不考虑竖向分布钢筋的作用，

承载力按下列公式计算

$$N \leqslant f_g bx + f_y' A_s' - \sigma_s A_s \qquad (4.25)$$

$$Ne_N \leqslant f_g bx(h_0 - 0.5x) + f_y' A_s'(h_0 - a_s') \qquad (4.26)$$

$$\sigma_s = \frac{f_y}{\xi_b - 0.8}\left(\frac{x}{h_0} - 0.8\right) \qquad (4.27)$$

当受压区竖向受压主筋无箍筋或无水平钢筋约束时，可不考虑竖向受压钢筋的作用，即取 $f_y' A_s' = 0$。

矩形截面对称配筋砌块砌体小偏心受压时，也可近似按式（4.28）计算钢筋截面面积

$$A_s = A_s' = \frac{Ne_N - \xi(1 - 0.5\xi)f_g bh_0^2}{f_y'(h_0 - a_s')} \qquad (4.28)$$

此处，相对受压区高度可按式（4.29）计算

$$\xi = \frac{x}{h_0} = \frac{N - \xi_b f_g bh_0}{\dfrac{Ne_N - 0.43f_g bh_0^2}{(0.8 - \xi_b)(h_0 - a_s')} + f_g bh_0} + \xi_b \qquad (4.29)$$

4.4.3　配筋砌块砌体构件斜截面受剪承载力

4.4.3.1　截面尺寸验算

剪力墙的截面尺寸应满足式（4.30）的要求

$$V \leqslant 0.25 f_g bh_0 \qquad (4.30)$$

式中　V——剪力墙的剪力设计值；

　　　b——剪力墙截面宽度或 T 形、倒 L 形截面腹板宽度；

　　　h_0——剪力墙截面的有效高度。

4.4.3.2　受剪承载力计算

（1）偏心受压时斜截面受剪承载力

$$V \leqslant \frac{1}{\lambda - 0.5}\left(0.6 f_{vg} bh_0 + 0.12 N \frac{A_w}{A}\right) + 0.9 f_{yh}\frac{A_{sh}}{s}h_0 \qquad (4.31)$$

$$\lambda = \frac{M}{Vh_0} \qquad (4.32)$$

式中　f_{vg}——灌孔砌体抗剪强度设计值，应按式（2.16）确定；

M、N、V——计算截面的弯矩、轴向力和剪力设计值，当 $N > 0.25 f_g bh$ 时取 $N = 0.25 f_g bh$；

　　　A——剪力墙的截面面积；

　　　A_w——T 形或倒 L 形截面腹板的截面面积，对矩形截面 $A_w = A$；

　　　λ——计算截面的剪跨比，当 λ 小于 1.5 时取 1.5，当 λ 大于 2.2 时取 2.2；

　　　f_{yh}——水平钢筋的抗拉强度设计值；

　　　A_{sh}——配置在同一截面内的水平分布钢筋或网片的全部截面面积；

　　　h_0——剪力墙截面的有效高度；

　　　s——水平分布钢筋的竖向间距。

（2）偏心受拉时斜截面受剪承载力

$$V \leqslant \frac{1}{\lambda - 0.5}(0.6f_{vg}bh_0 - 0.22N\frac{A_w}{A}) + 0.9f_{yh}\frac{A_{sh}}{s}h_0 \tag{4.33}$$

本章小结

　　配筋砌体分为网状配筋砖砌体、组合砖砌体、砖砌体和钢筋混凝土构造柱组合墙、配筋砌块砌体等类型，它们均能改善砌体的变形性能，提高构件的承载力。

　　网状配筋砖砌体的横向钢筋可以阻止砖砌体受压时横向变形和竖向裂缝的发展，从而间接地提高了构件的承载力。为了使钢筋的作用得以充分发挥，偏心距 e 不宜超过构件的截面核心（矩形截面 $e/h \leqslant 0.17$），构件的高厚比 $\beta \leqslant 16$。与无筋砌体构件相比，砌体的抗压强度设计值增大了，即 $f_n > f$。当 $\beta \leqslant 3$ 时，稳定系数相等，$\varphi_{0n} = \varphi_0$；当 $\beta > 3$ 时，影响系数下降，$\varphi_n < \varphi$。构件的受压承载力网状配筋砖砌体大于无筋砖砌体，$\varphi_n f_n A > \varphi f A$。

　　组合砖砌体构件的受压性能与钢筋混凝土构件类似。对截面尺寸受限或承受较大偏心荷载的构件，宜采用组合砖砌体。承载力极限状态时，混凝土中的受压钢筋可以达到屈服强度，而砂浆中的受压钢筋通常不屈服，为此引入受压钢筋的强度系数 η_s。偏心受压时，近侧钢筋受压，远侧钢筋可能受拉、也可能受压，与相对受压区高度 ξ 有关。

　　砖砌体和钢筋混凝土构造柱组合墙的受力性能与组合砖砌体构件类似。构造柱自身可以分担一部分荷载，构造柱和圈梁形成的弱框架使砌体受到约束，也提高了墙体的承载力。在影响组合墙承载力的诸多因素中，构造柱间距的影响最为显著。当构造柱的间距为 2m 左右时，柱的作用能得到充分发挥；当构造柱间距大于 4m 时，柱对墙体受压承载力影响很小。砖砌体和钢筋混凝土构造柱组合墙轴心受压承载力的计算，采用组合砖砌体轴心受压构件承载力的计算公式，但构造柱承载力中引入强度系数 η 来反映两者之间的区别。

　　配筋砌块砌体中钢筋、混凝土、砌块三者形成整体，共同工作。配筋砌块砌体的强度高，延性好，抗侧移能力强，能有效地抵抗地震作用、风荷载，可用于大开间房屋和高层建筑。配筋砌块剪力墙在受力模式上与钢筋混凝土剪力墙无异。

思　考　题

　　4.1　配筋砌体有哪几种类型？

　　4.2　为什么在砖砌体的水平灰缝中设置钢筋网可以提高构件的受压承载力？

　　4.3　简述网状配筋砖砌体受压构件的破坏特征。

　　4.4　网状配筋砖砌体的适用范围和构造要求是什么？

　　4.5　组合砖砌体构件有哪些形式？

　　4.6　什么情况下组合砖砌体的面层采用混凝土？强度等级如何确定？

　　4.7　配筋砌块砌体剪力墙房屋的最大适用高度和抗震设防烈度之间的关系如何？

　　4.8　砖砌体和钢筋混凝土构造柱组合墙中对构造柱有什么要求？

　　4.9　对 HPB300 级钢筋而言，比较相对界限受压区高度 ξ_b 的取值在混凝土结构、组合砖砌体和配筋砌块砌体中的差异。

　　4.10　配筋砌块砌体构件中砌体材料的最低强度等级是多少？

　　4.11　对安全等级为一级或设计使用年限为 50 年以上的配筋砌体结构，如何确定钢筋的保护层厚度？

选 择 题

4.1　网状配筋砖砌体的体积配筋率的最大值为（　　）。

A. 0.1%　　　　　　B. 0.2%　　　　　　C. 0.6%　　　　　　D. 1.0%

4.2　当轴向压力偏心距 $e>0.6y$ 时，宜采用（　　）。

A. 网状配筋砖砌体构件　　　　　　　　B. 组合砖砌体构件

C. 无筋砌体构件　　　　　　　　　　　D. 配筋砌块砌体构件

4.3　在网状配筋砖砌体中，下述哪种规定正确？（　　）

A. 网状配筋砖砌体所用砖的强度等级≥MU15

B. 钢筋的直径不应大于 10mm

C. 钢筋网的间距，不应大于五皮砖，并不应大于 400mm

D. 砌体灰缝厚度应保证钢筋上下各有 8mm 的砂浆层

4.4　当网状配筋砖砌体受压构件和无筋砌体受压构件的截面尺寸、高度、材料强度等级及偏心距 e 均相同时，其承载力影响系数 φ_n（网状配筋砌体）和 φ（无筋砌体）之间的大小关系为（　　）。

A. $\varphi_n>\varphi$

B. 当 $\beta>3$ 时，$\varphi_n<\varphi$

C. $\varphi_n=\varphi$

D. 当 $\beta\leqslant3$ 时，$\varphi_n<\varphi$；当 $\beta>3$ 时，$\varphi_n>\varphi$

4.5　配筋砖砌体中，下列何项叙述为正确？（　　）

A. 当砖砌体受压构件承载力不符合要求时，应优先采用网状配筋砌体

B. 当砖砌体受压构件承载力不符合要求时，应优先采用组合砌体

C. 网状配筋砖砌体中，钢筋网中钢筋的间距应≤120mm，且≥30mm

D. 网状配筋砖砌体灰缝厚度应保证钢筋以下至少有 10mm 厚的砂浆层

4.6　在砖砌体和钢筋砂浆面层构成的组合砖砌体中，砂浆的轴心抗压强度设计值可取为同强度等级混凝土的轴心抗压强度设计值的（　　）。

A. 30%　　　　　　B. 50%　　　　　　C. 70%　　　　　　D. 90%

4.7　下述关于组合砖砌体的说法中，何种正确？（　　）

(1) 当轴向力偏心距超过截面核心范围时，宜采用组合砖砌体；

(2) 组合砖砌体的砂浆面层的厚度越厚越好；

(3) 组合砖砌体的砂浆面层应采用水泥砂浆；

(4) 组合砖砌体的受力钢筋均须锚固于底部、顶部的钢筋混凝土垫块内。

A. (1) (3) (4)　　　　　　　　　　　B. (1) (2) (3)

C. (2) (3) (4)　　　　　　　　　　　D. (1) (2) (4)

4.8　砖砌体和钢筋混凝土构造柱组合墙中，构造柱间距（　　）。

A. 不宜小于 4m　　B. 不宜大于 4m　　C. 不宜小于 8m　　D. 不宜大于 8m

4.9　砖砌体和钢筋混凝土构造柱组合墙中构造柱的混凝土强度等级不宜（　　）。

A. 高于 C30　　　　　　　　　　　　B. 低于 C30

C. 高于 C20　　　　　　　　　　　　D. 低于 C20

4.10　配筋砌块砌体的砂浆强度等级不应低于（　　　）。

A. M7.5　　　　　B. M5　　　　　C. Mb7.5　　　　　D. Mb5

4.11　设计使用年限为 50 年，环境类别为 2，组合砖砌体的混凝土强度等级为 C25，钢筋的最小保护层厚度应为（　　　）。

A. 10mm　　　　　B. 15mm　　　　　C. 20mm　　　　　D. 25mm

计　算　题

4.1　某承受荷载作用的砖柱，截面尺寸为 370mm×620mm，计算高度 $H_0=4.8$m，承受轴向压力设计值 $N=320$kN，弯矩设计值 $M=28$kN·m（沿长边方向作用）。柱采用 MU15 烧结普通砖和 M7.5 混合砂浆砌筑，施工质量控制等级为 B 级。试验算砖柱的承载力，若该柱承载力不满足，请配置钢筋网。

4.2　如图 4.12 所示组合砖砌体柱截面为 490mm×490mm，计算高度 $H_0=4.9$m，承受轴心压力设计值 $N=820$kN。面层混凝土 C20，烧结普通砖 MU10，混合砂浆 M7.5，混凝土内配有 6Φ16 的纵向钢筋。施工质量控制等级为 B 级，试验算该柱的受压承载力。

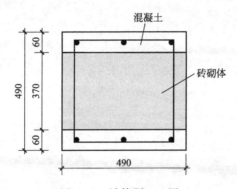

图 4.12　计算题 4.2 图

4.3　某单层单跨无吊车厂房，其中 490mm×620mm 组合砖柱如图 4.13 所示。柱的计算高度 $H_0=9.9$m，采用 C20 混凝土，MU15 烧结普通砖，M7.5 混合砂浆，HPB300 级钢筋。承受轴向压力设计值 $N=500$kN，弯矩设计值 $M=180$kN·m（沿长边方向作用）。采用对称配筋，取 $a_s=a'_s=35$mm，试配置纵向受力钢筋（施工质量控制等级为 B 级）。

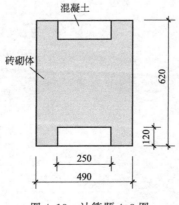

图 4.13　计算题 4.3 图

4.4 某一承重横墙厚 $h=240\text{mm}$，计算高度 $H_0=3.9\text{m}$，采用 MU10 烧结多孔砖、M7.5 混合砂浆砌筑，施工质量控制等级为 B 级。双边采用水泥砂浆面层，每边厚 40mm，砂浆强度等级为 M10，竖向钢筋 $\Phi8@200$，水平钢筋 $\Phi6@250$。试求每米横墙所能承受的轴心压力设计值。

4.5 某砖砌体和钢筋混凝土构造柱组合墙，厚度 $h=240\text{mm}$，计算高度 $H_0=3.9\text{m}$，采用 MU10 烧结普通砖、M7.5 混合砂浆砌筑，施工质量控制等级为 B 级。沿墙长方向每隔 1.5m 设置截面为 $240\text{mm}\times240\text{mm}$ 的钢筋混凝土构造柱，构造柱采用 C20 混凝土，纵筋 $4\Phi12$。每米横墙承受轴心压力设计值 465kN/m，试验算该横墙的承载力。

第5章 混合结构房屋

内容提要

　　本章讲述混合结构房屋竖向承重构件设计，主要内容有混合结构房屋承重结构布置、静力计算方案、墙柱高厚比验算、单层砌体房屋墙柱设计、多层砌体房屋墙体设计和基础、地下室外墙等的设计计算和构造要求。本章是本书的重点所在。

　　混合结构房屋通常是指墙、柱与基础等竖直承重构件采用砌体，而屋盖、楼盖等水平承重构件采用混凝土或木材等其他材料的房屋。竖向承重构件采用砖砌体，水平承重构件采用钢筋混凝土或预应力混凝土的混合结构房屋，简称为砖混结构；而竖向承重构件采用砖砌体，水平承重构件采用木材的混合结构房屋，则称为砖木结构。我国单层或多层民用建筑，广泛采用混合结构房屋，特别是砖混结构、砖木结构更是无处不在。

5.1 混合结构房屋的结构布置

　　混合结构的墙体具有承重、维护和分隔功能，其自重约占房屋总重的 40%～60%。合理选择墙体材料和布置墙体，既关系到结构的安全可靠和使用功能，又关系到房屋的造价高低。沿房屋短向布置的墙称为横墙，沿房屋长向布置的墙称为纵墙；房屋四周与外界隔离的墙体称为外墙，其余墙体称为内墙。外墙起承重、维护作用，内墙起承重、分隔作用。内墙中仅起隔断作用而不直接承受楼板荷载的墙称为隔墙，外墙中的横墙又称为山墙。凡直接承受梁、板荷载的墙体称为承重墙，不直接承受梁、板荷载的墙称为非承重墙，非承重墙仅承担自身重力作用，又称为自承重墙。

　　混合结构房屋根据承重体系及竖向荷载的传递路线不同，结构布置方案可分为横墙承重方案、纵墙承重方案、纵横墙承重方案、内框架承重方案和底部框架承重方案。

5.1.1 横墙承重方案

　　楼面、屋面荷载主要由横墙承担的房屋结构方案，称为横墙承重方案。楼面（屋面）竖向荷载通过楼板（屋面板）直接传递给横墙，纵墙则为自承重墙，如图 5.1 所示。横墙承重方案的竖向荷载传递路线为：板→横墙→基础→地基。横墙承重方案具有如下特点。

　　(1) 横向刚度大，整体性好　横墙数量多、间距小，加之有纵墙拉结，因此房屋的横向刚度大，整体性好，具有良好的抗风、抗震性能。

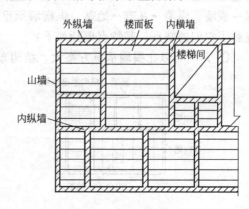

图 5.1　横墙承重方案

横墙承重方案对调整地基不均匀沉降有利，抵抗偶然损坏的能力强。

（2）外纵墙立面处理灵活　横墙是主要承重构件，纵墙不承重或自承重。纵墙的作用是围护、隔断以及将横墙连接在一起，保证横墙的侧向稳定性。由于纵墙不承重，因而可以开设较大的门窗洞口，建筑立面处理比较灵活。

（3）楼盖用料少，墙体用料多　楼盖或屋盖只有板而无梁，结构简单，板材用料较少；横墙较多、间距密，墙材用料较多。

受楼板（屋面板）经济跨度的限制（一般 2.7～4.5m），横墙承重方案房屋开间较小，适用于宿舍、住宅、旅馆等居住建筑和由小开间组成的办公楼。

5.1.2　纵墙承重方案

楼面、屋面荷载主要由纵墙承担的房屋结构方案，称为纵墙承重方案。楼面（屋面）竖向荷载通过梁传递给纵墙，如图 5.2 所示。纵墙承重方案的竖向荷载传递路线为：板→梁→纵墙→基础→地基。纵墙承重方案具有如下特点。

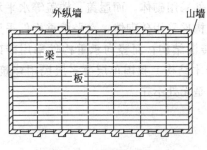

图 5.2　纵墙承重方案

（1）建筑布置灵活　因为主要承重构件为纵墙，横墙的设置通常是为了满足房屋空间刚度和整体性要求，所以横墙间距可以较大、且位置灵活，可以形成具有较大空间的房间，建筑平面布置灵活。

（2）横向刚度小，整体性较差　因为横墙数量少，所以横向刚度小，整体性较差。纵墙承重方案的抗震性能不如横墙承重方案好，所以在抗震设防的地区其使用受到限制。

（3）楼盖用料多，墙体用料少　楼盖（屋盖）除板以外，还有为数不少的梁，施工稍复杂，且用料较多；除山墙以外，中间横墙很少，故墙体用料较少。

纵墙承重方案适用于教学楼、实验室、图书馆等要求有较大空间的房屋，以及食堂、仓库、俱乐部、中小型工业厂房等单层和多层空旷房屋。

5.1.3　纵横墙承重方案

楼面、屋面荷载分别由纵墙、横墙共同承担的房屋结构方案，称为纵横墙承重方案。竖向荷载通过板同时传递给纵墙、横墙，或通过板将竖向荷载传递给横墙、通过梁将竖向荷载传递给纵墙，如图 5.3 所示。纵横墙承重方案的竖向荷载传递路线为：屋面（楼面）板、梁→横墙、纵墙→基础→地基。纵横墙承重方案具有横墙承重方案和纵墙承重方案的优点，克服了它们的缺点，其特点概括如下：

① 开间可以比横墙承重方案大，结构布置较为灵活；

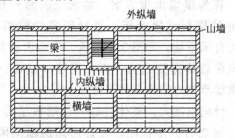

图 5.3　纵横墙承重方案

② 纵横墙均承受竖向荷载，纵横方向的刚度均较大，具有一定的整体性，抗震性能较好。

纵横墙承重方案既可使房间有较人的空间，也可使结构具有较大的空间刚度和整体性，所以适合于教学楼、办公楼、医院等建筑。

5.1.4　内框架承重方案

楼面、屋面荷载内部由钢筋混凝土框架承担，外部由砌体墙承担的房屋结构方案，称为内框架承重方案。如图 5.4 所示，该结构布置方案为楼板铺设在梁和山墙上，梁两端支承在外纵墙上、中间支承在柱上。竖向荷载的主要传递路线为：板→梁→外纵墙、柱→基础→地基；次要传递路线为：板→山墙→基础→地基。内框架承重方案具有如下特点。

① 平面布置灵活。外墙和内柱是主要承重构件，内墙可以取消，因此在使用上可取得较大的空间，平面布置灵活。

② 变形不易协调。钢筋混凝土柱和砌体墙的压缩性

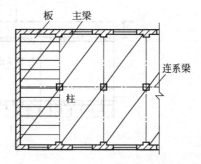

图 5.4　内框架承重方案

不同，柱基础和墙基础的沉降量也不易一致，竖向变形不均匀，将导致结构内力；钢筋混凝土框架和砌体墙的变形性能相差较大，地震时可由变形不协调而致破坏。因此，抗震设防区，不宜采用这种承重方案。

③ 横墙较少，房屋的空间刚度较差。

④ 施工复杂。砌体结构和钢筋混凝土结构分属两个不同的施工过程，工种多，施工复杂，会给施工组织带来一定的麻烦。

内框架承重方案在非抗震设防区，适用于层数不多的工业厂房、仓库和商场等需要较大空间的房屋。

5.1.5　底部框架承重方案

所谓底部框架承重方案，就是底部一层或两层采用钢筋混凝土框架结构，上部采用砌体结构的结构方案。在沿街建筑中，底部开设商铺、餐厅等，需要大空间，故采用钢筋混凝土框架结构，而上面各层用作住宅或旅店，开间较小，采用砌体结构。

底部框架承重方案的承重材料不同，底部是钢筋混凝土，上部是砌体；房屋开间也不相同，底部开间大，上部开间小。在钢筋混凝土和砌体的结合部位，楼层竖向刚度发生突变，在底层结构中易产生应力集中现象，底部称为薄弱层。存在薄弱层时，对抗震不利。为了改变这一不利局面，在抗震设防区，需满足上下层刚度比的要求，这就需要在底层布置一定数量的抗震墙（剪力墙）。

5.2　混合结构房屋的静力计算方案

5.2.1　混合结构房屋的空间工作性能

混合结构房屋由屋盖、楼盖、横墙、纵墙和基础等水平和竖向构件组成空间受力体系，各承重构件协调工作，共同承担作用在房屋上的各种竖向荷载、水平风荷载和地震作用。空间受力体系与平面受力体系的变形和荷载传递途径均不相同。

如图 5.5(a) 所示为仅由两道纵墙和屋盖组成的单层房屋，墙体截面均匀。若在一侧纵墙上作用均匀分布的水平荷载，则墙体产生弯曲变形，整个纵墙顶的水平位移相等，与平面结构（杆件的弯曲变形）无异。从整体结构中取出一个独立的计算单元，其受力状态和整个房屋的受力性能是一样的。可按平面排架结构进行受力分析，墙顶的水平位移（侧移）为 u_p，它仅取决于纵墙的刚度，而屋盖的水平刚度只是保证传递水平荷载时两边纵墙位移相等。这样的房屋为平面工作，或不具有空间工作性能。

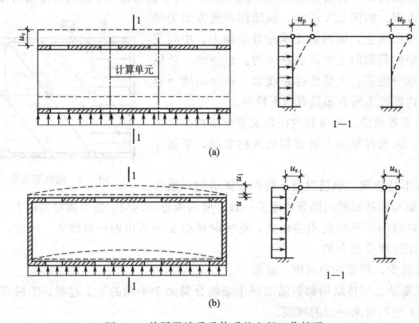

图 5.5　单层纵墙承重体系的空间工作情况

如图 5.5(b) 所示为两端有山墙的单层房屋。山墙的横向刚度很大，结构变形受到两端山墙的约束，水平荷载的传力途径发生了变化。在均匀的水平荷载作用下，整个房屋墙顶的水平位移不再相等。距山墙愈远的纵墙顶水平位移愈大，距山墙愈近的纵墙顶水平位移愈小。屋盖作为纵墙顶端的支承受到纵墙传来的水平荷载作用后，在其自身平面内产生弯曲变形，且纵墙中部变形 u_1 为最大。山墙顶受到屋盖传来的荷载作用后，也会在其墙身平面内产生弯曲变形和剪切变形，墙顶的水平侧移为 u。纵墙顶部的最大侧移 u_s 为屋盖中部最大变形 u_1 与山墙顶侧移 u 之和，即 $u_s = u_1 + u$。由于在空间受力体系中，山墙（横墙）协调工作，对抵抗侧移起到了重要作用，使得 u_s 较平面受力体系中排架计算简图的墙顶部侧移 u_p 小，即 $u_s < u_p$。这是纵墙、屋盖和横墙（山墙）在空间受力体系中协调工作的结果，也就是空间受力性能或房屋的空间工作性能。

房屋的空间受力性能减小了房屋的侧移。横墙间水平距离和屋盖的水平刚度影响 u_1 的大小，横墙自身平面内的刚度大小影响 u 的取值，因而影响房屋的侧移，所以，房屋空间工作性能的影响因素主要有横墙间水平距离、屋盖的水平刚度和横墙自身平面内的刚度。房屋的空间受力性能，可用空间性能影响系数 η 定量描述

$$\eta = \frac{u_s}{u_p} \tag{5.1}$$

式中　u_p——平面排架的侧移；

　　　u_s——房屋的侧移。

空间性能影响系数 η 的值愈大，表明房屋侧移愈接近平面排架的侧移，即房屋的空间刚度较差；η 的数学最大值为 1，房屋的侧移等于平面排架的侧移，说明房屋为平面结构，空间刚度很差。空间性能影响系数 η 的值愈小，表明房屋空间工作后的侧移较小，即房屋的空间刚度愈好；η 的数学最小值为 0，房屋的侧移为零，说明房屋的空间刚度很大。

表 5.1　房屋各层的空间性能影响系数 η_i

屋盖或楼盖类别	横墙间距 s/m														
	16	20	24	28	32	36	40	44	48	52	56	60	64	68	72
1	—	—	—	—	0.33	0.39	0.45	0.50	0.55	0.60	0.64	0.68	0.71	0.74	0.77
2	—	0.35	0.45	0.54	0.61	0.68	0.73	0.78	0.82						
3	0.37	0.49	0.60	0.68	0.75	0.81									

注：i 取 $1\sim n$，n 为房屋的层数。

不同类别的屋盖（楼盖）在不同横墙间距下，房屋各层的空间性能影响系数 η_i，可按表 5.1 取用。屋盖或楼盖根据刚度分类，详见表 5.2。由表 5.1 可知，对于 1 类屋盖或楼盖房屋，η_i 的最大值为 0.77，当 $\eta_i>0.77$ 时，可近似取 $\eta_i\approx1$；η_i 的最小值为 0.33，当 $\eta_i<0.33$ 时，可近似取 $\eta_i\approx0$。对于 2 类、3 类屋盖和楼盖房屋，空间性能影响系数亦有相应的最大值和最小值，在其范围以外者，可近似取 1 或 0。

5.2.2　房屋的静力计算方案

5.2.2.1　房屋静力计算方案分类

混合结构房屋，根据空间工作性能不同，静力计算方案可分为刚性方案、弹性方案和刚弹性方案。不同的静力计算方案，静力计算简图不同，如图 5.6 所示为单层单跨房屋墙体三种静力计算方案下的结构简化图；静力计算方案不同，墙、柱的计算高度也会不同。

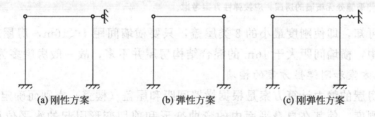

(a) 刚性方案　　　　　(b) 弹性方案　　　　　(c) 刚弹性方案

图 5.6　单层单跨房屋的结构简化图

（1）刚性方案　当房屋的空间性能影响系数 $\eta<0.33$（2 类屋盖 0.35，3 类屋盖 0.37）时，房屋的空间刚度很大，在水平荷载作用下，墙顶的最大水平位移（侧移）很小，可近似地取 $u_s=\eta u_p\approx0$，此时的房屋静力计算方案为刚性方案。对于刚性方案房屋，将承重墙视为一根竖向构件，屋盖或楼盖作为墙体的不动铰支座，单层单跨房屋的结构简化图如图 5.6（a）所示。

（2）弹性方案　当房屋的空间性能影响系数 η 大于各自楼盖的最大值（1、2、3 类楼盖分别为 0.77、0.82、0.81）时，表明空间刚度较差，虽然荷载传递仍然是空间结构体系，但墙顶最大水平位移 u_s 接近于平面排架体系的位移 u_p，此时的房屋静力计算方案为弹性方案。弹性方案静力计算时，简化为平面排架，如图 5.6(b) 所示。

因为弹性方案房屋的水平位移较大，当房屋高度增加时，会因过大的位移而致房屋倒塌，或需要过度增加纵墙截面面积，所以，设计多层砌体房屋时，不宜采用弹性方案。

（3）刚弹性方案 房屋的空间性能影响系数 η 在表 5.1 范围内时，空间刚度介于弹性方案和刚性方案之间，这类房屋的静力计算方案为刚弹性方案。单层单跨房屋刚弹性方案的结构简化图如图 5.6(c) 所示，在排架顶加一个水平弹簧支座。由于弹簧支座的约束，使得墙顶水平位移为 $u_s=\eta u_p$，水平反力等于不动铰支座反力 R 的 $(1-\eta)$ 倍。

划分静力计算方案的目的，就是按实际情况考虑房屋结构存在的空间作用，并把空间结构转换为平面结构来计算，而实现这一转化的途径则是计算中考虑空间性能影响系数。很明显，刚性方案房屋的空间工作性能最好，水平荷载作用下房屋的侧移很小，能充分发挥构件潜力。

5.2.2.2 房屋静力计算方案的确定

房屋结构的空间作用或空间工作性能，直接影响静力计算方案的确定。空间作用越强，水平荷载引起的侧移越小，结构趋于刚性；否则，水平荷载引起的侧移越大，结构趋于弹性。现行《砌体结构设计规范》考虑屋盖（楼盖）水平刚度的大小和横墙间距两个因素，来划分静力计算方案。设计时，可根据相邻横墙间距 s 和屋盖或楼盖类别，由表 5.2 确定房屋的静力计算方案。

表 5.2 房屋的静力计算方案

	屋盖或楼盖类别	刚性方案	刚弹性方案	弹性方案
1	整体式、装配整体和装配式无檩体系钢筋混凝土屋盖或钢筋混凝土楼盖	$s<32$	$32\leqslant s\leqslant 72$	$s>72$
2	装配式有檩体系钢筋混凝土屋盖、轻钢屋盖和有密铺望板的木屋盖或木楼盖	$s<20$	$20\leqslant s\leqslant 48$	$s>48$
3	瓦材屋面的木屋盖和轻钢屋盖	$s<16$	$16\leqslant s\leqslant 36$	$s>36$

注：1. 表中 s 为房屋横墙间距，其长度单位为"m"。

2. 当屋盖、楼盖类别不同或横墙间距不同时，可按 GB 50003—2011 第 4.2.7 条的规定确定房屋的静力计算方案❶。

3. 对无山墙或伸缩缝处无横墙的房屋，应按弹性方案考虑。

由表 5.2 可知，即使刚度最小的 3 类屋盖，只要横墙间距 $s<16m$，房屋就属于刚性方案。实际工程中，横墙间距大于 16m 的混合结构房屋并不多，故一般房屋多为刚性方案。

5.2.2.3 刚性方案和刚弹性方案的横墙

砌体结构房屋的静力计算方案是根据横墙间距和屋盖（楼盖）类别而确定的，但横墙必须具有足够的刚度，使其在自身平面内的弯曲变形和剪切变形引起的水平位移 u 较小，保证空间工作性能。如果横墙刚度较小，则在水平荷载作用下将产生较大的侧移，使刚性方案房屋计算模型中的不动铰支座与实际偏差较大；同时，对于刚弹性方案房屋的空间性能影响系数也将产生很大影响。因此，刚性方案、刚弹性方案房屋的横墙应符合下列规定：

① 横墙中开有洞口时，洞口的水平截面面积不应超过横墙截面面积的 50%；

② 横墙的厚度不宜小于 180mm；

③ 单层房屋的横墙长度不宜小于其高度，多层房屋的横墙长度不宜小于 $H/2$（H 为横墙总高度）。

当横墙不能同时符合上述要求时，应对横墙的刚度进行验算。如横墙的最大水平位移值 u_{max} 满足条件：$u_{max}\leqslant H/4000$，则仍可视作刚性或刚弹性方案房屋的横墙。凡刚度满足此

---

❶《砌体结构设计规范》（GB 50003—2011）第 4.2.7 条内容：计算上柔下刚多层砌体房屋时，顶层可按单层房屋计算，其空间性能影响系数可根据屋盖类别按表 5.1 采用。

项要求的一段横墙或其他结构构件（如框架等），也可视作刚性或刚弹性方案房屋的横墙。

横墙最大水平位移 u_{max} 的计算，应将横墙作为悬臂构件，考虑其弯曲变形和剪切变形，同时还应考虑门窗洞口大小与位置不同对刚度削弱的影响。

单层房屋横墙在墙顶水平集中力作用下，水平位移（侧移）计算简图如图 5.7 所示。当门窗洞口的水平截面面积不超过横墙全截面面积的 75% 时，墙顶水平集中力 F_1 作用下横墙顶点最大水平位移可按式（5.2）计算：

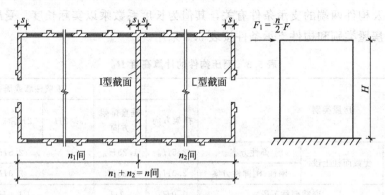

图 5.7 单层房屋横墙侧移计算简图

$$u_{max} = \frac{F_1 H^3}{3EI} + \frac{\tau}{G} H = \frac{nFH^3}{6EI} + \frac{2.5nFH}{EA} \tag{5.2}$$

式中 u_{max}——横墙顶点的最大水平位移；

    F_1——作用于横墙顶端的水平集中力，$F_1 = nF/2$，且 $F = F_w + R$；

    n——与该横墙相邻的两横墙间的开间数（见图 5.7）；

    F_w——屋面风荷载折算作用在每个开间墙顶处的水平集中力；

    R——排架顶固定铰支时，在均布风荷载作用下，铰支座的水平反力；

    H——从基础顶面算起的横墙高度；

    E——砌体的弹性模量；

    I——横墙的惯性矩，为简化计算，可近似地取横墙毛截面惯性矩，当横墙与纵墙连接时，可按 I 形或槽形截面计算，与横墙共同工作的纵墙，从横墙中心线算起的翼缘宽度每边取 $s = 0.3H$；

    τ——水平截面上的剪应力，$\tau = \zeta F_1/A$，ζ 为剪应力分布不均匀系数，可取 $\zeta = 2.0$；

    A——横墙水平截面面积，可近似取毛截面面积；

    G——砌体的剪变模量，$G = 0.4E$。

多层房屋横墙的最大水平位移，也可仿照上述方法进行计算：

$$u_{max} = \frac{n}{6EI} \sum_{i=1}^{m} F_i H_i^3 + \frac{2.5n}{EA} \sum_{i=1}^{m} F_i H_i \tag{5.3}$$

式中 m——房屋的总层数；

    F_i——假定每开间各层顶均为不动铰支座时，第 i 层的支座反力；

    H_i——第 i 层楼面到基础顶面的高度。

5.2.3 房屋墙柱的计算高度

房屋墙柱的实际高度（构件高度）H，应按下列规定采用：

① 在房屋底层，为楼板顶面到构件下端支点的距离。下端支点的位置，可取在基础顶面。当埋置较深且有刚性地坪时，可取室外地面下 500mm 处。

② 在房屋其他层，为楼板或其他水平支点间的距离。

③ 对于无壁柱的山墙，可取层高加山尖高度的 1/2；对于带壁柱的山墙可取壁柱处的山墙高度。

房屋墙、柱的计算高度 H_0 理论上就应该是压杆稳定的计算长度，它和房屋的类别、静力计算方案以及构件两端的支承条件有关，其值为长度系数乘以实际长度。受压构件的计算高度，应根据房屋类别和构件支承条件按表 5.3 采用。

表 5.3　受压构件的计算高度 H_0

房屋类别			柱		带壁柱墙或周边拉接的墙		
			排架方向	垂直排架方向	$s>2H$	$2H \geqslant s>H$	$s \leqslant H$
有吊车的单层房屋	变截面柱上段	弹性方案	$2.5H_u$	$1.25H_u$	$2.5H_u$		
		刚性、刚弹性方案	$2.0H_u$	$1.25H_u$	$2.0H_u$		
	变截面柱下段		$1.0H_l$	$0.8H_l$	$1.0H_l$		
无吊车的单层和多层房屋	单跨	弹性方案	$1.5H$	$1.0H$	$1.5H$		
		刚弹性方案	$1.2H$	$1.0H$	$1.2H$		
	多跨	弹性方案	$1.25H$	$1.0H$	$1.25H$		
		刚弹性方案	$1.10H$	$1.0H$	$1.1H$		
	刚性方案		$1.0H$	$1.0H$	$1.0H$	$0.4s+0.2H$	$0.6s$

注：1. 表中 H_u 为变截面柱上段高度；H_l 为变截面柱的下段高度。

2. 对于上端为自由端的构件，$H_0=2H$。

3. 独立砖柱，当无柱间支撑时，柱在垂直排架方向的 H_0 应按表中数值乘以 1.25 后采用。

4. s 为房屋横墙间距。

5. 自承重墙的计算高度应根据周边支承或拉接条件确定。

5.3　砌体墙柱高厚比验算

房屋结构中的墙、柱是受压构件，除了满足强度（承载力）要求外，还必须保证刚度和稳定性。砌体结构用验算墙、柱高厚比来代替墙、柱的刚度和稳定性验算，目的是防止施工阶段和使用阶段中墙、柱出现过大的挠曲、轴线偏差和丧失稳定性，这是构造上保证受压构件稳定的重要措施。

5.3.1　墙柱允许高厚比

墙、柱高厚比的限值，称为允许高厚比，用 $[\beta]$ 表示。影响墙、柱允许高厚比的原因很复杂，很难用理论方法确定 $[\beta]$。墙、柱允许高厚比主要是根据房屋中墙、柱的刚度条件、稳定性等，由实践经验从构造上要求确定的。根据砂浆的强度等级和构件的类别，$[\beta]$ 应按表 5.4 采用。

自承重墙是房屋中的次要构件。根据弹性稳定理论，在材料、截面及支承条件相同的情况下，构件仅承受自重作用时失稳的临界荷载比上端受有集中外力时大。所以，自承重墙的

表 5.4　墙、柱的允许高厚比 [β] 值

砌体类型	砂浆强度等级	墙	柱
无筋砌体	M2.5	22	15
	M5.0 或 Mb5.0、Ms5.0	24	16
	≥M7.5 或 Mb7.5、Ms7.5	26	17
配筋砌块砌体	—	30	21

注：1. 毛石墙、柱的允许高厚比应按表中数值降低 20%。

2. 带有混凝土或砂浆面层的组合砖砌体构件的允许高厚比，可按表中数值提高 20%，但不得大于 28。

3. 验算施工阶段砂浆尚未硬化的新砌砌体构件高厚比时，允许高厚比对墙取 14，对柱取 11。

允许高厚比可适当放宽，即在表 5.4 中的 [β] 值乘以一个大于 1 的允许高厚比修正系数 μ_1。厚度 $h \leqslant 240\text{mm}$ 的自承重墙，允许高厚比修正系数 μ_1 取值为：

墙厚 $h = 240\text{mm}$ 时，$\mu_1 = 1.2$；

墙厚 $h = 90\text{mm}$ 时，$\mu_1 = 1.5$；

当 $90\text{mm} < h < 240\text{mm}$ 时，μ_1 值按线性插入法取值。

上端为自由端自承重墙的允许高厚比，除按上述规定提高外，尚可提高 30%。对厚度小于 90mm 的墙，当双面采用不低于 M10 的水泥砂浆抹面，包括抹面层的厚度不小于 90mm 时，可按墙厚等于 90mm 验算高厚比。需要注意的是，对承重墙而言，$\mu_1 = 1.0$。

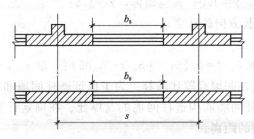

图 5.8　开有洞口的墙段

对于开有门窗洞口的墙，刚度因开洞而降低，其允许高厚比应按表 5.4 所列的 [β] 值乘以小于 1 的修正系数 μ_2。如图 5.8 所示为开有洞口的墙，设相邻窗间墙或壁柱之间的距离为 s，洞口宽度为 b_s，则修正系数 μ_2 为

$$\mu_2 = 1 - 0.4 \frac{b_s}{s} \tag{5.4}$$

当按式（5.4）计算的 μ_2 值小于 0.7 时，取 $\mu_2 = 0.7$；当洞口高度等于或小于墙高的 1/5 时，取 $\mu_2 = 1.0$；当洞口高度大于或等于墙高的 4/5 时，可按独立墙段验算高厚比。很明显，无门窗洞口时，$\mu_2 = 1.0$。

5.3.2　墙柱高厚比验算

5.3.2.1　矩形截面墙柱高厚比验算

矩形截面墙、柱的高厚比应按式（5.5）验算

$$\beta = \frac{H_0}{h} \leqslant \mu_1 \mu_2 [\beta] \tag{5.5}$$

式中　H_0——墙、柱的计算高度；

　　　h——墙厚或矩形柱与 H_0 相对应的边长；

　　　μ_1——自承重墙允许高厚比的修正系数；

μ_2——有门窗洞口墙允许高厚比的修正系数；

$[\beta]$——墙、柱的允许高厚比，应按表5.4采用。

当与墙相连接的相邻两墙间的距离 $s \leqslant \mu_1\mu_2[\beta]h$ 时，墙的高度不受式（5.5）的限制；变截面柱的高厚比可按上、下截面分别验算，验算上柱高厚比时，墙、柱的允许高厚比 $[\beta]$ 可按表5.4的数值乘以1.3后采用。

5.3.2.2 带壁柱和构造柱墙的高厚比验算

带壁柱和带构造柱墙的高厚比应分别按整片墙和壁柱间墙或构造柱间墙进行验算。

（1）整片墙高厚比验算 按式（5.5）验算带壁柱墙的高厚比，公式中的 h 应改用带壁柱截面（T形截面）的折算厚度 h_T。当确定计算高度 H_0 时，s 应取与之相交的相邻横墙之间的距离。

当构造柱截面宽度不小于墙厚时，按式（5.5）验算带构造柱墙的高厚比，此时公式中的 h 取墙厚；确定计算高度 H_0 时，s 应取相邻横墙之间的距离；墙的允许高厚比 $[\beta]$ 可乘以修正系数 μ_c：

$$\mu_c = 1 + \gamma \frac{b_c}{l} \qquad (5.6)$$

式中 γ——系数，对细料石砌体，$\gamma=0$；对混凝土砌块、混凝土多孔砖、粗料石、毛料石及毛石砌体，$\gamma=1.0$；其他砌体，$\gamma=1.5$；

b_c——构造柱沿墙长方向的宽度；

l——构造柱的间距。

当 $b_c/l > 0.25$ 时，取 $b_c/l = 0.25$；当 $b_c/l < 0.05$ 时，取 $b_c/l = 0$。

（2）壁柱间墙或构造柱间墙高厚比验算 为了保证壁柱间墙和构造柱间墙的局部稳定，需要按式（5.5）验算壁柱间墙或构造柱间墙的高厚比。在确定计算高度 H_0 时，s 应取相邻壁柱间或相邻构造柱间的距离。

如高厚比验算不能满足上述要求时，可在墙中设置钢筋混凝土圈梁，如图5.9所示。当圈梁截面宽度 b 与相邻壁柱间或相邻构造柱间的距离 s 的比值 $b/s \geqslant 1/30$ 时，圈梁可视作壁柱间墙或构造柱间墙的不动铰支点，两相邻铰支点的距离即为 H_0。当相邻壁柱间或相邻构造柱间的距离 s 较大，圈梁宽度 $b < s/30$ 时，按等刚度原则（墙体平面外刚度相等）增加圈梁高度，此时圈梁仍可视为壁柱间墙或构造柱间墙的不动铰支点。

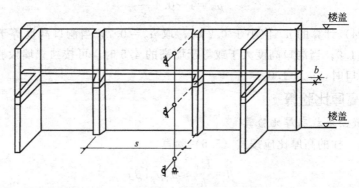

图5.9 墙中设置钢筋混凝土圈梁

【例5.1】 某多层砖混结构办公楼的底层平面布置的一部分如图5.10所示，采用钢筋混凝土现浇楼盖，纵横墙联合承重方案。采用烧结普通砖，强度等级为MU10，承重墙厚为

240mm，M5 混合砂浆砌筑，底层墙高 4600mm（自基础顶面算起）；自承重墙（隔断）厚 120mm，砌筑砂浆为 M2.5 的混合砂浆，墙高 3600mm。试验算底层墙的高厚比。

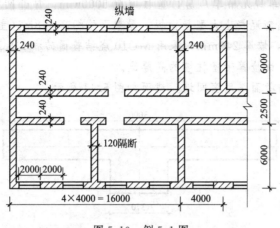

图 5.10 例 5.1 图

【解】 （1）基本数据

横墙间距 $s = 16$m < 32m，为刚性方案。

承重墙 $H = 4600$mm，$h = 240$mm，$[\beta] = 24$；自承重墙 $H = 3600$mm，$h = 120$mm，$[\beta] = 22$。

（2）承重纵墙高厚比验算

由结构的平面布置可知，外纵墙窗洞对墙体的削弱较内纵墙门洞对墙体的削弱多，故只需对外纵墙进行高厚比验算，内纵墙可不验算。

因为 $s = 16$m $> 2H = 9.2$m，所以计算高度为 $H_0 = 1.0H = 1.0 \times 4600 = 4600$mm；承重墙 $\mu_1 = 1.0$；相邻窗间墙间距 4000mm，窗洞宽度 2000mm，允许高厚比修正系数

$$\mu_2 = 1 - 0.4 \frac{b_s}{s} = 1 - 0.4 \times \frac{2000}{4000} = 0.8 > 0.7$$

纵墙高厚比

$\beta = \dfrac{H_0}{h} = \dfrac{4600}{240} = 19.17 < \mu_1 \mu_2 [\beta] = 1.0 \times 0.8 \times 24 = 19.2$，满足要求

（3）承重横墙高厚比验算

承重墙 $\mu_1 = 1.0$，无洞口 $\mu_2 = 1.0$；纵墙间距 $s = 6000$mm，因为 $H = 4600$mm $< s < 2H = 9200$mm，所以计算高度为

$$H_0 = 0.4s + 0.2H = 0.4 \times 6000 + 0.2 \times 4600 = 3320\text{mm}$$

横墙高厚比

$\beta = \dfrac{H_0}{h} = \dfrac{3320}{240} = 13.8 < \mu_1 \mu_2 [\beta] = 1.0 \times 1.0 \times 24 = 24$，满足要求

（4）隔断（自承重墙）高厚比验算

无洞口 $\mu_2 = 1.0$；因隔断墙上端砌筑时一般应斜放立砖顶住楼板，应按顶端为不动铰支座考虑，两侧与纵横墙拉结不好，故按两端铰支压杆确定计算高度，即 $H_0 = H = 3600$mm。

$$\mu_1 = 1.2 + \frac{1.5 - 1.2}{240 - 90} \times (240 - 120) = 1.44$$

$$\beta=\frac{H_0}{h}=\frac{3600}{120}=30<\mu_1\mu_2[\beta]=1.44\times1.0\times22=31.7，满足要求$$

【例5.2】 某单层单跨无吊车厂房，壁柱间距6000mm，每开间有3000mm宽的窗洞，车间长48m，屋盖为钢筋混凝土大型屋面板，屋架下弦标高4.8m，室内外高差300mm。壁柱为370mm×490mm，墙厚240mm，采用MU10烧结普通砖和M5混合砂浆砌筑，静力计算方案为刚弹性方案，试验算带壁柱墙的高厚比。

【解】 带壁柱墙的截面采用窗间墙，截面如图5.11所示。

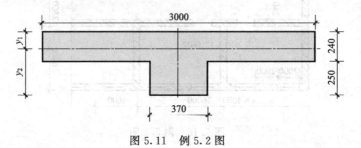

图 5.11 例 5.2 图

(1) 几何性质参数

$$A=3000\times240+370\times250=812500\text{mm}^2$$

$$y_1=\frac{3000\times240\times120+370\times250\times(240+250/2)}{812500}=148\text{mm}$$

$$y_2=240+250-y_1=240+250-148=342\text{mm}$$

$$I=\frac{1}{12}\times3000\times240^3+3000\times240\times(148-120)^2+$$

$$\frac{1}{12}\times370\times250^3+370\times250\times(342-125)^2$$

$$=8.858\times10^9\text{mm}^4$$

$$i=\sqrt{\frac{I}{A}}=\sqrt{\frac{8.858\times10^9}{812500}}=104\text{mm}$$

$$h_T=3.5i=3.5\times104=364\text{mm}$$

底层房屋墙高应自基础顶面算起，基础顶面可取室外地面以下500mm，所以

$$H=4800+300+500=5600\text{mm}$$

无吊车单层房屋，刚弹性方案：$H_0=1.2H=1.2\times5600=6720\text{mm}$

(2) 整片墙高厚比验算

M5砂浆，$[\beta]=24$；承重墙，$\mu_1=1.0$；洞口修正系数 μ_2 为

$$\mu_2=1-0.4\frac{b_s}{s}=1-0.4\times\frac{3.0}{6.0}=0.8>0.7$$

$$\beta=\frac{H_0}{h_T}=\frac{6720}{364}=18.5<\mu_1\mu_2[\beta]=1.0\times0.8\times24=19.2，满足要求。$$

(3) 壁柱间墙高厚比验算

壁柱间距 $s=6\text{m}<32\text{m}$，刚性方案，且满足条件 $H=5.6\text{m}<s=6\text{m}<2H=11.2\text{m}$，计算高高度为

$$H_0=0.4s+0.2H=0.4\times6000+0.2\times5600=3520\text{mm}$$

$$\beta = \frac{H_0}{h} = \frac{3520}{240} = 14.7 < \mu_1 \mu_2 [\beta] = 1.0 \times 0.8 \times 24 = 19.2,满足要求$$

5.4　单层砌体房屋墙体设计

5.4.1　单层砌体房屋结构计算简图

单层房屋通常选取具有代表性的一个开间作为计算单元,当承重墙上开有门窗洞口时,取窗间墙截面作为计算截面。若承重纵墙或横墙没有门窗洞口时,可取 1m 墙长为计算单元。

结构内力计算时,假定墙下端与基础固接,上端与屋架(或屋面大梁)铰接,且屋架或屋面大梁简化为刚性杆,这样便形成平面排架结构。在平面排架结构的基础上,再根据房屋的静力计算方案决定是否在排架顶施加约束,形成最后的结构计算简图。对于刚性方案,需在排架顶施加一个水平不动铰支座,如图 5.12(a)所示;对于刚弹性方案,则应在排架顶施加一个水平弹性支座(弹簧支座),以考虑房屋的空间工作,如图 5.12(b)所示;对于弹性方案,排架顶自由,如图 5.12(c)所示。

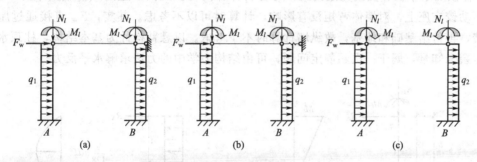

图 5.12　单层砌体房屋结构计算简图

作用于结构上的荷载有屋盖竖向荷载,墙体自重和水平风荷载。

(1)屋盖竖向荷载　屋盖竖向荷载包括屋面恒载、活载、雪荷载等,它们以集中力 N_l 的形式通过屋架或屋面梁作用于墙体顶部,作用位置对屋架而言一般距墙体定位轴线 150mm(内移)、对屋面梁而言距墙体内边缘 $0.4a_0$(a_0 为梁的有效支承长度),如图 5.13 所示。因此,屋盖竖向荷载对墙顶中心线存在偏心,设偏心距为 e_l,则墙顶弯矩 $M_l = N_l e_l$。

(2)墙体自重　墙体自重为竖向荷载,对于等截面墙,自重仅产生轴心压力,不产生弯矩。但对

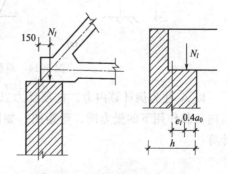

图 5.13　屋盖竖向荷载作用位置

于变截面墙,上阶墙自重 G_1 作用线与上阶墙中心线重合,对下阶墙截面存在偏心 e_1,则将产生弯矩 $M_1 = G_1 e_1$。因 M_1 在施工阶段就存在,故施工验算时应按悬臂构件计算。下阶墙自重 G_2,作用线通过下阶墙各截面形心。

(3)水平风荷载　水平风荷载包括屋面以上屋盖及女儿墙上的风荷载和屋面以下墙面上的风荷载两部分。屋面以上的风荷载简化为集中力 F_w 作用于排架顶;屋盖以下墙面风荷载

为分布荷载，迎风面压力 q_1，背风面吸力 q_2。迎风面压力和背风面吸力的方向与风向一致，计算时应分别考虑左风和右风。线荷载标准值 q_k 为风压力标准值 w_k 乘以受风面积宽度 B，而风压力标准值为

$$w_k = \beta_z \mu_s \mu_z w_0 \tag{5.7}$$

式中　β_z——高度 z 处的风振系数，混合结构房屋可取 $\beta_z = 1.0$。

　　　μ_s——风荷载体型系数，封闭式双坡屋面，迎风面屋面坡度 $\alpha \leqslant 15°$时，$\mu_s = -0.6$，$\alpha = 30°$时，$\mu_s = 0.0$，其间线性插值；背风面屋面 $\mu_s = -0.5$；迎风面墙面 $\mu_s = 0.8$，背风面墙面 $\mu_s = -0.5$。封闭式房屋，矩形平面迎风面墙面 $\mu_s = 0.8$，背风面墙面 $\mu_s = -0.5$。

　　　μ_z——风压高度变化系数，查附表 15 取值。

　　　w_0——基本风压，kN/m^2。

5.4.2　单层砌体房屋结构内力计算

5.4.2.1　刚性方案房屋结构内力计算

刚性方案房屋结构内力计算简图如图 5.12(a) 所示，排架柱顶施加了水平不动铰支座，A、B 柱顶的水平位移受到完全约束，可各自计算内力。屋面以上的风荷载集中力 F_w，作用于不动铰支座上，对墙体弯矩没有影响，计算时可以不考虑。其实，F_w 直接通过屋盖传至横墙，再传给基础和地基，故纵墙计算时不予考虑。以悬臂构件为基本结构，柱顶水平反力为多余未知量，属于一次超静定问题，可由结构力学中的力法求解水平反力。

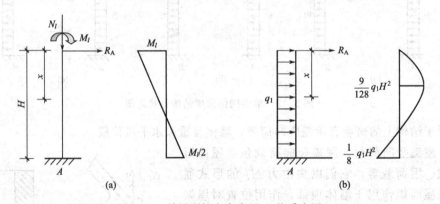

图 5.14　单层刚性方案房屋 A 柱受力图

以 A 柱为例计算内力。柱顶反力以自左向右指为正，杆端弯矩以外侧受拉为正。屋盖竖向荷载作用下的受力图、弯矩图，如图 5.14(a) 所示。柱顶反力和截面弯矩按下列公式计算：

$$R_A = -\frac{3M_l}{2H} \tag{5.8}$$

$$M(x) = \frac{M_l}{2}\left(2 - 3\frac{x}{H}\right) \tag{5.9}$$

由式（5.9）得杆件端部弯矩 $M_上 = M_l$，$M_下 = -M_l/2$。杆件轴力由竖向荷载计算：$N_上 = N_l$，$N_下 = N_l +$ 自重。

在墙面均布风荷载 q_1 作用下，A 柱的受力图如图 5.14(b) 所示。柱顶反力和截面弯矩按下列公式计算：

$$R_A = -\frac{3}{8}q_1 H \tag{5.10}$$

$$M(x) = -\frac{q_1 H}{8}x\left(3 - 4\frac{x}{H}\right) \tag{5.11}$$

杆件上端弯矩为零；取 $x = H$，得杆件下端弯矩 $M_F = q_1 H^2/8$；当 $x = 3H/8$ 时，杆件内弯矩取极大值（绝对值极大）$M_{max} = -9q_1 H^2/128$（负号表明内侧受拉）。

以同样的方法，可以计算 B 柱的内力。需要注意的是，风荷载作用下杆件轴力为零。

5.4.2.2　刚弹性方案房屋结构内力计算

刚弹性方案房屋的空间刚度小于刚性方案，故将水平不动铰支座改为弹性支座，计算简图如图 5.12(b) 所示，弹性支座的反力与弹簧的压缩量成比例。

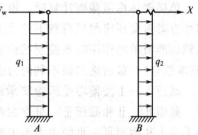

图 5.15　单层刚弹性方案风荷载下的结构受力图

(1) 屋盖竖向荷载作用下的内力计算　房屋通常对称设计，两边墙柱的刚度相同，在竖向荷载作用下排架顶不产生水平位移（侧移），因此，内力计算与刚性方案相同，可采用式 (5.9) 计算弯矩；轴力由竖向荷载计算。

(2) 水平风荷载作用下的内力计算　刚弹性方案房屋，在水平风荷载作用下墙顶的侧移 u_s 小于平面排架侧移 u_p，差值即侧移减小值为 $\Delta u_{re} = u_p - u_s = (1 - \eta)u_p$，弹性支座反力为 X，如图 5.15 所示；而刚性方案房屋侧移为零，与平面排架侧移的差值为 $\Delta u_r = u_p - 0 = u_p$，不动铰支座的水平反力为 R。因为反力与弹簧的压缩量（相对位移）成正比：

$$\frac{X}{R} = \frac{\Delta u_{re}}{\Delta u_r} = \frac{(1 - \eta)u_p}{u_p} = 1 - \eta$$

所以得到弹性支座反力为

$$X = (1 - \eta)R \tag{5.12}$$

式中 R 为不动铰支座的反力，按式 (5.13) 计算：

$$R = -F_w - \frac{3}{8}(q_1 + q_2)H \tag{5.13}$$

刚弹性方案单层房屋水平风荷载作用下的受力图，如图 5.15 所示。按结构力学方法求解该超静定结构（变形协调条件为柱顶侧移相等），可以得到 A 柱、B 柱底截面的弯矩如下：

$$M_A = \frac{\eta F_w H}{2} + \left(\frac{1}{8} + \frac{3\eta}{16}\right)q_1 H^2 + \frac{3\eta}{16}q_2 H^2 \tag{5.14}$$

$$M_B = -\frac{\eta F_w H}{2} - \frac{3\eta}{16}q_1 H^2 - \left(\frac{1}{8} + \frac{3\eta}{16}\right)q_2 H^2 \tag{5.15}$$

5.4.2.3　弹性方案房屋结构内力计算

弹性方案房屋的空间刚度很小，墙柱内力按有侧移的平面排架计算，计算简图如图 5.12(c) 所示。

房屋通常对称设计，两边墙柱的刚度相同，在竖向荷载作用下排架顶不产生水平位移（侧移），因此，内力计算与刚性方案相同，可采用式 (5.9) 计算弯矩；轴力由竖向荷载计算。

水平风荷载作用下的柱底截面弯矩，可利用刚弹性方案房屋的结果计算，此时应取空间性能影响系数 $\eta=1$。由式（5.14）、式（5.15）得

$$M_A = \frac{F_w H}{2} + \frac{5}{16}q_1 H^2 + \frac{3}{16}q_2 H^2 \tag{5.16}$$

$$M_B = -\frac{F_w H}{2} - \frac{3}{16}q_1 H^2 - \frac{5}{16}q_2 H^2 \tag{5.17}$$

5.4.3　单层砌体房屋墙柱承载力验算

单层砌体房屋截面计算时，取墙柱顶端截面 I—I，下端截面 II—II 为控制截面，对于刚性方案房屋还应取风荷载下的最大弯矩 M_{max} 对应的 III—III 截面为控制截面。首先计算各荷载标准值单独作用时各控制截面的内力，然后将可能同时作用的荷载产生的内力进行组合（基本组合），最后选出最不利内力进行承载力计算（验算）。

截面 I—I 按偏心受压验算承载力，还应验算屋架或屋面大梁下砌体的局部受压承载力。截面 II—II 和截面 III—III 存在弯矩和轴力，均按偏心受压验算承载力。一般情况下，截面 I—I 和截面 III—III 的内力小于截面 II—II 的内力，此时只需验算屋架或屋面大梁下砌体的局部受压承载力和截面 II—II 的偏心受压承载力。

【例 5.3】　某无吊车单层物流仓库，平面布置如图 5.16(a) 所示，长 36m、宽 12m。砖墙采用 MU10 烧结普通砖、M5 混合砂浆砌筑，施工质量控制等级为 B 级。墙面用混合砂浆双面粉刷（抹灰），厚度 20mm。纵墙承重，屋架支承于壁柱上，带壁柱窗间墙截面尺寸如图 5.16(b) 所示。采用装配式有檩体系钢筋混凝土槽瓦屋盖，屋面坡度 1:3，剖面尺寸如图 5.16(c) 所示。屋面出檐 0.5m，屋架支座底面标高 4.5m，屋架支座底面至屋脊的高度为 2.6m，室外地坪标高为 -0.200m，基础顶面标高为 -0.500m。基本风压 0.30kN/m²，地面粗糙度类别为 B 类，风荷载组合值系数 0.6；基本雪压 0.20kN/m²，屋面活载标准值 0.5kN/m²，组合值系数 0.7。屋盖恒载标准值 2.2kN/m²（水平投影）。结构安全等级为二级，设计使用年限 50 年。横墙和纵墙的高厚比，经过验算满足要求。试验算纵墙的承载力。

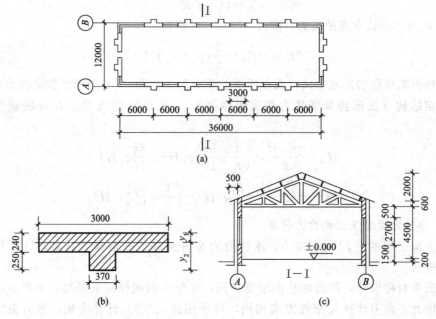

图 5.16　例 5.3 图

【解】 （1）静力计算方案

屋盖类别为 2 类，横墙间距 36m，由表 5.2 可知为刚弹性方案，再由表 5.1 得房屋空间性能影响系数 $\eta = 0.68$。

取一个壁柱间距为计算单元，受荷宽度 6m，窗宽 3m，以窗间墙为验算截面，窗间墙宽 3m。墙高 $H = 4.5 + 0.5 = 5.0$m，计算高度 $H_0 = 1.2H = 1.2 \times 5.0 = 6.0$m。

（2）窗间墙截面几何性质

$A = 3000 \times 240 + 370 \times 250 = 812500 \text{mm}^2$

$y_1 = \dfrac{3000 \times 240 \times 120 + 370 \times 250 \times (240 + 250/2)}{812500} = 148 \text{mm}$

$y_2 = 240 + 250 - y_1 = 240 + 250 - 148 = 342 \text{mm}$

$I = \dfrac{1}{12} \times 3000 \times 240^3 + 3000 \times 240 \times (148 - 120)^2 +$

$\qquad \dfrac{1}{12} \times 370 \times 250^3 + 370 \times 250 \times (342 - 125)^2$

$\quad = 8.858 \times 10^9 \text{mm}^4$

$i = \sqrt{\dfrac{I}{A}} = \sqrt{\dfrac{8.858 \times 10^9}{812500}} = 104 \text{mm}$

$h_T = 3.5i = 3.5 \times 104 = 364 \text{mm}$

$\beta = \gamma_\beta \dfrac{H_0}{h_T} = 1.0 \times \dfrac{6000}{364} = 16.5$

（3）荷载计算

因屋面雪荷载和活荷载不同时出现，且基本雪压远小于活荷载，故本项目不考虑雪荷载。需要考虑的荷载有恒载、活载和风荷载。

① 屋面竖向荷载

屋面竖向荷载通过屋架传递至墙顶，恒载集中力和活载集中力分别为：

恒载标准值 $N_{lGk} = 2.2 \times 6 \times (12 + 1)/2 = 85.8 \text{kN}$

活载标准值 $N_{lQk} = 0.5 \times 6 \times (12 + 1)/2 = 19.5 \text{kN}$

② 风荷载

风振系数 $\beta_z = 1.0$

风压高度变化系数 $\mu_z = 1.0$（附表 15：地面粗糙度 B 类，仓库高度范围内均等于 1.0）

风载体型系数 μ_s

迎风墙面 $\mu_s = +0.8$（压力），背风墙面 $\mu_s = -0.5$（吸力），

背风坡屋面 $\mu_s = -0.5$，迎风坡屋面的屋面坡度 $\tan\alpha = 1/3$，$\alpha = 18.4°$

$$\mu_s = -0.6 \times \frac{30 - 18.4}{30 - 15} = -0.464$$

风荷载标准值（单位面积上的风力）

$$w_k = \beta_z \mu_s \mu_z w_0 = 1.0 \times \mu_s \times 1.0 \times 0.30 = 0.30\mu_s$$

屋架标高以上的屋盖风荷载和墙面风荷载转化为作用于墙顶的集中力：

$$F_w = (0.5 - 0.464) \times 0.30 \times 6 \times 2 + (0.8 + 0.5) \times 0.30 \times 6 \times 0.6 = 1.53 \text{kN}$$

墙面均布线荷载

迎风面 $q_{1k} = 0.8 \times 0.30 \times 6 = 1.44 \text{kN/m}$

背风面　$q_{2k}=0.5\times0.30\times6=0.90\text{kN/m}$

③ 墙体自重

砖砌体自重 19kN/m^3，混合砂浆抹灰自重 17kN/m^3。屋架支座底面以上墙体自重：

$$G'_{1k}=19\times(6\times0.24+0.37\times0.25)\times0.6+17\times(6\times2+0.25\times2)\times0.02\times0.6$$
$$=20.02\text{kN}$$

窗间墙自重：

$$19\times(3\times0.24+0.37\times0.25)\times5+17\times(3\times2+0.25\times2)\times0.02\times5=88.24\text{kN}$$

窗上墙重：$19\times(3\times0.24\times0.5)+17\times(3\times0.5\times0.02)\times2=7.86\text{kN}$

纵墙采用条形基础，窗及窗下墙自重直接传至基础顶面，计算窗间墙时不用考虑。本层墙自重标准值：$G_{1k}=88.24+7.86=96.10\text{kN}$

（4）A 柱轴向内力计算

结构对称，只需计算一片纵墙，即仅计算 A 柱内力和承载力。窗间墙顶 Ⅰ—Ⅰ 截面轴力标准值

$$N_{\text{ⅠGk}}=N_{l\text{Gk}}+G'_{1k}=85.8+20.02=105.82\text{kN}$$

$$N_{\text{ⅠQk}}=N_{l\text{Qk}}=19.5\text{kN}$$

纵墙底端（基础顶面）Ⅱ—Ⅱ 截面轴力标准值

$$N_{\text{ⅡGk}}=N_{\text{ⅠGk}}+G_{1k}=105.82+96.10=201.92\text{kN}$$

$$N_{\text{ⅡQk}}=N_{\text{ⅠQk}}=19.5\text{kN}$$

（5）排架内力计算

屋架支承反力作用点至定位轴线（外墙面）的距离为 150mm，窗间墙截面形心位置 $y_1=148\text{mm}$，屋架反力对截面形心偏心距 $e_l=150-(240-148)=58\text{mm}=0.058\text{m}$。

① 屋面恒载引起 A 柱弯矩

$$M_{\text{ⅠGk}}=M_{l\text{Gk}}=N_{l\text{Gk}}e_l=85.8\times0.058=4.98\text{kN}\cdot\text{m}$$

$$M_{\text{ⅡGk}}=-M_{l\text{Gk}}/2=-4.98/2=-2.49\text{kN}\cdot\text{m}$$

② 屋面活载引起 A 柱弯矩

$$M_{\text{ⅠQk}}=M_{l\text{Qk}}=N_{l\text{Qk}}e_l=19.5\times0.058=1.13\text{kN}\cdot\text{m}$$

$$M_{\text{ⅡQk}}=-M_{l\text{Qk}}/2=-1.13/2=-0.57\text{kN}\cdot\text{m}$$

③ 风荷载引起 A 柱弯矩

墙顶 Ⅰ—Ⅰ 截面弯矩为零，计算墙底 Ⅱ—Ⅱ 截面弯矩。

左风：
$$M_{\text{Ⅱwk}}=\frac{\eta F_w H}{2}+\left(\frac{1}{8}+\frac{3\eta}{16}\right)q_1 H^2+\frac{3\eta}{16}q_2 H^2$$

$$=\frac{0.68\times1.53\times5}{2}+\left(\frac{1}{8}+\frac{3\times0.68}{16}\right)\times1.44\times5^2+\frac{3\times0.68}{16}\times0.90\times5^2$$

$$=14.56\text{kN}\cdot\text{m}$$

右风：
$$M_{\text{Ⅱwk}}=-\frac{\eta F_w H}{2}-\frac{3\eta}{16}q_1 H^2-\left(\frac{1}{8}+\frac{3\eta}{16}\right)q_2 H^2$$

$$=-\frac{0.68\times1.53\times5}{2}-\frac{3\times0.68}{16}\times1.44\times5^2-\left(\frac{1}{8}+\frac{3\times0.68}{16}\right)\times0.90\times5^2$$

$$=-12.87\text{kN}\cdot\text{m}$$

上述 A 柱轴力和弯矩计算结果，列入表 5.5 中，以便组合时取用。

表 5.5　A 柱内力标准值

荷载类型	Ⅰ—Ⅰ截面		Ⅱ—Ⅱ截面	
	N_k/kN	M_k/(kN·m)	N_k/kN	M_k/(kN·m)
恒	105.82	4.98	201.92	−2.49
活	19.5	1.13	19.5	−0.57
左风	0	0	0	14.56
右风	0	0	0	−12.87

(6) 不利内力组合

安全等级为二级，结构重要性系数 $\gamma_0=1.0$；设计使用年限 50 年，考虑设计使用年限的荷载调整系数 $\gamma_L=1.0$。屋面活载组合值系数 $\psi_c=0.7$，风荷载组合值系数 $\psi_c=0.6$。

① 墙顶Ⅰ—Ⅰ截面不利内力组合

由可变荷载控制的组合（1.2 组合）

$N_Ⅰ=1.0\times(1.2\times105.82+1.0\times1.4\times19.5)=154.28kN$

$M_Ⅰ=1.0\times(1.2\times4.98+1.0\times1.4\times1.13)=7.56kN·m$

由永久荷载控制的组合（1.35 组合）

$N_Ⅰ=1.0\times(1.35\times105.82+1.0\times1.4\times0.7\times19.5)=161.97kN$

$M_Ⅰ=1.0\times(1.35\times4.98+1.0\times1.4\times0.7\times1.13)=7.83kN·m$

② 墙底端Ⅱ—Ⅱ截面不利内力组合

由可变荷载控制的组合

第一组：正弯矩最大

$M_Ⅱ=1.0\times(1.0\times恒+1.0\times1.4\times左风)$ （永久荷载效应对结构有利，$\gamma_G=1.0$）

　　　$=1.0\times[1.0\times(-2.49)+1.0\times1.4\times14.56]=17.89kN·m$

$N_Ⅱ=1.0\times(1.2\times201.92+0)=242.30kN$

第二组：负弯矩最大

$M_Ⅱ=1.0\times(1.2\times恒+1.0\times1.4\times右风+1.0\times1.4\times0.7\times活)$

　　　$=1.0\times[1.2\times(-2.49)+1.0\times1.4\times(-12.87)+1.0\times1.4\times0.7\times(-0.57)]$

　　　$=-21.56kN·m$

$N_Ⅱ=1.0\times(1.2\times201.92+0+1.0\times1.4\times0.7\times19.5)=261.41kN$

第三组：轴力最大，弯矩绝对值较大

$N_Ⅱ=1.0\times(1.2\times恒+1.0\times1.4\times活+1.0\times1.4\times0.6\times右风)$

　　　$=1.0\times(1.2\times201.92+1.0\times1.4\times19.5+0)=269.60kN$

$M_Ⅱ=1.0\times[1.2\times(-2.49)+1.0\times1.4\times(-0.57)+1.0\times1.4\times0.6\times(-12.87)]$

　　　$=-14.60kN·m$

由永久荷载控制的组合（1.35 组合）：

第四组（轴力最大，弯矩绝对值较大）

$N_Ⅱ=1.0\times[1.35\times恒+1.0\times1.4\times(0.7\times活+0.6\times右风)]$

　　　$=1.0\times[1.35\times201.92+1.0\times1.4\times(0.7\times19.5+0)]=291.70kN$

$M_Ⅱ=1.0\times[1.35\times(-2.49)+1.0\times1.4\times(-0.7\times0.57-0.6\times12.87)]$

　　　$=-14.73kN·m$

（7）纵墙截面承载力验算

由内力组合结果可知，墙顶截面内力较小，整体受压可不验算，屋架下砌体局部受压未给出屋架支承长度和宽度，无法验算。本题只需验算墙底截面偏心受压承载力，基本参数为：$f=1.50\text{MPa}$，$A=8.125\times10^5\text{mm}^2=0.8125\text{m}^2$，$h_T=364\text{mm}$，$\beta=16.5$，$\alpha=0.0015$。计算公式如下：

$$\varphi=\cfrac{1}{1+12\left[\cfrac{e}{h_T}+\beta\sqrt{\cfrac{\alpha}{12}}\right]^2}=\cfrac{1}{1+12\left[\cfrac{e}{h_T}+16.5\times\sqrt{\cfrac{0.0015}{12}}\right]^2}$$

$$=\cfrac{1}{1+12\left(e/h_T+0.1845\right)^2}$$

$$\varphi fA=\varphi\times1.50\times0.8125\times10^3=1218.75\varphi\text{kN}$$

验算过程见表 5.6。

表 5.6　A 柱底端 Ⅱ—Ⅱ 截面承载力验算

内力组合	第一组内力	第二组内力	第三组内力	第四组内力
N/kN	242.30	261.41	269.60	291.70
$M/(\text{kN}\cdot\text{m})$	17.89	−21.56	−14.60	−14.73
$e=M/N/\text{mm}$	73.8	82.5	54.2	50.5
$0.6y/\text{mm}$	$0.6\times148=88.8$	$0.6\times342=205.2$	$0.6\times342=205.2$	$0.6\times342=205.2$
$e\leqslant0.6y$	满足	满足	满足	满足
e/h_T	0.203	0.227	0.149	0.139
φ	0.357	0.330	0.428	0.443
$\varphi fA/\text{kN}$	435.1	402.2	521.6	539.9
$N\leqslant\varphi fA$	满足	满足	满足	满足

5.5　多层砌体房屋墙体设计

住宅楼（见图 5.17）以及办公楼、教学楼等多层砌体民用建筑，其横墙间距较小，楼盖（屋盖）采用钢筋混凝土梁板结构，房屋的空间刚度很大，一般属于刚性方案房屋。因此，以下内容只讨论刚性方案多层房屋墙体的设计。

图 5.17　多层混合结构住宅

5.5.1　承重纵墙计算

5.5.1.1　纵墙计算单元

混合结构房屋纵墙一般较长，可选择有代表性的一段纵墙作为计算单元，如图 5.18 所示。无洞口时取梁下砌体的中心间距离或一个开间为计算单元；有门窗洞口时，取相邻洞口中心之间的距离为计算单元。计算单元的受荷面积宽度为 $(l_1+l_2)/2$。

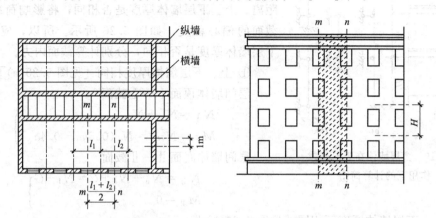

图 5.18　多层房屋纵墙计算单元

无洞口时取计算单元的截面为计算截面，有门窗洞口时取窗间墙截面为计算截面。对带壁柱墙，如果壁柱间距较大且层高较小时，计算截面宽度 $B=(b+2H/3)\leqslant(l_1+l_2)/2$，其中 b 为壁柱宽度。

5.5.1.2　竖向荷载作用下内力计算

（1）多层砌体房屋的竖向荷载　多层砌体房屋上的永久竖向荷载有屋面、楼面和墙体自重，可变竖向荷载有楼面活荷载、屋面活荷载及屋面雪荷载等。

作用在楼面上的活荷载，不太可能以标准值的大小同时布满在所有的楼面上，因此在设计梁、柱、基础等承重构件时，还要考虑实际荷载沿楼面分布的变异情况。根据《建筑结构荷载规范》（GB 50009—2012）的要求，对于楼面活荷载标准值为 2.0kN/m^2 的住宅、宿舍、旅馆、办公楼、医院病房、托儿所、幼儿园等建筑，在设计墙、柱和基础时，楼层活荷载应乘以折减系数。活荷载按楼层的折减系数按表 5.7 取值。

表 5.7　活荷载按楼层的折减系数

墙、柱、基础计算截面以上的层数	1	2~3	4~5	6~8	9~20	>20
计算截面以上各楼层活荷载总和的折减系数	1.00	0.85	0.70	0.65	0.60	0.55

（2）计算简图　纵墙剖面见图 5.19(a)，在竖向荷载作用下，纵墙计算单元如同竖向一根连续梁，屋盖、楼盖及基础为该连续梁的支点，如图 5.19(b) 所示。

由于梁、板支承于墙体内，削弱了墙体的截面，并使其连续性受到影响。在墙体被梁、板削弱的截面上，所能传递的弯矩很小，故可近似假定墙体在屋盖、楼盖及基础顶面处均为铰接，墙体在每层高度范围内，可近似地视为两端铰支的竖向构件，如图 5.19(c) 所示。

上层竖向荷载 N_u 沿着上层墙体的轴线向下传递。本层楼盖梁传来的荷载为 N_l，作用点距墙内边缘 $0.4a_0$（其中 a_0 为梁端有效支承长度）；当板支承于墙上时，板的支承压力

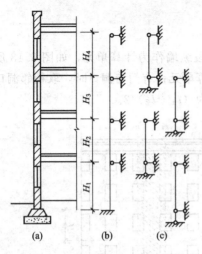

图 5.19　多层墙体在竖向荷载
　　作用下的计算简图

N_l 到墙内边缘的距离可取 $0.4a$，其中 a 为板的实际支承长度。本层墙体自重 G 作用于墙体截面形心。

（3）截面内力计算　各层墙体的高度为铰支杆件的长度。墙体高度底层墙体为楼板顶面到基础顶面的距离，其他层取层高或取梁（板）底到下层梁（板）底的距离。上、下层墙体厚度是否相同，将影响荷载对墙体截面的偏心程度，如图 5.20 所示。所以，应根据上、下层墙体厚度是否相同，分别计算截面内力。

① 上、下层墙体厚度相同 [见图 5.20(a)]

层间墙体顶面 I—I 截面

$$\left. \begin{aligned} N_{\mathrm{I}} &= N_{\mathrm{u}} + N_l \\ M_{\mathrm{I}} &= N_l e_l = N_l (0.5h_1 - 0.4a_0) \end{aligned} \right\} \quad (5.18)$$

层间墙体底面 II—II 截面

$$\left. \begin{aligned} N_{\mathrm{II}} &= N_{\mathrm{u}} + N_l + G = N_{\mathrm{I}} + G \\ M_{\mathrm{II}} &= 0 \end{aligned} \right\} \quad (5.19)$$

② 上、下层墙体厚度不相同 [见图 5.20(b)]

层间墙体顶面 I—I 截面

$$\left. \begin{aligned} N_{\mathrm{I}} &= N_{\mathrm{u}} + N_l \\ M_{\mathrm{I}} &= N_l e_l - N_{\mathrm{u}} e_0 = N_l (0.5h_2 - 0.4a_0) - N_{\mathrm{u}} (0.5h_2 - 0.5h_1) \end{aligned} \right\} \quad (5.20)$$

层间墙体底面 II—II 截面

$$\left. \begin{aligned} N_{\mathrm{II}} &= N_{\mathrm{u}} + N_l + G = N_{\mathrm{I}} + G \\ M_{\mathrm{II}} &= 0 \end{aligned} \right\} \quad (5.21)$$

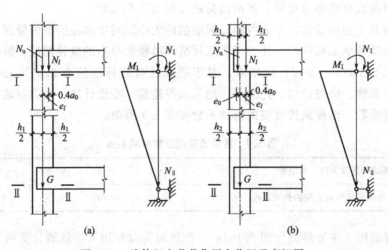

图 5.20　墙体竖向荷载作用点位置及弯矩图

5.5.1.3　水平荷载作用下内力计算

刚性方案多层砌体房屋，当层高和总高满足表 5.8 的要求，人们以 240mm 墙厚进行验算，发现由风荷载所引起的应力不到竖向荷载应力的 5%，说明风荷载影响很小。因此，当外墙符合下列要求时，静力计算可不考虑风荷载的影响，仅按竖向荷载进行计算：

① 洞口水平截面面积不超过全截面面积的 2/3；

② 层高和总高不超过表 5.8 的规定；

③ 屋面自重不小于 $0.8kN/m^2$。

表 5.8 外墙不考虑风荷载影响时的最大高度

基本风压/(kN/m²)	层高/m	总高/m
0.4	4.0	28
0.5	4.0	24
0.6	4.0	18
0.7	3.5	18

注：对于多层混凝土砌块房屋，当外墙厚度不小于 190mm、层高不大于 2.8m、总高不大于 19.6m、基本风压不大于 $0.7kN/m^2$ 时，可不考虑风荷载的影响。

若不满足上述条件，则需要考虑风荷载的影响。水平风荷载作用下，墙体简化为竖向连续梁，计算简图如图 5.21 所示。这是一个多次超静定结构，可按结构力学方法求解，比如力法、位移法、力矩分配法。风荷载引起的支座和跨中弯矩，也可按式（5.22）近似计算

$$M = \frac{1}{12}qH_i^2 \qquad (5.22)$$

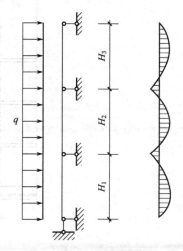

图 5.21 水平风荷载作用下墙体的计算简图

式中 q——沿楼层高度均布风荷载，kN/m；

H_i——第 i 层墙体高度，即层高，m。

计算时应分别考虑左风和右风，风荷载引起的截面内力与竖向荷载产生的截面内力组合后，应大于仅考虑竖向荷载时的内力，否则不应考虑风荷载的影响。

5.5.1.4 截面承载力验算

墙体截面承载力验算时，每层墙体取上、下两个控制截面。上截面取位于梁（或板）底的墙顶截面Ⅰ—Ⅰ，该截面承受轴力 $N_Ⅰ$ 和弯矩 $M_Ⅰ$，应按偏心受压验算承载力；同时，还应验算梁端下砌体的局部受压承载力。下截面可取位于梁（或板）底稍上的墙体截面Ⅱ—Ⅱ，底层墙体则取基础顶面，该截面轴力 $N_Ⅱ$ 最大，不考虑风荷载时弯矩为零，按轴心受压验算承载力；考虑风荷载时，该截面存在弯矩，应按偏心受压验算承载力。

若各层墙体截面和材料都相同，则只需验算内力最大的底层，其他层不需验算；若墙体厚度或材料强度等级发生变化，除验算底层以外，还应对变化层进行验算。

当楼层梁支承于墙上时，梁端上下墙体对梁端的转动有一定的约束作用，梁端会产生一定的约束弯矩。若梁的跨度很小，则约束弯矩可以略去不计；但若梁的跨度较大，则约束弯矩不能忽略不计。《砌体结构设计规范》规定：对于梁跨度大于 9m 的墙承重的多层房屋，应考虑梁端约束弯矩的影响。

约束弯矩的考虑方法为：先按梁两端固结，计算出固端弯矩，然后乘以调整系数 γ，最后将乘了调整系数的固端弯矩作为不平衡弯矩，按墙体线刚度分配到上层墙底部和下层墙顶部。固端弯矩调整系数按式(5.23)计算

$$\gamma = 0.2\sqrt{\frac{a}{h}} \qquad (5.23)$$

式中 a——梁端实际支承长度；

h——支承墙体的墙厚，当上下墙厚不同时取下部墙厚，当有壁柱时取 h_T。

此时，Ⅱ—Ⅱ截面的弯矩不为零，不管是否考虑风荷载，都应按偏心受压验算承载力。

5.5.2 承重横墙计算

5.5.2.1 横墙计算简图

承重横墙一般承受屋面板、楼面板传来的均布线荷载，且很少开设洞口，因此可取宽度为 1m 的横墙作为计算单元。每层横墙视为两端铰支的竖向构件，构件高度为层高。当顶层为坡屋顶时，构件高度取层高加山尖高度的一半。多层房屋横墙在竖向荷载作用下的计算简图，如图 5.22 所示。

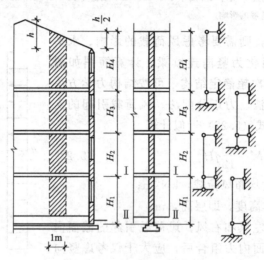

图 5.22 多层横墙计算简图

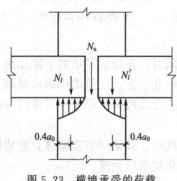

图 5.23 横墙承受的荷载

5.5.2.2 横墙内力计算

层间横墙受力如图 5.23 所示，包含四部分的荷载：上层墙体沿墙心传来荷载 N_u，本层两侧楼盖传来的力 N_l 和 N_l'，本层墙体自重 G。

墙体顶部Ⅰ—Ⅰ截面内力

$$\left.\begin{array}{l} N_{\mathrm{I}} = N_u + N_l + N_l' \\ M_{\mathrm{I}} = (N_l - N_l')(0.5h - 0.4a_0) \end{array}\right\} \quad (5.24)$$

墙体底部Ⅱ—Ⅱ截面内力

$$\left.\begin{array}{l} N_{\mathrm{II}} = N_u + N_l + N_l' + G = N_{\mathrm{I}} + G \\ M_{\mathrm{II}} = 0 \end{array}\right\} \quad (5.25)$$

对于山墙，需要考虑风荷载作用时，按式(5.22)计算支座和跨中弯矩。

5.5.2.3 横墙截面承载力验算

当横墙两侧开间相同且楼面荷载相等时，楼盖传来的轴向力 $N_l = N_l'$，由式(5.24)可知 $M_{\mathrm{I}} = 0$，墙体轴心受压。此时可只计算各层墙体底部Ⅱ—Ⅱ截面的轴心受压承载力，因该截面轴心压力在本层中最大。倘若墙体厚度和材料相同，则只需验算底层底部截面（基础顶面）的轴心受压承载力。

若横墙相邻两开间不等，或楼面荷载不等，或计算山墙时，因为 $N_l \neq N_l'$，所以 $M_{\mathrm{I}} \neq$

0，墙体顶部Ⅰ—Ⅰ截面应按偏心受压验算承载力，底部Ⅱ—Ⅱ截面按轴心受压验算承载力。

当墙体支承梁时，还应验算梁端下砌体局部受压承载力。

【例 5.4】 某三层砖混结构办公楼，纵墙和横墙共同承重，如图 5.24 所示，室内外高差 600mm，基础顶面位于室外地面以下 500mm，立面图中未画出楼板，所给标高为梁顶面标高。屋盖和楼盖采用装配式钢筋混凝土梁板结构，简支大梁截面尺寸 250mm×500mm，跨度 5.4m。因为梁的跨度＞4.8m，所以按要求在梁端下设置刚性垫块，垫块尺寸为 a_b×b_b×t_b＝240mm×550mm×180mm，梁端在垫块上的支承长度为 240mm。梁底和侧面用混合砂浆抹灰，厚度 20mm。预制板厚 120mm，板伸入横墙的长度为 100mm，板底抹灰 20mm。墙厚 240mm，双面粉刷，由 MU10 烧结普通砖和 M5 混合砂浆砌筑，施工质量控制等级为 B 级。窗户采用钢框玻璃窗。不上人屋面。结构安全等级为二级，设计使用年限 50 年。

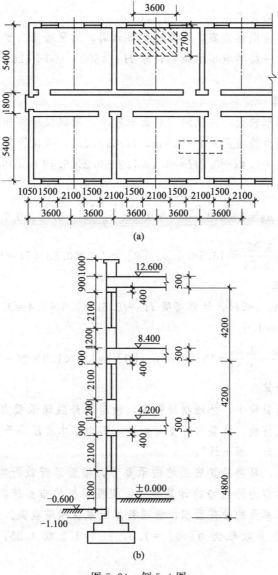

图 5.24　例 5.4 图

已知：屋面恒载标准值（不含梁重）　　　　3.54kN/m²

楼面恒载标准值（不含梁重）　　　　3.39kN/m²

240mm 厚双面粉刷墙重　　　　5.24kN/m²

钢框玻璃窗重　　　　0.40kN/m²

钢筋混凝土自重　　　　25.0kN/m³

混合砂浆自重　　　　17.0kN/m³

屋面活载标准值　　　　0.5kN/m²

楼面活载标准值　　　　2.0kN/m²

基本风压　　　　0.35kN/m²

基本雪压　　　　0.20kN/m²

要求：（1）墙的高厚比验算；（2）纵墙承载力验算；（3）横墙承载力验算；（4）设计钢筋混凝土梁截面。

【解】（1）验算墙的高厚比

房屋静力计算方案为刚性方案，墙厚和材料相同，只需验算高度最大的底层即可。底层墙体高度为基础顶面到一层楼板顶的距离，即 $H = 4800 + 500 + 120 = 5420\text{mm} = 5.42\text{m}$，高厚比允许值 $[\beta] = 24$。

① 纵墙高厚比验算

因为外纵墙洞口面积较大，内纵墙洞口面积较小，所以仅验算外纵墙的高厚比，内纵墙的高厚比可不验算。因为横墙间距 $s = 7.2\text{m}$，$H < s < 2H$，所以计算高度为

$$H_0 = 0.4s + 0.2H = 0.4 \times 7.2 + 0.2 \times 5.42 = 3.964\text{m}$$

修正系数：$\mu_1 = 1.0$

$$\mu_2 = 1 - 0.4\frac{b_s}{s} = 1 - 0.4 \times \frac{1.5 \times 2}{7.2} = 0.83 > 0.7$$

高厚比：$\beta = \dfrac{H_0}{h} = \dfrac{3.964}{0.24} = 16.5 < \mu_1\mu_2 [\beta] = 1.0 \times 0.83 \times 24 = 19.9$，满足要求

② 横墙高厚比验算

纵墙间距 $s = 5.4\text{m}$，$s < H$，计算高度 $H_0 = 0.6s = 0.6 \times 5.4 = 3.24\text{m}$

$$\mu_1 = \mu_2 = 1.0$$

$$\beta = \frac{H_0}{h} = \frac{3.24}{0.24} = 13.5 < \mu_1\mu_2 [\beta] = 1.0 \times 1.0 \times 24 = 24$$，满足要求

（2）纵墙承载力验算

承重纵墙中内墙削弱较少，外墙削弱较多，故验算外纵墙承载力。根据已知条件判断，本项目可不考虑水平风荷载。在竖向可变荷载中，因为基本雪压小于屋面活荷载，故不考虑雪荷载。荷载组合模式为"恒＋活"。

墙厚与材料均相同，只需验算底层墙的承载力，楼面活荷载折减系数可取 0.85。取相邻窗洞中心之间的墙体作为外纵墙的计算单元，根据梁板的布置情况，取图 5.24(a) 中斜虚线部位为外纵墙计算单元的受荷面积；截面验算时取窗间墙截面。

承载力计算的几个系数取值为：$\gamma_0 = 1.0$，$\gamma_G = 1.2$ 或 1.35，$\gamma_Q = 1.4$，$\gamma_L = 1.0$，$\psi_c = 0.7$。

① 线荷载标准值

恒载：屋面 $3.54 \times 3.6 = 12.74 \text{kN/m}$，楼面 $3.39 \times 3.6 = 12.20 \text{kN/m}$

梁自重 $25.0 \times 0.25 \times 0.5 + 17.0 \times (0.5 \times 2 + 0.25 + 0.02 \times 2) \times 0.02 = 3.56 \text{kN/m}$

活载：屋面 $0.5 \times 3.6 = 1.80 \text{kN/m}$，楼面 $2.0 \times 3.6 = 7.20 \text{kN/m}$

作用于屋面梁上的线荷载标准值：

$$g_k = 12.74 + 3.56 = 16.30 \text{kN/m}, \quad q_k = 1.80 \text{kN/m}$$

作用于楼面梁上的线荷载标准值：

$$g_k = 12.20 + 3.56 = 15.76 \text{kN/m}, \quad q_k = 7.20 \text{kN/m}$$

② 梁端反力标准值

屋面梁：$N_{l3\,Gk} = 16.30 \times 2.7 = 44.01 \text{kN}$，$N_{l3\,Qk} = 1.80 \times 2.7 = 4.86 \text{kN}$

楼面梁：
$$N_{l1\,Gk} = N_{l2\,Gk} = 15.76 \times 2.7 = 42.55 \text{kN}$$
$$N_{l1\,Qk} = N_{l2\,Qk} = 7.20 \times 2.7 = 19.44 \text{kN}$$

③ 墙体自重标准值

第 3 层顶 I—I 截面以上墙体（含女儿墙，圈梁、构造柱近似按砖墙算）：

$$G'_{3k} = 5.24 \times 3.6 \times 1.5 = 28.30 \text{kN}$$

第 2、3 层墙体（含砖墙重和窗户重）

$$G_{2k} = G_{3k} = 5.24 \times (3.6 \times 4.2 - 1.5 \times 2.1) + 0.40 \times 1.5 \times 2.1 = 63.98 \text{kN}$$

底层墙体重（窗户和窗台墙重力直接传至基础，计算窗间墙截面受力时不考虑）

$$G_{1k} = 5.24 \times (3.6 \times 4.8 - 1.5 \times 4.4) = 55.96 \text{kN}$$

④ 底层梁端反力偏心距

底层 I—I 截面上部压力标准值

$$N_{uGk} = (44.01 + 42.55) + 28.30 + 63.98 \times 2 = 242.82 \text{kN}$$
$$N_{uQk} = 4.86 + 0.85 \times 19.44 = 21.38 \text{kN}$$

1.2 组合下 I—I 截面上部压力设计和反力偏心距

$$N_u = 1.0 \times (1.2 \times 242.82 + 1.0 \times 1.4 \times 21.38) = 321.32 \text{kN}$$

$$\sigma_0 = \frac{N_u}{A} = \frac{321.32 \times 10^3}{2100 \times 240} = 0.6375 \text{MPa}$$

$$f = 1.50 \text{MPa}$$

$$\frac{\sigma_0}{f} = \frac{0.6375}{1.50} = 0.425$$

$$\delta_1 = 6.0 + \frac{6.9 - 6.0}{0.6 - 0.4} \times (0.425 - 0.4) = 6.11$$

$$a_0 = \delta_1 \sqrt{\frac{h_c}{f}} = 6.11 \times \sqrt{\frac{500}{1.50}} = 111.6 \text{mm}$$

$$e_l = 0.5h - 0.4a_0 = 0.5 \times 240 - 0.4 \times 111.6 = 75.4 \text{mm}$$

1.35 组合下 I—I 截面上部压力设计和反力偏心距

$$N_u = 1.0 \times (1.35 \times 242.82 + 1.0 \times 1.4 \times 0.7 \times 21.38) = 348.76 \text{kN}$$

$$\sigma_0 = \frac{N_u}{A} = \frac{348.76 \times 10^3}{2100 \times 240} = 0.692 \text{MPa}$$

$$\frac{\sigma_0}{f} = \frac{0.692}{1.50} = 0.4613$$

$$\delta_1 = 6.0 + \frac{6.9-6.0}{0.6-0.4} \times (0.4613-0.4) = 6.28$$

$$a_0 = \delta_1 \sqrt{\frac{h_c}{f}} = 6.28 \times \sqrt{\frac{500}{1.50}} = 114.7\text{mm}$$

$$e_l = 0.5h - 0.4a_0 = 0.5 \times 240 - 0.4 \times 114.7 = 74.1\text{mm}$$

⑤ 底层墙体截面内力设计值

1.2 组合梁端反力：

$$N_l = 1.0 \times [1.2 \times 42.55 + 1.0 \times 1.4 \times (0.85 \times 19.44)] = 74.19\text{kN}$$

1.35 组合梁端反力：

$$N_l = 1.0 \times [1.35 \times 42.55 + 1.0 \times 1.4 \times 0.7 \times (0.85 \times 19.44)] = 73.64\text{kN}$$

Ⅰ—Ⅰ截面第一组内力（1.2 组合）

$$N = N_u + N_l = 321.32 + 74.19 = 395.5\text{kN}$$

$$M = N_l e_l = 74.19 \times 75.4 = 5593.9\text{kN} \cdot \text{mm}$$

$$e = \frac{M}{N} = \frac{5593.9}{395.5} = 14.1\text{mm} < 0.6y = 0.6 \times 120 = 72\text{mm}$$

Ⅰ—Ⅰ截面第二组内力（1.35 组合）

$$N = N_u + N_l = 348.76 + 73.64 = 422.4\text{kN}$$

$$M = N_l e_l = 73.64 \times 74.1 = 5456.7\text{kN} \cdot \text{mm}$$

$$e = \frac{M}{N} = \frac{5456.7}{422.4} = 12.9\text{mm} < 0.6y = 0.6 \times 120 = 72\text{mm}$$

Ⅱ—Ⅱ截面轴心受压，1.35 组合压力最大

$$N = 422.4 + 1.0 \times 1.35 \times 55.96 = 497.9\text{kN}$$

$$e = 0$$

⑥ 截面承载力验算值

窗间墙截面面积 $A = 2.1 \times 0.24 = 0.504\text{m}^2$

承载力计算时的高厚比

$$\beta = \gamma_\beta \frac{H_0}{h} = 1.0 \times \frac{3.964}{0.24} = 16.5$$

Ⅰ—Ⅰ截面第一组内力

$$\frac{e}{h} = \frac{14.1}{240} = 0.0588$$

$$\varphi = \frac{1}{1 + 12(e/h + \beta\sqrt{\alpha/12})^2} = \frac{1}{1 + 12 \times (0.0588 + 16.5 \times \sqrt{0.0015/12})^2}$$
$$= 0.585$$

$$\varphi f A = 0.585 \times 1.50 \times 0.504 \times 10^3 = 442.3\text{kN} > N = 395.5\text{kN}，满足要求$$

Ⅰ—Ⅰ截面第二组内力

$$\frac{e}{h} = \frac{12.9}{240} = 0.0538$$

$$\varphi = \frac{1}{1 + 12 \times (0.0538 + 16.5 \times \sqrt{0.0015/12})^2} = 0.595$$

$$\varphi f A = 0.595 \times 1.50 \times 0.504 \times 10^3 = 449.8\text{kN} > N = 422.4\text{kN}，满足要求$$

Ⅱ—Ⅱ截面

$$e=0$$

$$\varphi=\frac{1}{1+\alpha\beta^2}=\frac{1}{1+0.0015\times16.5^2}=0.710$$

$$\varphi fA=0.710\times1.50\times0.504\times10^3=536.8\text{kN}>N=497.9\text{kN}，满足要求$$

⑦ 梁端垫块下砌体局部受压承载力验算

$$A_b=a_bb_b=240\times550=1.32\times10^5\text{mm}^2=0.132\text{m}^2$$

$$A_0=(240+550+240)\times240=2.472\times10^5\text{mm}^2$$

$$\gamma=1+0.35\sqrt{\frac{A_0}{A_b}-1}=1+0.35\times\sqrt{\frac{2.472}{1.32}-1}=1.33<1.5$$

$$\gamma_1=0.8\gamma=0.8\times1.33=1.06>1.0$$

1.2 组合

$$N_0=\sigma_0A_b=0.6375\times0.132\times10^3=84.15\text{kN}$$

$$N_0+N_l=84.15+74.19=158.3\text{kN}$$

$$e=\frac{N_l(0.5a_b-0.4a_0)}{N_0+N_l}=\frac{74.19\times(0.5\times240-0.4\times111.6)}{158.3}=35.3\text{mm}$$

$$\frac{e}{h}=\frac{e}{a_b}=\frac{35.3}{240}=0.147$$

$$\varphi=\frac{1}{1+12(e/h)^2}=\frac{1}{1+12\times0.147^2}=0.794$$

$$\varphi\gamma_1fA_b=0.794\times1.06\times1.50\times0.132\times10^3=166.6\text{kN}$$

$$>N_0+N_l=158.3\text{kN}，满足要求$$

1.35 组合

$$N_0=\sigma_0A_b=0.692\times0.132\times10^3=91.34\text{kN}$$

$$N_0+N_l=91.34+73.64=165.0\text{kN}$$

$$e=\frac{N_l(0.5a_b-0.4a_0)}{N_0+N_l}=\frac{73.64\times(0.5\times240-0.4\times114.7)}{165.0}=33.1\text{mm}$$

$$\frac{e}{h}=\frac{e}{a_b}=\frac{33.1}{240}=0.138$$

$$\varphi=\frac{1}{1+12(e/h)^2}=\frac{1}{1+12\times0.138^2}=0.814$$

$$\varphi\gamma_1fA_b=0.814\times1.06\times1.50\times0.132\times10^3=170.8\text{kN}$$

$$>N_0+N_l=165.0\text{kN}，满足要求$$

(3) 横墙承载力验算

验算内横墙，长度方向取 1m 为计算单元，屋面、楼面的受荷面积为图 5.24(a) 中虚线围出的阴影部分 3.6m×1m。横墙两侧板传力对称，墙厚和材料相同，仅需验算底层Ⅱ—Ⅱ截面的轴心受压承载力。

① 横墙内力标准值

$$N_{Gk}=3.54\times3.6\times1+(3.39\times3.6\times1)\times2+5.24\times(12.6+1.1-0.12\times2)\times1$$

$$=107.68\text{kN}$$

$$N_{Qk}=0.5\times3.6\times1+0.85\times(2.0\times3.6\times1)\times2=14.04\text{kN}$$

② 横墙内力设计值

$$N=1.0\times(1.2\times107.68+1.0\times1.4\times14.04)=148.9\text{kN}$$

$$N=1.0\times(1.35\times107.68+1.0\times1.4\times0.7\times14.04)=159.1\text{kN}$$

取 $N=159.1\text{kN}$ 进行承载力验算。

③ 承载力验算

$$A=1\times0.24=0.24\text{m}^2$$

$$\beta=\gamma_\beta\frac{H_0}{h}=1.0\times\frac{3.24}{0.24}=13.5$$

$$\varphi=\frac{1}{1+\alpha\beta^2}=\frac{1}{1+0.0015\times13.5^2}=0.785$$

$$\varphi fA=0.785\times1.50\times0.24\times10^3=282.6\text{kN}>N=159.1\text{kN}, 满足要求$$

(4) 钢筋混凝土梁截面设计

采用 C25 混凝土，纵向钢筋选用 HRB400 级热轧带肋钢筋，箍筋采用 HPB300 级热轧光圆钢筋。相关计算参数为：$\alpha_1=1.0$，$\xi_b=0.518$，$\beta_c=1.0$，$f_c=11.9\text{N/mm}^2$，$f_t=1.27\text{N/mm}^2$，$f_y=360\text{N/mm}^2$，$f_{yv}=270\text{N/mm}^2$。

① 屋面梁截面设计

内力计算：

$$g+q=1.2\times16.30+1.0\times1.4\times1.80=22.08\text{kN/m}$$

$$g+q=1.35\times16.30+1.0\times1.4\times0.7\times1.80=23.77\text{kN/m}$$

取 $g+q=23.77\text{kN/m}$

$$M=\gamma_0S_d=\gamma_0\frac{1}{8}(g+q)l_0^2=1.0\times\frac{1}{8}\times23.77\times5.4^2=86.64\text{kN}\cdot\text{m}$$

$$V=\gamma_0S_d=\gamma_0\frac{1}{2}(g+q)l_n=\frac{1}{2}\times23.77\times(5.4-0.24)=61.33\text{kN}$$

正截面设计（配置纵向受力钢筋）：

取 $a_s=40\text{mm}$，$h_0=h-a_s=500-40=460\text{mm}$

$$x=h_0-\sqrt{h_0^2-\frac{2M}{\alpha_1f_cb}}=460-\sqrt{460^2-\frac{2\times86.64\times10^6}{1.0\times11.9\times250}}=68.4\text{mm}$$

$$<\xi_bh_0=0.518\times460=238.3\text{mm}, 不会超筋$$

$$A_s=\frac{\alpha_1f_cbx}{f_y}=\frac{1.0\times11.9\times250\times68.4}{360}=565\text{mm}^2$$

$$45\frac{f_t}{f_y}=45\times\frac{1.27}{360}=0.16<0.20, \rho_{min}=0.20\%$$

$$\rho=\frac{A_s}{bh}=\frac{565}{250\times500}=0.45\%>\rho_{min}=0.20\%, 不会少筋$$

可选配 3 根直径 16mm 的 HRB400 级钢筋，面积 603mm²。

斜截面设计（配置箍筋）：

$$\frac{h_w}{b}=\frac{h_0}{b}=\frac{460}{250}=1.84<4$$

$$0.25\beta_cf_cbh_0=0.25\times1.0\times11.9\times250\times460=342.1\times10^3\text{N}=342.1\text{kN}$$

$$>V=61.33\text{kN}, 满足要求$$

$$0.7f_tbh_0 = 0.7 \times 1.27 \times 250 \times 460 = 102.2 \times 10^3 \text{N} = 102.2 \text{kN}$$
$$>V = 61.33 \text{kN}, \text{按构造配置箍筋}$$

屋面梁配筋结果：

纵向受力钢筋 3Φ16，架立钢筋 2Φ12，纵向构造钢筋（腰筋）4Φ12；箍筋 Φ6@250，沿梁长度方向均匀配置。

② 楼面梁截面设计

内力计算：

$$g+q = 1.2 \times 15.76 + 1.0 \times 1.4 \times 7.20 = 28.99 \text{kN/m}$$
$$g+q = 1.35 \times 15.76 + 1.0 \times 1.4 \times 0.7 \times 7.20 = 28.33 \text{kN/m}$$

取 $g+q = 28.99 \text{kN/m}$

$$M = \gamma_0 S_d = \gamma_0 \frac{1}{8}(g+q)l_0^2 = 1.0 \times \frac{1}{8} \times 28.99 \times 5.4^2 = 105.67 \text{kN} \cdot \text{m}$$

$$V = \gamma_0 S_d = \gamma_0 \frac{1}{2}(g+q)l_n = \frac{1}{2} \times 28.99 \times (5.4-0.24) = 74.79 \text{kN}$$

正截面设计（配置纵向受力钢筋）：

$$x = 460 - \sqrt{460^2 - \frac{2 \times 105.67 \times 10^6}{1.0 \times 11.9 \times 250}} = 85.1 \text{mm} < \xi_b h_0 = 238.3 \text{mm}, \text{不会超筋}$$

$$A_s = \frac{\alpha_1 f_c bx}{f_y} = \frac{1.0 \times 11.9 \times 250 \times 85.1}{360} = 703 \text{mm}^2$$

$$\rho = \frac{A_s}{bh} = \frac{703}{250 \times 500} = 0.56\% > \rho_{min} = 0.20\%, \text{不会少筋}$$

可选配 3 根直径 18mm 的 HRB400 级钢筋，面积 763mm^2。

斜截面设计（配置箍筋）：

$$0.25\beta_c f_c bh_0 = 342.1 \text{kN} > V = 74.79 \text{kN}, \text{满足要求}$$
$$0.7f_tbh_0 = 102.2 \text{kN} > V = 74.79 \text{kN}, \text{按构造配置箍筋}$$

楼面梁配筋结果：

纵向受力钢筋 3Φ18，架立钢筋 2Φ12，纵向构造钢筋（腰筋）4Φ12；箍筋 Φ6@250，沿梁长度方向均匀配置。

5.5.3 砌体房屋墙体构造要求

为了保证房屋的空间刚度和整体性，防止或减轻墙体开裂，砌体房屋墙体除了满足高厚比要求以外，还应满足下列构造要求。

5.5.3.1 砌体房屋一般构造要求

(1) 板的支承与连接 预制钢筋混凝土板在混凝土圈梁上的支承长度不应小于 80mm，板端伸出的钢筋应与圈梁可靠连接，且同时浇筑；预制钢筋混凝土板在墙上的支承长度不应小于 100mm，且应按下列方法进行连接：

① 板支承于内墙时，板端钢筋伸出长度不应小于 70mm，且与支座处沿墙配置的纵筋绑扎，用强度等级不应低于 C25 的混凝土浇筑成板带；

② 板支承于外墙时，板端钢筋伸出长度不应小于 100mm，且与支座处沿墙配置的纵筋绑扎，用强度等级不应低于 C25 的混凝土浇筑成板带；

③ 预制钢筋混凝土板与现浇板对接时，预制板端钢筋应伸入现浇板中进行连接后，再

浇筑现浇板。

（2）梁、屋架锚固　支承在墙、柱上的吊车梁、屋架及跨度大于或等于9m（支承于砖砌体）或7.2m（支承于砌块和料石砌体）的预制梁端部，应采用锚固件与墙、柱上的垫块锚固，如图5.25所示。

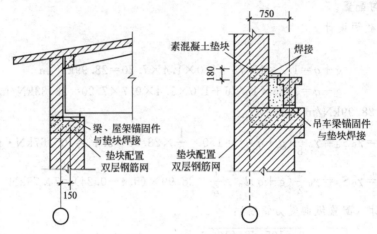

图5.25　梁、屋架锚固

（3）墙体交接处的连接　墙体转角处和纵横墙交接处应沿竖向每隔400～500mm设拉结钢筋，其数量为每120mm墙厚不少于1根直径6mm的钢筋；或采用焊接钢筋网片，埋入长度从墙的转角或交接处算起，对实心砖墙每边不小于500mm，多孔砖墙和砌块墙每边不小于700mm。

（4）预埋管线　不应在截面长边小于500mm的承重墙、独立柱内埋设管线；不宜在墙体中穿行暗线或预留、开凿沟槽，当无法避免时应采取必要的措施或按削弱后的截面验算墙体的承载力。对受力较小或未灌孔的砌块砌体，允许在墙体的竖向孔洞中设置管线。

（5）设置垫块　跨度大于6m的屋架和跨度大于4.8m（对砖砌体）、4.2m（对砌块和料石砌体）、3.9m（对毛石砌体）的梁，应在支承处的砌体上设置混凝土或钢筋混凝土垫块。当墙中设有圈梁时，垫块与圈梁宜浇成整体。

（6）设置壁柱　当梁的跨度大于或等于下列数值时，其支承处宜加设壁柱或采取其他加强措施：①对240mm厚的砖墙为6m；对180mm厚的砖墙为4.8m；②对砌块、料石墙为4.8m。

山墙处的壁柱或构造柱宜砌至山墙顶部，且屋面构件应与山墙可靠拉结。

（7）最小截面尺寸　承重的独立砖柱截面尺寸不应小于240mm×370mm。毛石墙的厚度不宜小于350mm，毛料石柱较小边长不宜小于400mm。当有振动荷载时，墙、柱不宜采用毛石砌体。

（8）自承重墙连接　自承重墙（隔墙、填充墙）应分别采取措施与周边主体结构构件可靠连接，连接构造和嵌缝材料应能满足传力、变形、耐久和防护要求。

（9）砌块砌体的专门要求　砌块砌体应分皮错缝搭砌，上下皮搭砌长度不应小于90mm。当搭砌长度不满足要求时，应在水平灰缝内设置不少于2根、直径不小于4mm的焊接钢筋网片（横向钢筋的间距不应大于200mm，网片每端应伸出该垂直缝不小于300mm）。

砌块墙与后砌隔墙交接处，应沿墙高每400mm在水平灰缝内设置不少于2根、直径不小于 4mm、横筋间距不大于 200mm 的焊接钢筋网片，如图 5.26 所示。

　　混凝土砌块房屋，宜将纵横墙交接处，距墙中心线每边不小于 300mm 范围内的孔洞，采用不低于 Cb20 的灌孔混凝土沿全墙高灌实。

　　混凝土砌块墙体的下列部位，如未设置圈梁或混凝土垫块，应采用不低于 Cb20 混凝土将孔洞灌实：①搁栅、檩条和钢筋混凝土楼板的支承面下，高度不应小于 200mm 的砌体；②屋架、梁等构件的支承面下，长度不应小于 600mm，高度不应小于 600mm

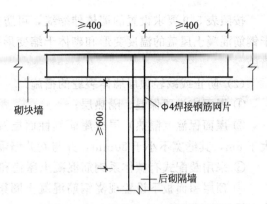

图 5.26　砌块墙与后砌隔墙的连接

的砌体；③挑梁支承面下，距墙中心线每边不应小于 300mm，高度不应小于 600mm 的砌体。

5.5.3.2　防止或减轻墙体开裂的主要措施

　　砌体房屋建成之后，可能出现各种各样的墙体裂缝。裂缝是一种病害，轻者影响外观和使用功能，严重时可危及承载力和稳定性，设计、施工中应引起足够重视。由荷载（直接作用）引起的墙体裂缝称为受力裂缝，而由非荷载原因（砌体收缩、温度湿度变化、地基不均匀沉降等间接作用）引起的墙体裂缝称为非受力裂缝，又称为变形裂缝。调查发现，砌体房屋裂缝中，变形裂缝占 80% 以上，而温度裂缝更为突出。受力裂缝由承载力计算中的适用条件 $e \leqslant 0.6y$ 加以限制，变形裂缝则应分析不同原因，采取相应措施来防止或减轻。

　　（1）防止温差和墙体干缩引起裂缝的措施　为了防止由于温差和干缩引起墙体产生竖向整体裂缝，对房屋墙体长度应予以限制。房屋墙体过长时，应在墙体中设置伸缩缝。伸缩缝应设置在因温度和收缩变形引起应力集中，砌体产生裂缝可能性最大处。伸缩缝的间距不应超过表 5.9 所规定的最大间距。

表 5.9　砌体房屋伸缩缝的最大间距　　　　　　　　　　单位：m

屋盖或楼盖类别		间　距
整体式或装配整体式钢筋混凝土结构	有保温层或隔热层的屋盖、楼盖	50
	无保温层或隔热层的屋盖	40
装配式无檩体系钢筋混凝土结构	有保温层或隔热层的屋盖、楼盖	60
	无保温层或隔热层的屋盖	50
装配式有檩体系钢筋混凝土结构	有保温层或隔热层的屋盖	75
	无保温层或隔热层的屋盖	60
瓦材屋盖、木屋盖或楼盖、轻钢屋盖		100

　　注：1. 对烧结普通砖、烧结多孔砖、配筋砌块砌体房屋，取表中数值；对石砌体、蒸压灰砂普通砖、蒸压粉煤灰普通砖、混凝土砌块、混凝土普通砖和混凝土多孔砖房屋，取表中数值乘以 0.8 的系数，当墙体有可靠外保温措施时，其间距可取表中数值。

　　2. 在钢筋混凝土屋面上挂瓦的屋盖应按钢筋混凝土屋盖采用。

　　3. 层高大于 5m 的烧结普通砖、烧结多孔砖、配筋砌块砌体结构单层房屋，其伸缩缝间距可按表中数值乘以 1.3。

　　4. 温差较大且变化频繁地区和严寒地区不采暖的房屋及构筑物墙体的伸缩缝的最大间距，应按表中数值予以适当减小。

　　5. 墙体的伸缩缝应与结构的其他变形缝相重合，缝宽度应满足各种变形缝的变形要求；在进行立面处理时，必须保证缝隙的变形作用。

按照表 5.9 要求设置的墙体伸缩缝，可防止墙体的整体竖向裂缝，但还不能同时防止由于钢筋混凝土屋盖的温度变形和砌体干缩变形引起的墙体局部裂缝，因此还需采取其他防裂措施。

（2）防止或减轻顶层墙体裂缝的措施

① 屋面应设置保温、隔热层；

② 屋面保温（隔热）层或屋面刚性面层及砂浆找平层应设置分隔缝，分隔缝间距不宜大于 6m，其缝宽不小于 30mm，并与女儿墙隔开；

③ 采用装配式有檩体系钢筋混凝土屋盖和瓦材屋盖；

④ 顶层屋面板下设置现浇钢筋混凝土圈梁，并沿内外墙拉通，房屋两端圈梁下的墙体内宜设置水平钢筋；

⑤ 顶层墙体有门窗等洞口时，在过梁上的水平灰缝内设置 2~3 道焊接钢筋网片或 2 根直径 6mm 钢筋，焊接钢筋网片或钢筋应伸入洞口两端墙内不小于 600mm；

⑥ 顶层及女儿墙砂浆强度等级不低于 M7.5（Mb7.5、Ms7.5）；

⑦ 女儿墙应设置构造柱，构造柱间距不宜大于 4m，构造柱应伸至女儿墙顶并与现浇钢筋混凝土压顶整浇在一起；

⑧ 对顶层墙体施加竖向预应力。

（3）防止或减轻房屋底层墙体裂缝的措施　增大基础圈梁的刚度；在底层的窗台下墙体灰缝内设置 3 道焊接钢筋网片或 2 根直径 6mm 的钢筋，并应伸入两边窗间墙内不小于 600mm。

（4）防止或减轻墙体干缩裂缝的措施　在每层门、窗过梁上方的水平灰缝内及窗台下第一道和第二道水平灰缝内，宜设置焊接钢筋网片或 2 根直径 6mm 的钢筋，焊接钢筋网片或钢筋应伸入两边窗间墙内不小于 600mm。当墙长大于 5m 时，宜在每侧墙体高度中部设置 2~3 道焊接钢筋网片或 3 根直径 6mm 的通长水平钢筋，竖向间距为 500mm。

（5）防止或减轻房屋端部裂缝的措施　房屋两端和底层第一、第二开间门窗洞口处，容易出现裂缝，可采取下列措施予以防止或减轻：

① 在门窗洞口两边墙体的水平灰缝中，设置长度不小于 900mm、竖向间距为 400mm 的 2 根直径 4mm 的焊接钢筋网片。

② 在顶层和底层设置通长钢筋混凝土窗台梁，窗台梁高宜为块材高度的模数，梁内纵筋不少于 4 根，直径不小于 10mm，箍筋直径不小于 6mm，间距不大于 200mm，混凝土强度等级不低于 C20。

③ 在混凝土砌块房屋门窗洞口两侧不少于一个孔洞中设置直径不小于 12mm 的竖向钢筋，竖向钢筋应在楼层圈梁或基础内锚固，孔洞用不低于 Cb20 混凝土灌实。

5.5.3.3　设置钢筋混凝土圈梁

在房屋的檐口、窗顶、楼层、吊车梁顶或基础顶面标高处，沿砌体墙水平方向设置封闭状的按构造配筋的混凝土梁式构件，称为圈梁，如图 5.27 所示。圈梁可以增强房屋的整体性和空间刚度，承担地基不均匀沉降在墙体中引起的弯曲应力，当房屋中部沉降大于两端沉降时，基础顶部圈梁（地圈梁）作用大；当房屋两端沉降大于中部沉降时，位于檐口部位的圈梁（檐口圈梁）作用大。圈梁还可以消除或减轻较大振动荷载对房屋墙体产生的不利影响。

跨过门窗洞口的圈梁，可兼作过梁。

（1）圈梁的设置　厂房、仓库、食堂等空旷单层房屋应按下列规定设置圈梁。

① 砖砌体结构房屋，檐口标高为 5～8m 时，应在檐口标高处设置圈梁一道；檐口标高大于 8m 时，应增加设置数量。

② 砌块及料石砌体结构房屋，檐口标高为 4～5m 时，应在檐口标高处设置圈梁一道；檐口标高大于 5m 时，应增加设置数量。

图 5.27　钢筋混凝土圈梁

③ 对有吊车或较大振动设备的单层工业房屋，当未采取有效的隔振措施时，除在檐口或窗顶标高处设置现浇混凝土圈梁外，尚应增加设置数量。

住宅、办公楼等多层砌体结构民用房屋，且层数为 3～4 层时，应在底层和檐口标高处各设置一道圈梁。当房屋层数超过 4 层时，除应在底层和檐口标高处各设置一道圈梁外，至少应在所有纵、横墙上隔层设置。多层砌体工业房屋，应每层设置现浇混凝土圈梁。设置墙梁的多层砌体结构房屋，应在托梁、墙梁顶面和檐口标高处设置现浇钢筋混凝土圈梁。

采用现浇混凝土楼（屋）盖的多层砌体结构房屋，当房屋层数超过 5 层时，除应在檐口标高处设置一道圈梁外，可隔层设置圈梁，并应与楼（屋）面板一起现浇。未设置圈梁的楼面板嵌入墙内的长度不应小于 120mm，并沿墙长配置不少于 2 根、直径为 10mm 的纵向钢筋。

建筑在软弱地基上的砌体结构房屋，除按上述要求设置圈梁外，尚应符合现行国家标准《建筑地基基础设计规范》（GB 50007—2011）的有关规定：在多层房屋的基础和顶层处应各设置一道，其他各层可隔层设置，必要时也可层层设置；单层工业厂房、仓库，可结合基础梁、地梁、连系梁、过梁等酌情设置。圈梁应设置在外墙、内纵墙和主要内横墙上。

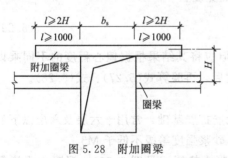

图 5.28　附加圈梁

（2）圈梁的构造要求　圈梁宜连续地设在同一水平面上，并形成封闭状；当圈梁被门窗洞口截断时，应在洞口上部增设相同截面的附加圈梁。附加圈梁与圈梁的搭接长度不应小于其中到中垂直距离的 2 倍，且不得小于1m，如图 5.28 所示。

纵、横墙交接处的圈梁应可靠连接。刚弹性和弹性方案房屋，圈梁应与屋架、大梁等构件可靠连接。

混凝土圈梁的宽度宜与墙厚相同，当墙厚不小于 240mm 时，其宽度不宜小于墙厚的 2/3。圈梁高度不应小于 120mm。纵向钢筋数量不应少于 4 根，直径不应小于 10mm，绑扎接头的搭接长度按受拉钢筋考虑，箍筋间距不应大于 300mm。

圈梁兼作过梁时，过梁部分的钢筋应按计算面积另行增配。

5.6　砌体房屋的下部结构

砌体房屋在地面以下的结构，称为下部结构，包括基础和地下室承重墙。砖石基础应满足地基承载力条件，还需满足自身承载力条件。地下室承重内墙的计算同上部结构，地下室外墙的计算除应考虑上部墙体荷载、本层顶盖荷载、墙体自重以外，还涉及侧压力。

5.6.1 砖石基础设计

按照前述结构计算假设，单层砌体房屋基础顶面承受偏心压力作用，多层砌体房屋基础顶面承受轴心压力作用。承重墙下基础通常采用条形基础，沿长度方向取 1m 计算，荷载也按单位长度计算。由地基承载力条件确定基础底面尺寸（基底宽度 b），一般不需验算地基变形。砖基础和毛石基础自身的安全由台阶的宽高比来保证，不需进行承载力计算。

5.6.1.1 基础底面尺寸

轴心荷载作用下，基底压力均匀分布，计算底面积 $A=1\times b=b$，地基承载力条件为：

$$p_k=\frac{F_k+G_k}{A}=\frac{F_k}{b}+\gamma_G d\leqslant f_a \tag{5.26}$$

式中 F_k——作用在基础顶面的轴心压力标准值。

G_k——基础及其台阶上回填土的重力，$G_k=\gamma_G A d$。

γ_G——基础及其台阶上回填土的平均重度，地下水位以上可取 $\gamma_G=20kN/m^3$，地下水位以下应扣除水的浮力，可取 $\gamma_G=10kN/m^3$。

d——基础埋置深度，外墙基础一般为基底到室外地面的距离，当室内外高差较大时，可取基底至室外地面的距离加室内外高差的一半；内墙基础为基础底面到室内地面的距离。

f_a——修正后的地基承载力特征值。

偏心荷载作用下，基底压力梯形分布，可计算平均压力 p_k 和最大压力 p_{kmax}。设偏心距为 e，则地基承载力条件为：

$$p_k=F_k/b+\gamma_G d\leqslant f_a \tag{5.27}$$

$$p_{kmax}=p_k(1+6e/b)\leqslant 1.2f_a \tag{5.28}$$

由式(5.26)得到轴心荷载作用下条形基础的底面宽度：

$$b\geqslant\frac{F_k}{f_a-\gamma_G d} \tag{5.29}$$

对于偏心受压基础，通常也按式(5.29)计算，但应将其结果根据偏心程度的不同乘以放大系数 $1.1\sim1.4$，以此确定 b。初步确定基底宽度后，再验算式(5.27)、式(5.28)。

5.6.1.2 基础设计

(1) 砖基础剖面设计 砖基础是应用最广泛的无筋扩展基础，常用于六层及六层以下的民用建筑和工业厂房。块材强度等级不低于 MU10，砂浆强度等级不低于 M5。

砖基础在基础底面以下一般先做 100mm 厚的混凝土垫层（见图 5.29），混凝土强度等级可取为 C10 或 C15，垫层每边自基底边缘伸出 $50\sim100mm$。设计时混凝土垫层不作为基础的结构部分，即垫层厚度不计入基础的埋深之内，垫层的宽度也不计入基础的底面宽度之内。

砖基础的尺寸应符合砖的模数，剖面为阶梯形，通常砌成大放脚，即可满足台阶宽高比允许值 $1:1.50$ 的要求。每一阶梯挑出长度为砖长的四分之一，对标砖而言就是 60mm。大放脚的砌法有"两皮一收"和"二一间隔收"两种，所谓"两皮一收"就是每砌两皮砖收进 $1/4$ 砖长 [见图 5.29(a)]；所谓"二一间隔收"是指砌两皮砖收进 $1/4$ 砖长，再砌一皮砖收进 $1/4$ 砖长 [见图 5.29(b)]，如此反复进行。在相同底面宽度的情况下，二一间隔收法可

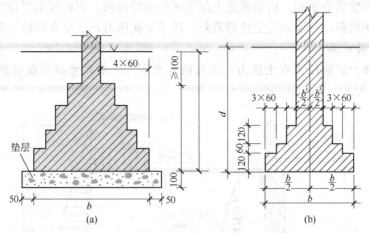

图 5.29　砖基础大放脚砌法

减小基础高度，但为了保证基础的强度，底层需要用两皮一收砌筑。为了施工方便，减少砍砖损耗，大放脚基础的底面宽度应该取砖尺寸的倍数，如 240mm、370mm、490mm 等（尺寸中已包含 10mm 的灰缝在内）。

为了减小基础的高度，可在砖基础的下面设置一个台阶的混凝土基础。混凝土基础的强度等级为 C15，台阶宽高比允许值一般为 1：1.00。当基底平均压力 p_k＞200kPa 时，台阶宽高比允许值为 1：1.25。

（2）毛石基础剖面设计　毛石基础是选用强度较高的未经风化的毛石用 M5 及其以上的砂浆砌筑而成的基础，如图 5.30 所示。由于毛石之间的间隙较大，为了保证锁结力，每一阶梯宜用 3 排或 3 排以上的毛石。毛石基础一般用于地下水位以上，因其抗冻性能较好，在北方可用于 7 层及 7 层以下的建筑物。

图 5.30　毛石基础

阶梯形毛石基础的每阶伸出宽度，不宜大于 200mm。当基底压力 p_k≤100kPa 时，台阶宽高比允许值为 1：1.25；当 100kPa＜p_k≤200kPa 时，台阶宽高比允许值为 1：1.50；当 p_k＞200kPa 时，不应采用毛石基础。

混合结构房屋除采用砖石基础、混凝土基础等无筋扩展基础以外，还可以采用钢筋混凝土基础（即扩展基础）。

5.6.2　地下室外墙计算

有地下室的混合结构房屋，地下室顶板通常采用现浇或装配钢筋混凝土楼盖，地坪为 C15 素混凝土，墙体为砌体结构。地下室横墙间距较小，结构静力计算方案为刚性方案；墙体比较厚，可不验算高厚比。内墙承受上部墙体传来的荷载、顶板传来的荷载和内墙自身重力，其计算方法同前；外墙承受上述荷载外，还承受侧压力，这里介绍地下室外墙计算。

5.6.2.1　侧压力计算

地下室外墙上的侧压力有土压力，还可能有水压力、室外地面荷载引起的外墙侧压力等，如图 5.31 所示。

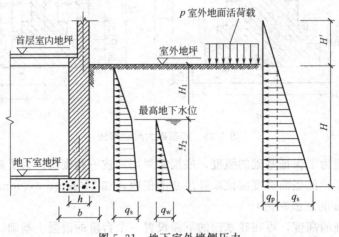

图 5.31　地下室外墙侧压力

（1）土压力　地下室横墙较密，对外墙有支挡作用，可以约束外墙的移动和转动，故可按静止土压力计算。静止土压力沿深度按三角形分布，属于永久荷载。室外地面以下深度为 H 处静止土压力的线荷载为

$$q_s = K_0 B \gamma H \tag{5.30}$$

式中　K_0——静止土压力系数，与回填土的类别、密实程度等因素有关，可按表 5.10 选用；

　　　B——计算单元宽度（受荷宽度）；

　　　γ——回填土的重度，可取 $\gamma = 18 \sim 20 \text{kN/m}^3$。

地下水位以下的土压力，应考虑浮力的影响，并同时考虑水压力。设地下水位在室外地面以下的深度为 H_1，则地下水位以下深度为 H_2 处的土压力线荷载为

$$q_s = K_0 B \gamma H_1 + K_0 B (\gamma_{sat} - \gamma_w) H_2 \tag{5.31}$$

式中　γ_{sat}——回填土的饱和重度；

　　　γ_w——水的重度，一般取 $\gamma_w = 10 \text{kN/m}^3$。

表 5.10　静止土压力系数 K_0 参考值

土的类型和状态	碎石土	砂土	粉土	粉质黏土			黏土		
				硬塑	可塑	软塑及流塑	硬塑	可塑	软塑及流塑
K_0	0.25	0.33	0.33	0.33	0.43	0.54	0.33	0.54	0.72

（2）静水压力　水压力与水的深度成正比，地下水位以下深度为 H_2 处的水压力线荷载为

$$q_w = B \gamma_w H_2 \tag{5.32}$$

（3）室外地面荷载引起的侧压力　室外地面荷载一般包括堆积物、车辆等荷载，属于可

变荷载，应按实际情况取值。一般按均匀分布活载考虑，取 $p = 4 \sim 10 \mathrm{kN/m^2}$。如果堆放物是煤或建筑材料，可取 $p = 10 \mathrm{kN/m^2}$。按土力学的方法，将 p 换算成当量土层，厚度 $H' = p/\gamma$，引起的静止土压力（侧压力）均匀分布，其值 q_p 按式（5.33）计算

$$q_\mathrm{p} = K_0 B \gamma H' = K_0 B p \tag{5.33}$$

5.6.2.2　计算简图

当地下室外墙基础的宽度较小时（$h/b \geqslant 0.7$）的计算简图与刚性方案中墙体的计算简图类似，按两端铰支构件计算，如图 5.32 所示。墙上端铰支于地下室顶盖梁底处，下端铰支于底板顶面；若地下室地面不是现浇混凝土，或基础顶面混凝土尚未达到足够强度就回填土时，墙体下端支点位置应取基础底面处。

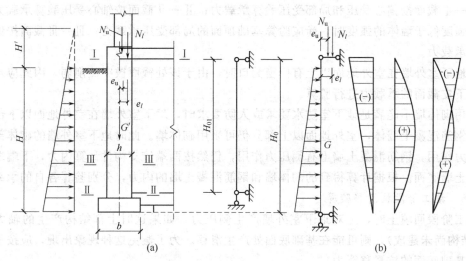

图 5.32　地下室外墙计算简图

当地下室外墙基础的宽度较大时（$h/b < 0.7$），因基础的刚度较大，对墙端的转动有一定约束，墙体下部支座可按部分嵌固考虑。底部约束弯矩或嵌固弯矩可按式（5.34）计算

$$M = \frac{M_0}{1 + \dfrac{3E}{CH}\left(\dfrac{h}{b}\right)^3} \tag{5.34}$$

式中　M_0——按地下室下支点完全固定时计算的固端弯矩；

　　　E——砌体的弹性模量；

　　　C——地基的刚度系数，可按表 5.11 采用；

　　　H——地下室顶盖底面至基础底面的距离。

表 5.11　地基刚度系数 C

地基承载力特征值/kPa	地基刚度系数 C/(kN/m³)
$\leqslant 150$	$\geqslant 30000$
300	60000
600	100000
> 600	> 100000

5.6.2.3　内力计算

在上部墙体荷载 N_u，首层梁板传来的荷载 N_l 作用下，墙体中产生轴力和弯矩。其中

弯矩在地下室顶盖梁底面处最大，墙底部为零，其间按倒三角形分布。

侧压力作用下，墙体也产生弯矩。土压力引起的弯矩按三次抛物线分布，室外地面活荷载引起的墙体弯矩按二次抛物线分布。最大弯矩发生在墙体中部某一截面，可由材料力学方法求得。

内力计算时选取三个控制截面：墙体上部 I—I 截面，轴力 $N_I = N_u + N_l$，弯矩 $M_I = N_u e_u + N_l e_l$；下部 II—II 截面，轴力 $N_{II} = N_I + G$；中部最大弯矩截面 III—III，轴力 $N_{III} = N_I + G(x)$，弯矩 $M_{max} = M(x)$。

求得各控制截面内力后，应进行不利组合。

5.6.2.4 截面验算

I—I 截面按偏心受压和局部受压验算承载力；II—II 截面按轴心受压验算承载力，当基础的强度低于墙体的强度时，尚应验算基础顶面的局部受压承载力；III—III 截面按偏心受压验算承载力。

当地下室外墙在室外地面以上有门窗洞口时，由于该处截面被突然削弱，因此应对洞口上皮及下皮截面的承载力进行验算。

采用砌体墙不能满足地下室防水要求或人防要求时，地下室外墙在室外地面以下部分通常采用钢筋混凝土墙体，室外地面以上部分仍可采用砌体墙。此时地下室外墙的砌体部分不受侧压力作用，钢筋混凝土墙上有侧压力作用，仍然按两端铰支构件计算内力，下端取至钢筋混凝土墙底面。根据计算得到的砌体墙和钢筋混凝土墙的内力，分别验算各自的承载力。

5.6.2.5 施工阶段抗滑移验算

施工阶段回填土时，土对地下室外墙产生侧压力。如果这时上部结构产生的轴力较小（上部结构尚未建成），则可能在基础底面处产生滑移。为了避免这种现象出现，应按下列公式验算基础底面的抗滑移能力：

$$1.2V_{sk} + 1.4V_{pk} \leqslant 0.8\mu N_k \tag{5.35}$$

$$1.35V_{sk} + 0.98V_{pk} \leqslant 0.8\mu N_k \tag{5.36}$$

式中 V_{sk}——土压力合力的标准值；

$\quad V_{pk}$——室外地面施工活荷载产生的侧压力合力的标准值；

$\quad \mu$——基础与土的摩擦系数，按表 5.12 选用；

$\quad N_k$——回填土时基础底面实际存在的轴力的标准值。

如果上部结构建成后再回填土，则不需验算基础底面的抗滑移承载力。

表 5.12 摩擦系数

材料类别	摩擦面情况	
	干燥	潮湿
砌体沿砂或卵石滑动	0.60	0.50
砌体沿粉土滑动	0.55	0.40
砌体沿黏性土滑动	0.50	0.30

【例5.5】 某四层混合结构办公楼的地下室，其开间尺寸为 3.6m，进深尺寸为 5.7m（均为轴线间距），横墙间距 $s = 10.8m$。地下水位位于地下室基础底面以下，地下室顶盖钢筋混凝土大梁的截面尺寸为 200mm×500mm，支承长度 240mm；梁底到基础底面的高度为 3260mm，室外地面至梁底的土层厚度为 190mm；地下室外墙采用 MU30 毛料石（石灰

石)、M7.5 水泥砂浆砌筑,墙厚 600mm,双面水泥砂浆粉刷,厚度 20mm。上部墙体截面形心与地下室外墙截面形心位于同一轴线上,且已知作用于地下室顶盖大梁底面的荷载如下:

上部恒载产生的轴力标准值 95kN/m;

上部活载产生的轴力标准值 21kN/m;

大梁传来的恒载产生的轴力标准值 $N_{lGk}=41$kN;

大梁传来的活载产生的轴力标准值 $N_{lQk}=12.8$kN;

毛料石砌体的自重 24.0kN/m³,20mm 厚水泥砂浆粉刷墙面自重 0.36kN/m²;回填土重度 18kN/m³;室外地面活载标准值 8kN/m²。取静止土压力系数 $K_0=0.33$。施工质量控制等级为 B 级,结构安全等级为二级,设计使用年限为 50 年,试验算该地下室外墙的承载力。

【解】 (1) 计算单元

取一个开间的墙体作为计算单元,$B=3.6$m。上端支点取在顶盖大梁底面,不考虑基础嵌固影响,下端支点取在基础底面处,构件长度 $H=2760+500=3260$mm,计算简图如图 5.33 所示。

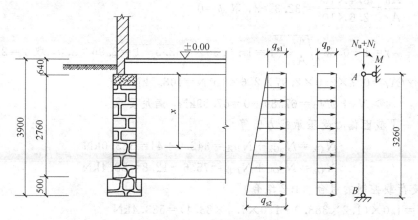

图 5.33　例 5.5 图

毛料石砌体,$\gamma_\beta=1.5$;构件截面面积 $A=3.6\times0.6=2.16$m²;刚性方案房屋,横墙间距 $s=10.8$m$>2H=2\times3.26=6.52$m,墙体的计算高度 $H_0=1.0H=1.0\times3260=3260$mm。承载力计算时的高厚比:

$$\beta=\gamma_\beta\frac{H_0}{h}=1.5\times\frac{3260}{600}=8.15$$

(2) 外力计算

地下室外墙顶位于室外地面以下 $H_1=190$mm,故土压力呈梯形分布。土压力标准值:

$$q_{s1k}=K_0B\gamma H_1=0.33\times3.6\times18\times0.19=4.06\text{kN/m}$$

$$q_{s2k}=K_0B\gamma(H_1+H)=0.33\times3.6\times18\times(0.19+3.26)=73.77\text{kN/m}$$

室外地面活荷载产生的侧压力标准值:$q_{pk}=K_0Bp=0.33\times3.6\times8=9.50$kN/m

上部荷载标准值:$N_{uGk}=95\times3.6=342.0$kN,$N_{uQk}=21\times3.6=75.6$kN

顶盖大梁传来荷载标准值:$N_{lGk}=41$kN,$N_{lQk}=12.8$kN

MU30 毛料石、M7.5 水泥砂浆砌筑的砌体,抗压强度设计值 $f=2.97$MPa

$$a_0 = 10\sqrt{\frac{h_c}{f}} = 10 \times \sqrt{\frac{500}{2.97}} = 130\text{mm} < a = 240\text{mm}$$

$$e_l = 0.5h - 0.4a_0 = 0.5 \times 600 - 0.4 \times 130 = 248\text{mm}$$

墙体自重标准值：

单位高度自重　$g_k = 24.0 \times 3.6 \times 0.6 + 0.36 \times 3.6 \times 2 = 54.43\text{kN/m}$

墙体总重　　　$G_k = g_k H = 54.43 \times 3.26 = 177.4\text{kN}$

(3) Ⅰ—Ⅰ截面梁端下砌体局部受压承载力验算

梁端反力设计值

荷载基本组合 $\gamma_0 = 1.0, \gamma_L = 1.0, \gamma_Q = 1.4, \psi_c = 0.7$

1.2 组合梁端反力：$N_l = 1.0 \times (1.2 \times 41 + 1.0 \times 1.4 \times 12.8) = 67.12\text{kN}$

1.35 组合梁端反力：$N_l = 1.0 \times (1.35 \times 41 + 1.0 \times 1.4 \times 0.7 \times 12.8) = 67.89\text{kN}$

承载力验算

$$A_l = a_0 b = 130 \times 200 = 2.6 \times 10^4 \text{mm}^2$$

$$A_0 = (600 + 200 + 600) \times 600 = 8.4 \times 10^5 \text{mm}^2$$

$$\frac{A_0}{A_l} = \frac{8.4 \times 10^5}{2.6 \times 10^4} = 32.3 > 3, \text{ 取 } \psi = 0$$

$$\gamma = 1 + 0.35\sqrt{\frac{A_0}{A_l} - 1} = 1 + 0.35 \times \sqrt{32.3 - 1} = 2.96 > 2.0, \text{ 取 } \gamma = 2.0$$

$$\eta\gamma f A_l = 0.7 \times 2.0 \times 2.97 \times 2.6 \times 10^4 \text{N} = 108.1\text{kN}$$

$$> N_l + \psi N_0 = 67.89 + 0 = 67.89\text{kN}, \text{满足要求}$$

(4) Ⅰ—Ⅰ截面偏心受压承载力验算

$$N_{Gk} = N_{uGk} + N_{lGk} = 342.0 + 41 = 383.0\text{kN}$$

$$N_{Qk} = N_{uQk} + N_{lQk} = 75.6 + 12.8 = 88.4\text{kN}$$

① 可变荷载控制的组合（1.2 组合）

$$N = 1.0 \times (1.2 \times 383.0 + 1.0 \times 1.4 \times 88.4) = 583.4\text{kN}$$

$$e = \frac{M}{N} = \frac{N_l e_l}{N} = \frac{67.12 \times 248}{583.4} = 28.5\text{mm} < 0.6y = 0.6 \times 300 = 180\text{mm}$$

$$\frac{e}{h} = \frac{28.5}{600} = 0.0475$$

$$\varphi = \frac{1}{1 + 12(e/h + \beta\sqrt{\alpha/12})^2} = \frac{1}{1 + 12 \times (0.0475 + 8.15 \times \sqrt{0.0015/12})^2}$$

$$= \frac{1}{1 + 12 \times (0.0475 + 0.0911)^2} = 0.813$$

$$\varphi f A = 0.813 \times 2.97 \times 2.16 \times 10^3 = 5216\text{kN} > N = 583.4\text{kN}, \text{满足要求}$$

② 永久荷载控制的组合（1.35 组合）

$$N = 1.0 \times (1.35 \times 383.0 + 1.0 \times 1.4 \times 0.7 \times 88.4) = 603.7\text{kN}$$

$$e = \frac{M}{N} = \frac{N_l e_l}{N} = \frac{67.89 \times 248}{603.7} = 27.9\text{mm} < 0.6y = 0.6 \times 300 = 180\text{mm}$$

$$\frac{e}{h} = \frac{27.9}{600} = 0.0465$$

$$\varphi=\frac{1}{1+12\times(0.0465+0.0911)^2}=0.815$$

$\varphi fA=0.815\times2.97\times2.16\times10^3=5220\text{kN}>N=603.7\text{kN}$，满足要求

（5）Ⅱ—Ⅱ截面轴心受压承载力

Ⅱ—Ⅱ截面的轴力为Ⅰ—Ⅰ截面的轴力加上墙体自重，分别按1.2组合和1.35组合。

1.2 组合的轴力：$N=583.4+1.0\times1.2\times177.4=796.3\text{kN}$

1.35 组合的轴力：$N=603.7+1.0\times1.35\times177.4=843.2\text{kN}$

$$\varphi=\frac{1}{1+\alpha\beta^2}=\frac{1}{1+0.0015\times8.15^2}=0.909$$

$\varphi fA=0.909\times2.97\times2.16\times10^3=5831\text{kN}>N=843.2\text{kN}$，满足要求

（6）Ⅲ—Ⅲ截面偏心受压承载力

① Ⅲ—Ⅲ截面位置。Ⅲ—Ⅲ截面的弯矩最大，以此确定截面位置。墙体截面弯矩一部分由侧压力引起，另一部分则由梁端反力偏心所引起，可分别计算，最后叠加。

侧压力设计值由 q_{sk} 和 q_{pk} 进行组合，仍然按梯形分布。设上端 A 的压力设计值为 p_A，下端 B 的压力设计值为 p_B，计算简图如图 5.34(a) 所示。由

$$\sum M_B(F)=0:\quad R_A H-p_A H\times\frac{H}{2}-\frac{1}{2}(p_B-p_A)H\times\frac{H}{3}=0$$

解得支座反力

$$R_A=\frac{1}{6}(2p_A+p_B)H$$

距离顶端为 x 的截面上，由侧压力引起的弯矩为

$$M_1(x)=R_A x-\frac{1}{2}p_A x^2-\frac{1}{6H}(p_B-p_A)x^3$$

梁端反力 N_l 偏心引起 A 端弯矩 $N_l e_l$，B 端弯矩为零，如图 5.34(b) 所示。以内侧受拉为正，则距离顶端为 x 的截面上由梁端反力偏心引起的弯矩为

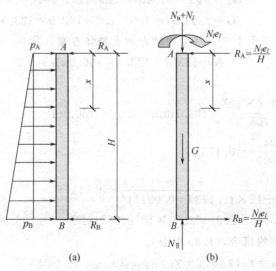

图 5.34　地下室外墙截面弯矩计算简图

$$M_2(x)=-\left(1-\frac{x}{H}\right)N_l e_l$$

墙体任意截面上的弯矩为上述两项之和，即

$$M = M_1(x) + M_2(x) = R_A x - \frac{1}{2} p_A x^2 - \frac{1}{6H}(p_B - p_A)x^3 - \left(1 - \frac{x}{H}\right)N_l e_l$$

由极值条件

$$\frac{\mathrm{d}M}{\mathrm{d}x} = R_A + \frac{N_l e_l}{H} - p_A x - \frac{1}{2H}(p_B - p_A)x^2 = 0$$

解出 x，唯一确定Ⅲ—Ⅲ截面的位置，并计算出相应弯矩。

② 由可变荷载控制的组合（1.2 组合）。

$$p_A = \gamma_0(\gamma_G q_{s1k} + \gamma_L \gamma_Q q_{pk})$$
$$= 1.0 \times (1.2 \times 4.06 + 1.0 \times 1.4 \times 9.50) = 18.2 \text{kN/m}$$
$$p_B = \gamma_0(\gamma_G q_{s2k} + \gamma_L \gamma_Q q_{pk})$$
$$= 1.0 \times (1.2 \times 73.77 + 1.0 \times 1.4 \times 9.50) = 101.8 \text{kN/m}$$
$$N_l = 67.12 \text{kN}, \quad e_l = 0.248 \text{m}$$
$$R_A = \frac{1}{6}(2p_A + p_B)H = \frac{1}{6} \times (2 \times 18.2 + 101.8) \times 3.26 = 75.1 \text{kN}$$

求解 x 的方程

$$75.1 + \frac{67.12 \times 0.248}{3.26} - 18.2x - \frac{1}{2 \times 3.26} \times (101.8 - 18.2)x^2 = 0$$

即

$$x^2 + 1.419x - 6.255 = 0$$

解得 $x = 1.89\text{m}$，相应的弯矩为

$$M = 75.1 \times 1.89 - \frac{1}{2} \times 18.2 \times 1.89^2 - \frac{101.8 - 18.2}{6 \times 3.26} \times 1.89^3 - \left(1 - \frac{1.89}{3.26}\right) \times 67.12 \times 0.248$$
$$= 73.6 \text{kN} \cdot \text{m}$$

墙体自重：

$$G_k = g_k x = 54.43 \times 1.89 = 102.9 \text{kN}$$
$$G = \gamma_0 \gamma_G G_k = 1.0 \times 1.2 \times 102.9 = 123.5 \text{kN}$$

Ⅲ—Ⅲ截面的轴力等于Ⅰ—Ⅰ截面的轴力加上墙体自重，所以

$$N = 583.4 + 123.5 = 706.9 \text{kN}$$

承载力验算：

$$e = \frac{M}{N} = \frac{73.6 \times 10^3}{706.9} = 104.1 \text{mm} < 0.6y = 180 \text{mm}$$

$$\frac{e}{h} = \frac{104.1}{600} = 0.1735$$

$$\varphi = \frac{1}{1 + 12 \times (0.1735 + 0.0911)^2} = 0.543$$

$$\varphi f A = 0.543 \times 2.97 \times 2.16 \times 10^3 = 3483 \text{kN} > N = 706.9 \text{kN}，满足要求$$

③ 由永久荷载控制的组合（1.35 组合）。

$$p_A = \gamma_0(\gamma_G q_{s1k} + \gamma_L \gamma_Q \psi_c q_{pk})$$
$$= 1.0 \times (1.35 \times 4.06 + 1.0 \times 1.4 \times 0.7 \times 9.50) = 14.8 \text{kN/m}$$
$$p_B = \gamma_0(\gamma_G q_{s2k} + \gamma_L \gamma_Q \psi_c q_{pk})$$
$$= 1.0 \times (1.35 \times 73.77 + 1.0 \times 1.4 \times 0.7 \times 9.50) = 108.9 \text{kN/m}$$

$$N_l=67.89\text{kN},\ e_l=0.248\text{m}$$

$$R_\text{A}=\frac{1}{6}(2p_\text{A}+p_\text{B})H=\frac{1}{6}\times(2\times14.8+108.9)\times3.26=75.3\text{kN}$$

求解 x 的方程

$$75.3+\frac{67.89\times0.248}{3.26}-14.8x-\frac{1}{2\times3.26}\times(108.9-14.8)x^2=0$$

即
$$x^2+1.026x-5.575=0$$

解得 $x=1.90\text{m}$，相应的弯矩为

$$M=75.3\times1.90-\frac{1}{2}\times14.8\times1.90^2-\frac{108.9-14.8}{6\times3.26}\times1.90^3-\left(1-\frac{1.90}{3.26}\right)\times67.89\times0.248$$

$$=76.3\text{kN}\cdot\text{m}$$

墙体自重：$G_k=g_kx=54.43\times1.90=103.4\text{kN}$

$$G=\gamma_0\gamma_GG_k=1.0\times1.35\times103.4=139.6\text{kN}$$

截面轴力：$N=603.7+139.6=743.3\text{kN}$

承载力验算：

$$e=\frac{M}{N}=\frac{76.3\times10^3}{743.3}=102.7\text{mm}<0.6y=180\text{mm}$$

$$\frac{e}{h}=\frac{102.7}{600}=0.1712$$

$$\varphi=\frac{1}{1+12\times(0.1712+0.0911)^2}=0.548$$

$\varphi fA=0.548\times2.97\times2.16\times10^3=3516\text{kN}>N=743.3\text{kN}$，满足要求。

结论：本地下室外墙承载力满足要求。

本 章 小 结

混合结构房屋的结构布置，是保证房屋结构安全可靠和正常使用的关键。承重结构布置方案有横墙承重方案、纵墙承重方案、纵横墙承重方案、内框架承重方案和底部框架承重方案等，各有优缺点和适用范围。

房屋空间作用的强弱，用空间性能影响系数 η 表示，其值大说明房屋空间刚度差，其值小说明房屋空间刚度好。根据空间作用强弱不同，混合结构房屋静力计算方案分为刚性方案、弹性方案和刚弹性方案三种，其中刚性方案和刚弹性方案横墙的厚度、洞口面积、长度等应满足相应要求，否则应验算横墙顶的最大水平位移 $u_{\max}\leqslant H/4000$。

高厚比验算是保证墙、柱整体稳定和房屋空间刚度的一项构造措施，以防止墙、柱在施工和使用期间因偶然的撞击或振动等因素出现歪斜、臌肚以致倒塌等失稳现象。承重墙和自承重墙均需验算高厚比，根据具体情况可分为矩形截面墙柱高厚比验算、带壁柱墙高厚比验算（整片墙、壁柱间墙）和带构造柱墙高厚比验算（整片墙、构造柱间墙）。

单层房屋静力计算简图与静力计算方案有关。刚性方案墙柱下端与基础顶面固接，上端为不动铰支座；弹性方案墙柱下端与基础顶面固接，上端与屋架铰接，形成有侧移的平面排架；刚弹性方案的计算简图是在弹性方案的基础上，考虑空间作用，在墙柱顶处加上一个水平弹性支座。控制截面可取墙柱顶部Ⅰ—Ⅰ、底部Ⅱ—Ⅱ和中部弯矩最大处Ⅲ—Ⅲ。

多层混合结构房屋通常设计成刚性方案。竖向荷载作用下，墙体在每层高度范围内简化

为两端铰支的竖向构件,顶部偏心受压、底部轴心受压;水平荷载作用下墙体视为竖向多跨连续梁,计算端弯矩和中部弯矩,同时考虑竖向荷载和水平荷载作用的房屋墙体,顶部、底部和中部都是偏心受压。当外墙洞口面积、层高和总高、屋面自重满足规定要求时,可不考虑风荷载。

砌体房屋除应进行墙柱承载力计算和高厚比验算外,还应满足一般构造要求,以保证结构的耐久性、整体性和空间刚度。引起墙体开裂的主要因素是温度收缩变形和地基不均匀沉降,除按规定设置伸缩缝、圈梁以外,还应在易裂部位的水平灰缝内设置钢筋或钢筋网片等加强措施。

下部结构包括基础和地下室墙。砖石基础按地基承载力条件确定底面积,用台阶宽高比不超过允许值来保证自身安全(承载力)。地下室墙体按刚性方案计算内力,计算简图为两端铰支的竖向构件,内墙计算同一般楼层,外墙计算时需要考虑上部墙体传来的荷载、本层楼盖梁传来的荷载、室外地面荷载、土压力和水压力等。

思 考 题

5.1 混合结构房屋的结构布置方案有哪些?其特点是什么?

5.2 空间性能影响系数的物理意义是什么?有哪些主要影响因素?

5.3 单层混合结构房屋的静力计算方案有哪几种?如何判别?

5.4 刚性方案和刚弹性方案房屋的横墙有什么要求?

5.5 验算墙、柱高厚比的目的是什么?

5.6 壁柱间墙的局部稳定如何保证?

5.7 为何要对开有洞口的墙的允许高厚比进行折减?

5.8 多层混合结构房屋墙体承载力验算时,怎样选取控制截面?

5.9 什么情况下不考虑风荷载的影响?

5.10 一般砌体房屋中圈梁的作用是什么?

5.11 引起墙体开裂的主要因素是什么?

5.12 为了防止或减轻顶层墙体的裂缝,可采取哪些措施?

5.13 如何设计砖石基础?

5.14 地下室外墙计算时需要考虑哪些荷载?

5.15 地下室外墙上的土压力为何按静止土压力计算,而不按主动土压力、被动土压力计算?如何确定静止土压力系数?

选 择 题

5.1 影响房屋空间工作性能的主要因素是( )。

A. 块材和砂浆强度等级　　　B. 墙的高厚比

C. 是否设置圈梁　　　D. 屋盖(楼盖)类别和横墙间距

5.2 刚性和刚弹性方案房屋的横墙有洞口时,洞口的水平截面面积不应超过横墙截面面积的( )。

A. 30%　　　B. 50%

C. 60%　　　D. 75%

5.3 混合结构房屋静力计算方案中,空间刚度最好的是( )。

A. 刚性方案　　　　　　　　　　　　B. 刚弹性方案

C. 弹性方案　　　　　　　　　　　　D. 内框架承重方案

5.4　砖混结构房屋，现浇钢筋混凝土楼盖，横墙间距 12m，则静力计算方案为（　　）。

A. 弹性方案　　　　　　　　　　　　B. 塑性方案

C. 刚性方案　　　　　　　　　　　　D. 刚弹性方案

5.5　无洞口承重墙允许高厚比的修正系数 $\mu_2 =$（　　）。

A. 1.0　　　　　　　　　　　　　　B. 1.2

C. 1.5　　　　　　　　　　　　　　D. 1.8

5.6　验算壁柱间墙的高厚比，确定计算高度 H_0 时，s 应取相邻（　　）。

A. 横墙间距　　　　　　　　　　　　B. 壁柱间的距离

C. 纵墙间距　　　　　　　　　　　　D. 山墙间距

5.7　T 形截面、十字形截面墙的高厚比计算中，厚度应取（　　）。

A. 折算厚度　　　　　　　　　　　　B. 最大厚度

C. 最小厚度　　　　　　　　　　　　D. 平均厚度

5.8　为了减小高厚比，满足墙、柱的稳定性要求，可采取的措施有：(1) 减小横墙间距；(2) 降低层高；(3) 加大砌体厚度；(4) 提高砂浆强度等级；(5) 减小洞口尺寸；(6) 减小荷载值；(7) 提高块体强度。以下答案中何者为正确？（　　）

A. (1)(2)(3)(4)(5)　　　　　　　　B. (2)(3)(4)(5)(6)

C. (1)(2)(3)(5)(7)　　　　　　　　D. (3)(4)(5)(6)(7)

5.9　在竖向荷载作用下，刚性方案多层砌体结构房屋承重纵墙的计算简图是（　　）。

A. 竖向连续构件　　　　　　　　　　B. 有侧移平面排架

C. 每层高度内铰支　　　　　　　　　D. 无侧移平面排架

5.10　刚性方案多层房屋的外墙，符合下列要求时，静力计算可不考虑风荷载的影响。

(1) 屋面自重不小于 0.8kN/m²；

(2) 基本风压 0.4kN/m²，层高≤4m，房屋的总高≤28m；

(3) 基本风压 0.6kN/m²，层高≤4m，房屋的总高≤24m；

(4) 洞口水平截面面积不超过全截面面积的 2/3。

正确答案是（　　）。

A. (1)(3)(4)　　　　　　　　　　　B. (1)(2)(4)

C. (1)(4)　　　　　　　　　　　　D. (2)(4)

5.11　砖砌体结构房屋，跨度大于下列数值的梁，其支承面下的砌体应设置钢筋混凝土垫块或混凝土垫块。答案为：（　　）。

A. 4.8m　　　　　　　　　　　　　B. 6.0m

C. 7.5m　　　　　　　　　　　　　D. 9.0m

5.12　下列情况下，允许伸缩缝间距最大的是（　　）。

A. 现浇钢筋混凝土楼盖（屋盖），有保温层

B. 现浇钢筋混凝土楼盖（屋盖），无保温层

C. 装配式钢筋混凝土楼盖（屋盖），有保温层

D. 装配式钢筋混凝土楼盖（屋盖），无保温层

5.13　当墙厚≤240mm，梁跨度≥6.0m 时，请从下列构造中选出最佳构造措施。正确

答案为（　　）。

    A. 加大墙的厚度

    B. 在梁下的墙部位加设壁柱

    C. 在梁下支承面下的砌体设置混凝土垫块

    D. 同时在梁下支承处设置壁柱和混凝土垫块

计 算 题

5.1　某刚性方案房屋的承重砖柱截面尺寸为 490mm×370mm，柱顶标高 4.2m，基础顶面标高 −0.3m，用 M5 混合砂浆砌筑。试验算柱的高厚比。

5.2　某混合结构多层房屋，底层平面如图 5.35 所示。墙体采用 MU10 烧结普通砖和 M5 混合砂浆砌筑，墙厚 240mm。钢筋混凝土现浇楼盖。底层高 4.65m（基础顶面至板顶高度），窗宽均为 1500mm，门宽为 1000mm。试验算各墙的高厚比。

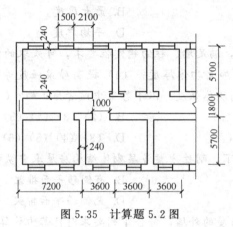

图 5.35　计算题 5.2 图

5.3　某无吊车单层厂房，长 24m，宽 12m，布置如图 5.36 所示。墙高 5m，采用 MU15 烧结普通砖、M5 混合砂浆砌筑，质量控制等级为 B 级，构造柱为 240mm×240mm，1 类屋盖。取相邻窗户中心线之间的纵墙为计算单元，荷载作用宽度 $B=6m$，窗间墙为计算截面。柱顶集中风荷载标准值 $F_{wk}=0.6kN$，迎风面均布荷载 $q_{1k}=1.4kN/m$，背风面均布荷载 $q_{2k}=1.0kN/m$，屋面恒载标准值 3.84kN/m²，屋面活载标准值 0.5kN/m²。试验算纵墙的高厚比，并验算纵墙承载力。（砖砌体的重力密度取 19kN/m³。）

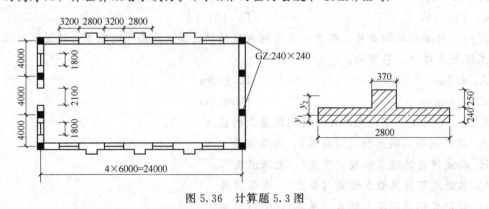

图 5.36　计算题 5.3 图

5.4　某四层职工宿舍楼，横墙承重方案，平面布置如图 5.37 所示。墙体厚度为

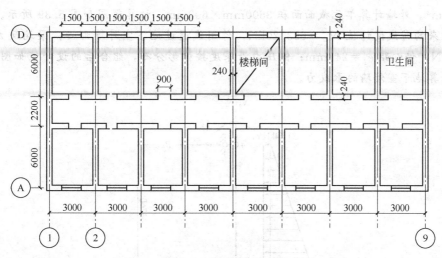

图 5.37　计算题 5.4 图

240mm，由 MU10 烧结普通砖和 M5 混合砂浆砌筑而成，双面粉刷，施工质量控制等级为 B 级。层高为 3.0m，底层高 3.95m（自基础顶面到楼板顶面），窗高 1.6m。屋面、楼面的构造做法按相应规范操作，屋面恒载标准值 3.54kN/m²、活载标准值 0.5kN/m²；楼面恒载标准值 2.94kN/m²、活载标准值 2.0kN/m²。240mm 厚墙体双面粉刷自重 5.24kN/m²，铝合金窗自重 0.25kN/m²。基本风压 0.40kN/m²，基本雪压 0.30kN/m²。试验算各墙的高厚比和横墙的承载力。

5.5　某三层办公楼的平面、剖面如图 5.38 所示，采用装配式混凝土楼盖，板跨 3.3m，大梁截面尺寸为 250mm×500mm。墙体厚度为 240mm，由 MU10 烧结普通砖和 M5 混合砂浆砌筑而成，双面粉刷，施工质量控制等级为 B 级。窗高 1.8m，铝合金玻璃窗。屋面、楼面的构造做法按相应规范进行，屋面恒载标准值 3.54kN/m²、活载标准值 0.5kN/m²；楼面恒载标准值 2.94kN/m²、活载标准值 2.0kN/m²。240mm 厚墙体双面粉刷自重 5.24kN/m²，铝合金窗自重 0.25kN/m²。基本风压 0.45kN/m²，基本雪压 0.30kN/m²。试验算外纵墙的高厚比和承载力。

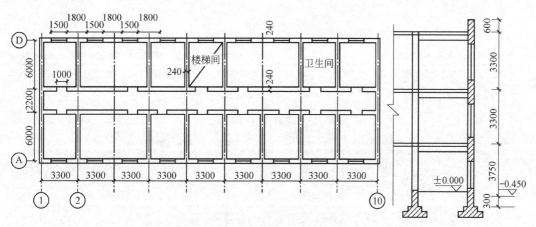

图 5.38　计算题 5.5 图

5.6　某办公楼的地下室外墙，厚度 600mm，由 MU30 毛料石、M7.5 水泥砂浆砌筑而成，单面水泥砂浆抹面，厚度 20mm。毛料石砌体自重 24.0kN/m³，水泥砂浆自重

$20.0 \mathrm{kN/m^3}$。外墙计算单元截面面积 $3600\mathrm{mm} \times 600\mathrm{mm}$，计算简图如图 5.39 所示。已知上部墙体传来的荷载设计值 $N_\mathrm{u} = 693.20\mathrm{kN}$，作用线通过地下室外墙形心；梁端反力设计值 $N_l = 65\mathrm{kN}$，偏心距 $e_l = 248\mathrm{mm}$；侧压力沿深度按梯形分布，组合后的设计值如图 5.39 所示。试验算地下室外墙的承载力。

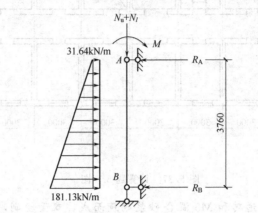

图 5.39 计算题 5.6 图

第6章 挑梁、过梁和墙梁

┌─ 内容提要 ─────────────────────────────────────

　　本章首先介绍挑梁的受力特点及破坏形态，挑梁的设计计算和构造要求；其次讲述过梁分类、荷载取值及设计计算；最后比较详细地叙述墙梁的受力特点和破坏形态，墙梁上的荷载确定和墙梁的设计方法。设计混凝土挑梁、过梁和墙梁中的托梁时，涉及混凝土结构基本原理，同时还要进行砌体承载力验算，知识面要求较广。

└──

　　混合结构房屋水平承重结构或构件，包括屋盖（楼盖）、楼梯、雨篷、挑梁、过梁和墙梁等，混凝土屋盖（楼盖）、楼梯等的设计在《混凝土结构设计》课程中专门一章"梁板结构"详细讲述，这里介绍挑梁、过梁和墙梁的设计计算和构造措施。

6.1 挑梁

　　所谓挑梁，就是嵌固在砌体中的悬挑式钢筋混凝土梁，这里指混合结构房屋中的阳台挑梁、雨篷挑梁或外廊挑梁，如图 6.1 所示。挑梁自身属于水平悬挑构件，在材料力学中称为悬臂梁，它与嵌固砌体一起受力和变形，是一个整体。因此，挑梁的设计不仅要保证挑梁自身的安全，还要保证嵌固砌体的安全。

(a) 外廊挑梁　　　　　　　　　　　　　　　(b) 阳台挑梁

图 6.1　混合结构房屋中的挑梁

6.1.1 挑梁的受力特点和破坏形态

　　混合结构房屋的挑梁承受上部砌体的均布荷载和挑梁悬挑部分上的分布荷载、端部集中荷载，应力计算属于弹性力学中的平面应力问题。随着悬挑部分荷载的增加，挑梁受力将经历弹性阶段、水平截面裂缝发展阶段和破坏阶段三个受力阶段。

　　弹性受力阶段，在砌体自重及上部荷载作用下，挑梁埋入部分上、下界面处将产生均匀

压应力 σ_0，如图 6.2(a) 所示；当悬挑端部施加集中力 F 后，在挑梁与墙体的上、下界面处产生的竖向正应力 σ' 的分布如图 6.2(b) 所示。（＋）表示拉应力，（－）表示压应力；σ_0 与 σ' 叠加得到挑梁与砌体上、下界面处的法向应力 σ，即 $\sigma = \sigma_0 + \sigma'$。

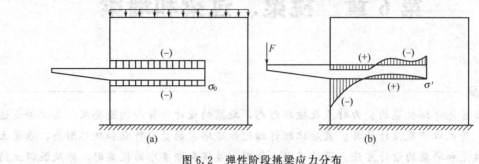

图 6.2　弹性阶段挑梁应力分布

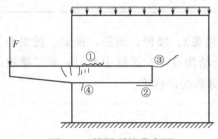

图 6.3　挑梁裂缝分布图

上界面的前部和下界面的后部受拉，当 F 达到破坏荷载 F_u 的 $20\% \sim 30\%$ 时，拉应力超过砌体沿水平通缝的抗拉强度，在上界面出现水平裂缝①，随后在下界面出现水平裂缝②，如图 6.3 所示。随着荷载的增加，水平裂缝①不断向墙内发展，裂缝②向墙边发展，挑梁尾部有上翘的趋势。

带有水平裂缝的挑梁工作到 $0.8F_u$ 时，在挑梁尾端的砌体中将出现阶梯形斜裂缝③，其与竖向轴线的夹角 α 较大，实测平均值约为 $57°$。水平裂缝②不断向外延伸，挑梁下砌体受压面积逐渐减小，压应力不断增大，可能出现局部受压裂缝④。而钢筋混凝土挑梁在 F 作用下，将在墙边稍靠里的部位出现竖向裂缝，在墙边靠外部位出现斜裂缝，均为上部受拉，下部受压。

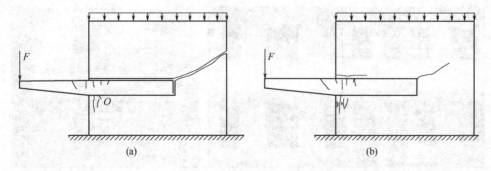

图 6.4　挑梁的破坏形态

挑梁可能发生下列三种破坏形态。

① 挑梁倾覆破坏。挑梁倾覆力矩大于抗倾覆力矩，挑梁尾端墙体斜裂缝不断开展，挑梁绕倾覆点 O 发生倾覆破坏，如图 6.4(a) 所示。

② 挑梁下砌体局部受压破坏。挑梁下靠近墙边小部分砌体由于压应力过大，随着裂缝④的增多和加宽，而发生局部受压破坏，如图 6.4(b) 所示。

③ 钢筋混凝土挑梁破坏。挑梁自身的破坏，可能因钢筋混凝土挑梁正截面受弯承载力不足而致弯曲破坏，也可能因斜截面受剪承载力不足而发生剪切破坏。

对于雨篷、悬挑楼梯等这类垂直于墙段挑出的构件，在挑出部分的荷载作用下，挑出一边的墙面受压，另一边墙面受拉。随着荷载的增加，中和轴向受压一侧移动。破坏形态仍然有三种，但最容易发生的是倾覆破坏。

6.1.2　挑梁的抗倾覆验算

当挑梁上墙体自重和楼盖恒载产生的抗倾覆力矩小于挑梁悬挑段荷载引起的倾覆力矩时，挑梁将发生绕倾覆点旋转的倾覆破坏。为了防止这种破坏的发生，需要按式(6.1) 进行抗倾覆验算：

$$M_{ov} \leqslant M_r \tag{6.1}$$

式中　M_{ov}——挑梁的荷载设计值对计算倾覆点产生的倾覆力矩；

　　　M_r——挑梁的抗倾覆力矩设计值。

(1) 计算倾覆点位置　理论分析和试验都表明，挑梁倾覆破坏的倾覆点并不在墙边缘，而是在距墙外边缘 x_0 处。将挑梁视为埋置于砌体墙内的弹性地基梁，可求出倾覆点位置的理论解答，再结合试验结果，规范给出了确定计算倾覆点位置 x_0 的如下简化公式：

当 $l_1 \geqslant 2.2h_b$ 时，

$$x_0 = 0.3h_b，且\ x_0 \leqslant 0.13l_1 \tag{6.2}$$

当 $l_1 < 2.2h_b$ 时，

$$x_0 = 0.13l_1 \tag{6.3}$$

式中　l_1——挑梁埋入砌体墙中的长度；

　　　h_b——挑梁截面高度。

当挑梁下有混凝土构造柱或垫梁时，计算倾覆点到墙外边缘的距离可取 $0.5x_0$。

(2) 抗倾覆力矩设计值　由于挑梁与砌体的共同工作，挑梁倾覆时将在其埋入端尾部形成阶梯形裂缝（见图 6.4），斜裂缝以上的砌体自重和楼面恒载可抵抗倾覆破坏，这部分荷载称为抗倾覆荷载，用 G_r 表示。斜裂缝与竖直轴的夹角称为扩散角，国内曾对 30 个构件进行实测，扩散角的平均值为 57.6°，可偏于安全地取 45°。

抗倾覆荷载 G_r 规范给出的取值要求是：按图 6.5 所示的阴影范围内本层的砌体与楼面恒荷载标准值之和，其中 l_3 为挑梁尾端 45°上斜线与上一层楼面相交的水平投影长度。对于无洞口砌体，当 $l_3 \leqslant l_1$ 时，按图 6.5(a) 计算砌体自重；当 $l_3 > l_1$ 时，按图 6.5(b) 计算砌体自重。对于有洞口砌体，当洞口内边至挑梁埋入段尾端的距离不小于 370mm 时，按图 6.5(c) 计算砌体自重，否则应按图 6.5(d) 计算砌体自重。本层楼面恒载直接作用于挑梁埋入段；当上部楼层无挑梁时，抗倾覆荷载中可计及上部楼层的楼面永久荷载（标准值）。

挑梁的抗倾覆力矩可按式(6.4) 计算：

$$M_r = 0.8G_r(l_2 - x_0) \tag{6.4}$$

式中　G_r——挑梁的抗倾覆荷载；

　　　l_2——G_r 作用点距墙体外边缘的距离。

雨篷也是悬挑构件，由于埋入长度 l_1 较小，因此容易发生倾覆破坏。雨篷的倾覆是突然的，其危险性大于挑梁。雨篷的抗倾覆验算可按式(6.1)、式(6.3) 和式(6.4) 进行。抗倾覆荷载应按图 6.6 所示阴影线范围内的墙体自重和楼盖恒载计算，即 $l_3 = 0.5l_n$；抗倾覆荷载 G_r 距墙外边缘的距离应为墙厚的 1/2，即 $l_2 = 0.5l_1$。当上部楼层无雨篷时，抗倾覆荷载中可计及上部楼层的楼面永久荷载（标准值）。

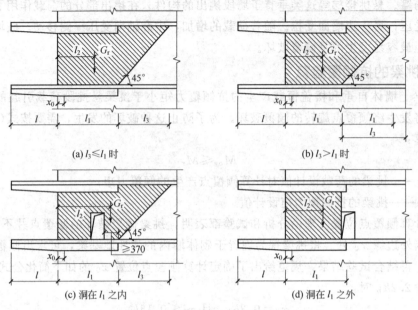

(a) $l_3 \le l_1$ 时　　　　　　　　　　　　(b) $l_3 > l_1$ 时

(c) 洞在 l_1 之内　　　　　　　　　　　(d) 洞在 l_1 之外

图 6.5　挑梁的抗倾覆荷载

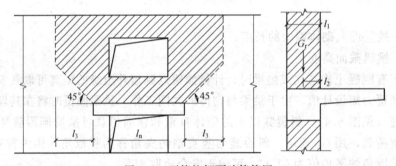

图 6.6　雨篷抗倾覆验算简图

6.1.3　挑梁下砌体局部受压承载力验算

由于挑梁与墙体的上界面较早出现水平裂缝，发生挑梁下砌体局部受压破坏时该水平裂缝已延伸很长，上部荷载引起的压应力 σ_0 不必与挑梁下局部压应力叠加，所以局部受压承载力计算时不考虑上部荷载 N_0。在式（3.27）中取 $\psi N_0 = 0$，得到挑梁下砌体局部受压承载力计算公式

$$N_l \le \eta \gamma f A_l \qquad (6.5)$$

式中　N_l——挑梁下的支承压力，可近似取 $N_l = 2R$，R 为挑梁的倾覆荷载设计值；

η——挑梁底面压应力图形完整性系数，可取 $\eta = 0.7$；

γ——砌体局部抗压强度提高系数，对图 6.7(a) 所示的矩形截面墙段（一字墙），可取 $\gamma = 1.25$；对图 6.7(b) 所示的 T 形截面墙段（丁字墙），可取 $\gamma = 1.5$；

A_l——挑梁下砌体局部受压面积，可取 $A_l = 1.2bh_b$，b 为挑梁的截面宽度，h_b 为挑梁的截面高度。

6.1.4　钢筋混凝土挑梁设计

计算倾覆点不在墙边而在离墙边 x_0 处，在挑梁挑出段荷载和埋入段上、下界面压力作

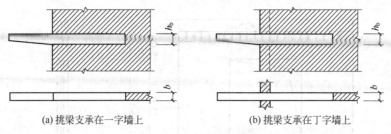

(a) 挑梁支承在一字墙上　　　　　　(b) 挑梁支承在丁字墙上

图 6.7 挑梁下砌体局部受压

用下，挑梁的弯矩图和剪力图如图 6.8 所示。
可以看出，最大弯矩 M_{max} 发生在计算倾覆点
处的截面，而不是材料力学所讲的墙边截面，
经过埋入段的弯矩递减，至尾端才减小为零；
最大剪力 V_{max} 发生在墙边截面。所以，内力计
算公式为

$$M_{max} = M_0 \qquad (6.6)$$
$$V_{max} = V_0 \qquad (6.7)$$

式中　M_0——挑梁的荷载设计值对计算倾覆
　　　　　　点截面产生的弯矩，数值上等
　　　　　　于倾覆力矩，$M_0 = M_{ov}$；

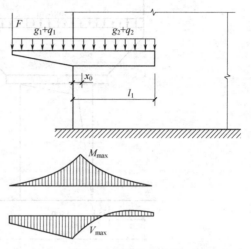

图 6.8 挑梁的内力图

V_0——挑梁的荷载设计值在挑梁墙外
　　　边缘处截面产生的剪力。

钢筋混凝土挑梁应按受弯构件进行正截面
受弯承载力和斜截面受剪承载力计算，并符合现行国家标准《混凝土结构设计规范》（GB
50010—2010）的有关规定，同时还应满足下列要求。

① 纵向受力钢筋至少应有 1/2 的钢筋面积伸入梁尾端，且不少于 2Φ12。其余钢筋伸入
支座的长度不应小于 $2l_1/3$。

② 挑梁埋入砌体长度 l_1 与挑出长度 l 之比宜大于 1.2；当挑梁上无砌体时，l_1 与 l 之
比宜大于 2。

【例 6.1】 某钢筋混凝土雨篷，其尺寸如图 6.9 所示。墙体采用 MU10 烧结普通砖、
M5 混合砂浆砌筑，双面粉刷，施工质量控制等级为 B 级。雨篷板自重标准值 6.96kN/m，
悬臂端集中检修荷载标准值 2kN，楼盖传给雨篷梁的恒载标准值 8.96kN/m，双面粉刷的
240mm 厚砖墙自重 5.24kN/m²，钢筋混凝土自重 25.0kN/m³。结构安全等级为二级，设
计使用年限 50 年。试验算该雨篷的抗倾覆稳定性。

【解】 (1) 基本数据

$$l_1 = 240mm = 0.24m$$
$$x_0 = 0.13l_1 = 0.13 \times 0.24 = 0.0312m$$
$$l_2 = 0.5l_1 = 0.5 \times 0.24 = 0.12m$$

(2) 倾覆力矩
由可变荷载控制的组合（1.2 组合）

$$g = \gamma_G g_k = 1.2 \times 6.96 = 8.352kN/m$$

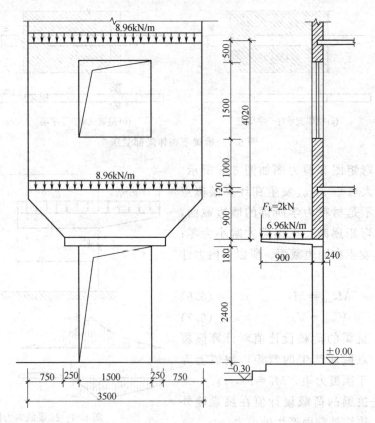

图 6.9　例 6.1 图

$$F=\gamma_L\gamma_Q F_k=1.0\times1.4\times2=2.8\text{kN}$$

$$M_{ov}=\gamma_0[F(l+x_0)+gl(l/2+x_0)]$$

$$=1.0\times[2.8\times(0.9+0.0312)+8.352\times0.9\times(0.9/2+0.0312)]=6.22\text{kN}\cdot\text{m}$$

由永久荷载控制的组合（1.35 组合）

$$g=\gamma_G g_k=1.35\times6.96=9.396\text{kN/m}$$

$$F=\gamma_L\gamma_Q\psi_c F_k=1.0\times1.4\times0.7\times2=1.96\text{kN}$$

$$M_{ov}=\gamma_0[F(l+x_0)+gl(l/2+x_0)]$$

$$=1.0\times(1.96\times0.9312+9.396\times0.9\times0.4812)=5.89\text{kN}\cdot\text{m}$$

取两种组合中的较大值，即 $M_{ov}=6.22\text{kN}\cdot\text{m}$。

（3）抗倾覆力矩

从图 6.9 可知：$l_n=1500\text{mm}$，雨篷梁支承长度 $a=250\text{mm}$，取 $l_3=0.5l_n=750\text{mm}$，且上部楼层无挑出雨篷，抗倾覆荷载中可计入上部楼层永久荷载。抗倾覆荷载包括墙体自重和楼层永久荷载（标准值）：

$$G_r=5.24\times(4.02\times3.5-1.5\times1.5-0.75\times0.75)+(8.96\times3.5)\times2$$

$$=121.7\text{kN}$$

$$M_r=0.8G_r(l_2-x_0)=0.8\times121.7\times(0.12-0.0312)=8.65\text{kN}\cdot\text{m}$$

（4）抗倾覆验算结果

$M_{ov}=6.22\text{kN}\cdot\text{m}<M_r=8.65\text{kN}\cdot\text{m}$，满足要求

【例6.2】 某混合结构房屋阳台的钢筋混凝土挑梁，平面和剖面如图6.10所示。挑梁的挑出长度1800mm，埋入长度2400mm。房屋层高3.3m，楼板厚度120mm。挑梁的截面尺寸为 $b \times h_b = 240mm \times 400mm$，C25混凝土，纵向钢筋采用HRB400级热轧带肋钢筋，箍筋为HPB300级热轧光圆钢筋。墙厚240mm，由MU10烧结普通砖和M5混合砂浆砌筑而成，双面粉刷，施工质量控制等级为B级。荷载标准值如下：楼面恒载2.99kN/m²，阳台板恒载2.74kN/m²，双面粉刷墙体自重5.24kN/m²，钢筋混凝土自重25.0kN/m³，挑梁端部集中力（恒载）6kN，阳台活载3.5kN/m²。一类环境，结构安全等级为二级，设计使用年限为50年。试设计该阳台挑梁。

【解】 （1）挑梁抗倾覆稳定验算

① 挑梁计算倾覆点的位置。

$$l_1 = 2.4m > 2.2h_b = 2.2 \times 0.4 = 0.88m$$

$$x_0 = 0.3h_b = 0.3 \times 0.4 = 0.12m < 0.13l_1 = 0.13 \times 2.4 = 0.312m$$

② 倾覆力矩。

倾覆荷载

$$F_k = 6kN$$

$$g_k = 25.0 \times 0.24 \times 0.4 + 2.74 \times 3.9/2 = 7.743kN/m$$

$$q_k = 3.5 \times 3.9/2 = 6.825kN/m$$

由可变荷载控制的组合（1.2组合）

$$F = \gamma_G F_k = 1.2 \times 6 = 7.2kN$$

$$g + q = \gamma_G g_k + \gamma_L \gamma_Q q_k = 1.2 \times 7.743 + 1.0 \times 1.4 \times 6.825 = 18.85kN/m$$

$$M_{ov} = \gamma_0 [F(l + x_0) + (g + q)l(l/2 + x_0)]$$
$$= 1.0 \times [7.2 \times (1.8 + 0.12) + 18.85 \times 1.8 \times (1.8/2 + 0.12)] = 48.4kN \cdot m$$

经计算得知，由永久荷载控制的组合（1.35组合）倾覆力矩小于48.4kN·m，说明本问题是可变荷载起主要作用，$M_{ov} = 48.4kN \cdot m$。

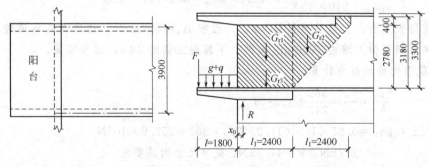

图6.10 例6.2图

③ 抗倾覆力矩。

本层墙体和楼面恒载为抗倾覆荷载，如图6.10所示，分成三部分计算：

$$G_{r1} = 5.24 \times 2.4 \times 2.78 = 34.96kN, 作用点距墙边1.2m$$

$$G_{r2} \approx 5.24 \times 2.4 \times 2.78/2 = 17.48kN, 作用点距墙边2.4 + 2.4/3 = 3.2m$$

$$G_{r3} = 2.99 \times 2.4 \times 3.9/2 = 13.99kN, 作用点距墙边1.2m$$

利用理论力学中的合力矩定理计算抗倾覆力矩

$$M_r = 0.8G_r(l_2 - x_0)$$

$$=0.8\times[34.96\times(1.2-0.12)+17.48\times(3.2-0.12)+13.99\times(1.2-0.12)]$$
$$=85.4kN\cdot m$$

④ 判断

$$M_r=85.4kN\cdot m>M_{ov}=48.4kN\cdot m,满足要求$$

（2）挑梁下砌体局部受压承载力验算

$$R=\gamma_0[F+(g+q)(l+x_0)]=1.0\times[7.2+18.85\times(1.8+0.12)]=43.4kN$$

$$N_l=2R=2\times43.4=86.8kN$$

$$A_l=1.2bh_b=1.2\times0.24\times0.4=0.1152m^2$$

$$f=1.50MPa,挑梁下为丁字墙\gamma=1.5$$

$$\eta\gamma fA_l=0.7\times1.5\times1.50\times0.1152\times10^3=181.4kN>N_l=86.8kN,满足要求$$

（3）挑梁截面设计

① 挑梁内力。

$$V=V_0=\gamma_0[F+(g+q)l]=1.0\times[7.2+18.85\times1.8]=41.1kN$$

$$M=M_{ov}=48.4kN\cdot m$$

② 正截面受弯承载力计算。

一类环境，取 $a_s=40mm$，则 $h_0=h_b-a_s=400-40=360mm$

$$x=h_0-\sqrt{h_0^2-\frac{2M}{\alpha_1 f_c b}}=360-\sqrt{360^2-\frac{2\times48.4\times10^6}{1.0\times11.9\times240}}=50.6mm$$

$$<\xi_b h_0=0.518\times360=186.5mm,不超筋$$

$$A_s=\frac{\alpha_1 f_c bx}{f_y}=\frac{1.0\times11.9\times240\times50.6}{360}=401mm^2$$

$$45\frac{f_t}{f_y}=45\times\frac{1.27}{360}=0.16<0.20,\rho_{min}=0.20\%$$

$$\rho=\frac{A_s}{bh_b}=\frac{401}{240\times400}=0.42\%>\rho_{min}=0.20\%,不少筋$$

纵筋实际配置为：上部受力钢筋 $4\Phi12$，面积 $A_s=452mm^2$，边缘两根钢筋伸入挑梁尾部，中间两根钢筋伸入墙内 1600mm 截断；下部架立钢筋 $2\Phi8$，通长配置。

③ 斜截面受剪承载力计算。

$$\frac{h_{bw}}{b}=\frac{h_0}{b}=\frac{360}{240}=1.5<4$$

$$0.25\beta_c f_c bh_0=0.25\times1.0\times11.9\times240\times360=257.0\times10^3N$$

$$=257kN>V=41.1kN,截面尺寸满足要求$$

$$0.7f_t bh_0=0.7\times1.27\times240\times360=76.8\times10^3N=76.8kN$$

$$>V=41.1kN,按构造要求配置箍筋$$

挑梁箍筋配置为：双肢箍，$\Phi6@250$。

6.2 过梁

门窗洞口上方跨越洞口的水平构件，称为过梁，如图 6.11、图 6.12 所示。过梁的作用是承受洞口上部墙体传来的各种荷载，并将这些荷载传递给门窗洞口两边的墙体，具有承上启下的功能。

6.2.1 过梁的类型及应用范围

过梁是混合结构房屋中门窗洞口上的常用构件，按所用材料的不同，可分为钢筋混凝土过梁（见图 6.11）和砖砌过梁（见图 6.12）两大类。

图 6.11 钢筋混凝土过梁

（1）钢筋混凝土过梁 钢筋混凝土过梁可以承受较大的荷载，跨越较大尺寸的洞口，适用范围广，是目前最为常用的过梁。钢筋混凝土过梁可以是现浇构件，也可以是预制构件。预制构件按标准图集生产，有各种型号可供选择。

（2）砖砌过梁 对于清水墙房屋，采用砖砌过梁可以使过梁与墙体保持同一种风貌，视觉效果好。因为过梁和墙体采用同一种材料，所以可避免因温度变化产生的附加应力。砖砌过梁可分为钢筋砖过梁［见图 6.12(a)］、砖砌平拱过梁［见图 6.12(b)］和砖砌弧拱过梁［见图 6.12(c)］三种形式。钢筋砖过梁的砌筑方法与砌体相同，仅在过梁底部水平灰缝内配置受力钢筋而成；砖砌平拱过梁和弧拱过梁都是将砖竖立和侧立砌筑而成。

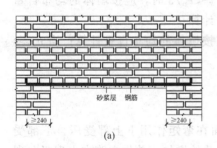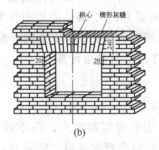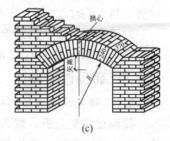

图 6.12 砖砌过梁

平拱及弧拱过梁的灰缝应砌成楔形缝，拱底灰缝宽度不宜小于 5mm，拱顶灰缝宽度不应大于 15mm，拱体的纵向及横向灰缝应填实砂浆；平拱过梁拱脚下面应伸入墙内不小于 20mm；砖砌平拱过梁底应有 10% 的起拱。砖砌弧拱过梁的最大跨度与矢高有关，当矢跨比为 1/5 时，最大跨度可达 3.0～4.0m，跨越能力高于砖砌平拱过梁，但因弧拱砌筑时需用胎模，施工复杂，一般不提倡使用，仅对建筑外形有特殊要求的房屋中才采用。

砖砌过梁造价低廉，且节约钢筋和水泥，但整体性较差，对振动荷载和地基不均匀沉降反应敏感，故应用受到一定限制。

现行《砌体结构设计规范》规定：对有较大振动荷载或可能产生不均匀沉降的房屋，应采用混凝土过梁。当过梁的跨度不大于 1.5m 时，可采用钢筋砖过梁；跨度不大于 1.2m 时，可采用砖砌平拱过梁。

6.2.2 过梁上的荷载

过梁承受的荷载有两种情况：第一种情况是仅承受墙体荷载，第二种情况是不仅承受墙体荷载，而且还承受梁板荷载。

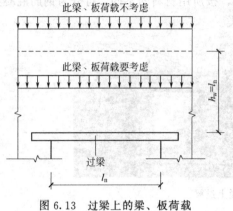

图 6.13 过梁上的梁、板荷载

试验表明，如果过梁上砌体采用混合砂浆砌筑，当砌筑高度接近跨度的一半时，跨中挠度增量减小很快，随着高度的进一步增加，跨中挠度增加极少。这是由于砂浆随时间增长而逐渐硬化，使参与工作的砌体高度不断增加的缘故。这种砌体与过梁的组合作用，使作用在过梁上的墙体当量荷载约相当于高度等于跨度的 1/3 的砌体自重。

试验还表明，当在砖砌体高度等于跨度的 0.8 倍左右处施加外荷载时，过梁的挠度变化极小，说明过梁与砌体形成的组合体系以内拱卸荷的方式将外加荷载的大部分直接传给洞口两边墙体，因而过梁应力增加很小，挠度增加微小。

基于上述试验现象，过梁上的荷载应按下列规定取值。

(1) 梁、板荷载　设梁、板下的墙体高度为 h_w，过梁的净跨度为 l_n，对于砖砌体、砌块砌体，当 $h_w < l_n$ 时，过梁应计入梁、板传来的荷载；当 $h_w \geq l_n$ 时，可不考虑梁、板传来的荷载，如图 6.13 所示。

(2) 墙体荷载　对于砖砌体，当过梁上的墙体高度 $h_w < l_n/3$ 时，应按墙体的均布自重计算；当 $h_w \geq l_n/3$ 时，应按高度为 $l_n/3$ 墙体的均布自重计算。

对于砌块砌体，当梁上的墙体高度 $h_w < l_n/2$ 时，应按墙体的均布自重计算；当 $h_w \geq l_n/2$ 时，应按高度为 $l_n/2$ 墙体的均布自重计算。

6.2.3 砖砌过梁设计

6.2.3.1 砖砌过梁的破坏特征

砖砌过梁受力后，截面内力有弯矩和剪力，跨中截面在弯矩作用下上部受压、下部受拉，支座截面受剪，其他截面同时受弯和受剪。随着外荷载的增加，首先在跨中出现竖向裂缝，然后在支座附近截面出现阶梯形斜裂缝。对于砖砌平拱过梁，下部拉力将由两端砌体提供的推力来平衡；对于钢筋砖过梁，下部拉力则由钢筋来承受，如图 6.14 所示。开裂后，过梁受力图示可简化为三铰拱，由结构力学可知，跨中弯矩和支座剪力可按相应的简支梁计算，即：

$$M = \gamma_0 \times \frac{1}{8}(g+q)l_0^2 \tag{6.8}$$

$$V = \gamma_0 \times \frac{1}{2}(g+q)l_n \tag{6.9}$$

式中　l_0——过梁的计算跨度，取 $1.05l_n$ 和 $l_n + a$ 两者的较小值（a 为过梁的支承长度）；

l_n——过梁的净跨度。

承载力极限状态下，砖砌过梁可能发生如下三种破坏：①过梁跨中截面因受弯承载力不足而破坏；②过梁支座附近因受剪承载力不足，阶梯形斜裂缝不断扩展而破坏；③砖砌平拱

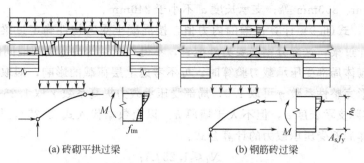

(a) 砖砌平拱过梁　　　　　　(b) 钢筋砖过梁

图 6.14　砖砌过梁破坏特征

过梁存在水平推力，过梁支座处水平灰缝因受剪承载力不足而发生支座滑动破坏。

第①、②两种破坏，通过计算来避免；对于砖砌平拱过梁，可通过限制洞口边墙体截面宽度来防止第③种破坏发生，而不需要按式（3.38）验算沿水平灰缝的受剪承载力。

6.2.3.2　砖砌过梁承载力计算

（1）砖砌平拱过梁承载力计算　砖砌平拱过梁首先按式(6.8)、式(6.9)计算内力，然后按式（3.34）进行受弯承载力计算、按式（3.36）进行受剪承载力计算。

砖砌过梁截面宽度 b 同墙体厚度；砖砌过梁截面计算高度 h，不考虑梁、板荷载时，取 $h = h_w$，但不大于 $l_n/3$；考虑梁、板荷载时，取 $h = h_w$。考虑到支座水平推力的存在，将延缓过梁竖直裂缝的发展，提高过梁的受弯承载力，因此砌体的弯曲抗拉强度设计值 f_{tm} 采用沿齿缝截面的弯曲抗拉强度。

（2）钢筋砖过梁承载力计算　钢筋砖过梁的内力同样按式(6.8)、式(6.9)计算。正截面受弯承载力计算时，根据试验结果分析，取截面受压区高度 $x = 0.3h_0$，则极限承载力为

$$M_u = f_y A_s (h_0 - 0.5x) = f_y A_s (h_0 - 0.5 \times 0.3h_0) = 0.85 h_0 f_y A_s$$

所以，正截面承载力计算公式为

$$M \leqslant M_u = 0.85 h_0 f_y A_s \tag{6.10}$$

式中　h_0——过梁截面的有效高度，$h_0 = h - a_s$；

　　　a_s——受拉钢筋截面形心至过梁截面下边缘的距离；

　　　f_y——钢筋的抗拉强度设计值，按附表 14 取值；

　　　A_s——受拉钢筋的截面面积。

钢筋砖过梁弯曲受剪承载力按式(3.36)进行计算，与砖砌平拱过梁受剪承载力计算的公式相同。

6.2.3.3　砖砌过梁构造要求

砖砌过梁的构造，应符合下列规定：

① 砖砌过梁截面计算高度范围内的砂浆不宜低于 M5（Mb5、Ms5）；

② 砖砌平拱用竖砖砌筑部分的高度不应小于 240mm；

③ 钢筋砖过梁底面砂浆层处的钢筋，其直径不应小于 5mm，间距不宜大于 120mm，钢筋伸入支座砌体内的长度不宜小于 240mm，砂浆层的厚度不宜小于 30mm。

6.2.4　钢筋混凝土过梁设计

钢筋混凝土过梁的截面宽度一般与墙厚一致，高度按砖砌体的模数取值，即 120mm、

180mm、240mm、300mm等；支承长度 a 不小于240mm。

由式(6.8)、式(6.9)计算过梁的内力值，按混凝土受弯构件确定过梁的纵筋和箍筋。如果是圈梁兼作过梁，这部分钢筋要另外配置，不得与圈梁的构造钢筋混同使用。

过梁支座砌体局部受压承载力验算时，可不考虑上层荷载的影响，即取 $\psi N_0 = 0$，梁端底面压应力图形完整性系数 η 可取1.0，局部受压承载力提高系数 γ 取1.25；梁端有效支承长度 a_0 可取实际支承长度 a，但不大于墙厚 h。以上数据代入式(3.27)，得到钢筋混凝土过梁支座处砌体局部受压承载力的计算公式：

$$N_l \leqslant 1.25 f A_l \tag{6.11}$$

需要说明的是，试验结果表明，砌有一定高度砌体的钢筋混凝土过梁是偏心受拉构件，类似于墙梁的受力，按受弯构件计算严格说是不合理的。但过梁与墙梁并无明确的分界定义，主要差别在于过梁支承于平行的墙体上，且支承长度较长，一般跨度较小，承受的梁板荷载较小。当过梁跨度较大或承受较大梁板荷载时，则应按墙梁设计，详见本章6.3节。

【例6.3】 某混合结构房屋的窗过梁，净跨度 $l_n = 1.2m$，拟采用砖砌过梁。墙厚240mm，双面粉刷，由 MU10 烧结普通砖、M7.5 混合砂浆砌筑，施工质量控制等级为 B 级。在离窗口顶面标高600mm处作用有楼板传来的荷载：恒载标准值7.5kN/m，活载标准值3.6kN/m。已知混水墙的自重为5.24kN/m²。结构的安全等级为二级，设计使用年限为50年。试设计该过梁。

【解】 (1) 过梁上的荷载设计值

因为 $h_w = 0.6m < l_n = 1.2m$，所以应考虑楼板荷载；$h_w = 0.6m > l_n/3 = 0.4m$，取高度为 $l_n/3 = 0.4m$ 的墙高计算自重。荷载标准值为

$$g_k = 7.5 + 5.24 \times 0.4 = 9.60 \text{kN/m}$$
$$q_k = 3.6 \text{kN/m}$$

荷载设计值

$$g + q = 1.2 \times 9.60 + 1.0 \times 1.4 \times 3.6 = 16.56 \text{kN/m}$$
$$g + q = 1.35 \times 9.60 + 1.0 \times 1.4 \times 0.7 \times 3.6 = 16.49 \text{kN/m}$$

说明可变荷载控制的组合结果较大，故应以1.2组合的值为最后设计值：$g + q = 16.56 \text{kN/m}$。

(2) 砖砌过梁设计方案之一：砖砌平拱过梁

取支承长度 $a = 80mm = 0.08m$

$$l_n + a = 1.2 + 0.08 = 1.28 \text{m}$$
$$1.05 l_n = 1.05 \times 1.2 = 1.26 \text{m}$$

取两者的较小值为计算跨度，$l_0 = 1.26m$，内力设计值为

$$M = \gamma_0 \times \frac{1}{8}(g+q)l_0^2 = 1.0 \times \frac{1}{8} \times 16.56 \times 1.26^2 = 3.29 \text{kN} \cdot \text{m}$$

$$V = \gamma_0 \times \frac{1}{2}(g+q)l_n = 1.0 \times \frac{1}{2} \times 16.56 \times 1.2 = 9.94 \text{kN}$$

计算截面宽度等于墙厚 $b = 240mm$，考虑板荷载，计算截面高度 $h = h_w = 600mm$。过梁截面面积 $A = 0.24 \times 0.6 = 0.144 m^2 < 0.3 m^2$，砌体强度设计值需要调整。

$$\gamma_a = 0.7 + A = 0.7 + 0.144 = 0.844$$
$$f_{tm} = \gamma_a \times 表值 = 0.844 \times 0.29 = 0.245 \text{MPa}$$

$$f_v = \gamma_a \times 表值 = 0.844 \times 0.14 = 0.118\text{MPa}$$

$$f_{tm}W = 0.245 \times \frac{1}{6} \times 240 \times 600^2 = 3.53 \times 10^6 \text{N} \cdot \text{mm} = 3.53\text{kN} \cdot \text{m}$$

$$> M = 3.29\text{kN} \cdot \text{m，满足要求}$$

$$f_v bz = 0.118 \times 240 \times \frac{2}{3} \times 600 = 11.33 \times 10^3 \text{N} = 11.33\text{kN}$$

$$> V = 9.94\text{kN，满足要求}$$

砖砌平拱过梁方案可行。

（3）砖砌过梁设计方案之二：钢筋砖过梁

取支承长度 $a = 240\text{mm} = 0.24\text{m}$

$$l_n + a = 1.2 + 0.24 = 1.44\text{m}, 1.05 l_n = 1.05 \times 1.2 = 1.26\text{m}$$

取两者的较小值为计算跨度，$l_0 = 1.26\text{m}$，内力设计值与砖砌平拱过梁相同。抗剪承载力计算同砖砌平拱过梁，满足要求。

采用 HPB300 级钢筋，由抗弯承载力计算所需钢筋截面面积。取 $a_s = 30\text{mm}$（保护层厚度 25mm），则 $h_0 = h - a_s = 600 - 30 = 570\text{mm}$。由式（6.10）取等号得到钢筋截面面积

$$A_s = \frac{M}{0.85 h_0 f_y} = \frac{3.29 \times 10^6}{0.85 \times 570 \times 270} = 25.2\text{mm}^2$$

按构造要求，240mm 墙厚至少应该 2 根钢筋，而且钢筋直径不小于 5mm，考虑到钢筋的生产规格，实际配筋为 2Φ6，截面面积 $A_s = 56.6\text{mm}^2$。

【例 6.4】 已知钢筋混凝土过梁净跨度 $l_n = 3\text{m}$，支承长度 $a = 240\text{mm}$，过梁上墙体高 1.5m，墙厚 240mm，楼板作用于墙体上的荷载设计值为 18.6kN/m（由可变荷载控制的组合）。墙体采用 MU10 烧结普通砖和 M5 混合砂浆砌筑，双面粉刷，墙体自重 5.24kN/m²，施工质量控制等级为 B 级。过梁三面（侧面、底面）抹灰，厚度 20mm，单位体积自重 20.0kN/m³。钢筋混凝土自重 25.0kN/m³。结构安全等级为二级，设计使用年限 50 年。试设计该过梁。

【解】（1）过梁材料和截面尺寸

过梁采用 C25 混凝土，纵向钢筋选用 HRB400 级钢筋，箍筋采用 HPB300 级钢筋。截面宽度 $b = 240\text{mm}$（与墙体厚度相等），高度 $h_b = 240\text{mm}$（四皮砖）。

（2）内力计算

因为 $h_w = 1.5\text{m} < l_n = 3\text{m}$，所以应考虑楼板荷载；$h_w = 1.5\text{m} > l_n/3 = 1\text{m}$，取高度为 $l_n/3 = 1\text{m}$ 的墙高计算自重。墙体和过梁自重标准值为

$$5.24 \times 1 + 25.0 \times 0.24 \times 0.24 + 20.0 \times (0.24 \times 3 + 0.02 \times 2) \times 0.02 = 6.984\text{kN/m}$$

荷载设计值

$$g + q = 1.2 \times 6.984 + 18.6 = 26.98\text{kN/m}$$

$$1.05 l_n = 1.05 \times 3 = 3.15\text{m} < l_n + a = 3 + 0.24 = 3.24\text{m}$$

过梁的计算跨度 $l_0 = 3.15\text{m}$，内力设计值为

$$M = \gamma_0 \times \frac{1}{8}(g+q) l_0^2 = 1.0 \times \frac{1}{8} \times 26.98 \times 3.15^2 = 33.46\text{kN} \cdot \text{m}$$

$$V = \gamma_0 \times \frac{1}{2}(g+q) l_n = 1.0 \times \frac{1}{2} \times 26.98 \times 3 = 40.47\text{kN}$$

（3）过梁正截面受弯承载力计算

取 $a_s=40mm$，$h_0=h_b-a_s=240-40=200mm$

$$x=h_0-\sqrt{h_0^2-\frac{2M}{\alpha_1 f_c b}}=200-\sqrt{200^2-\frac{2\times33.46\times10^6}{1.0\times11.9\times240}}=71.3mm$$

$<\xi_b h_0=0.518\times200=103.6mm$，不超筋

$$A_s=\frac{\alpha_1 f_c bx}{f_y}=\frac{1.0\times11.9\times240\times71.3}{360}=566mm^2$$

$$45\frac{f_t}{f_y}=45\times\frac{1.27}{360}=0.16<0.20,\rho_{min}=0.20\%$$

$$\rho=\frac{A_s}{bh_b}=\frac{566}{240\times240}=0.98\%>\rho_{min}=0.20\%，不少筋$$

纵筋实际配置为：下部受力钢筋 3Φ16，面积 $A_s=603mm^2$，上部架立钢筋 2Φ8。

（4）过梁斜截面受剪承载力计算

$$0.25\beta_c f_c bh_0=0.25\times1.0\times11.9\times240\times200=142.8\times10^3N$$
$$=142.8kN>V=40.47kN，截面尺寸满足要求$$
$$0.7f_t bh_0=0.7\times1.27\times240\times200=42.67\times10^3N=42.67kN$$
$$>V=40.67kN，按构造要求配置箍筋$$

过梁箍筋配置为：双肢箍，Φ6@200。

（5）过梁支座砌体局部受压承载力验算

$$N_l=\gamma_0\times\frac{1}{2}(g+q)l_0=1.0\times\frac{1}{2}\times26.98\times3.15=42.5kN$$

$$f=1.50MPa,a_0=a=240mm（不超过墙厚）$$
$$A_l=a_0 b=240\times240=5.76\times10^4mm^2$$
$$1.25fA_l=1.25\times1.50\times5.76\times10^4=10.8\times10^4N=108kN$$
$$>N_l=42.5kN，满足要求$$

6.3 墙梁

由钢筋混凝土托梁和梁上计算高度范围内的砌体墙组成的组合构件，称为墙梁。墙梁是由钢筋混凝土梁和砌体墙两种不同材料组成的组合构件——深梁，其应力分布和变形均不同于普通梁，需采用专门方法进行设计。

6.3.1 墙梁的类型和应用

多层砌体房屋由于使用功能上的需要，上部砌体结构的墙体不能落地，形成底部大空间（或大门洞），需要在底层的钢筋混凝土托梁上砌筑墙体，这就是墙梁。梁上墙体不仅作为荷载作用于托梁上，而且是结构的一部分，墙体与托梁共同工作。

墙梁可划分为承重墙梁和自承重墙梁两类，前者除承受托梁和墙体自重外，还承受楼盖和屋盖荷载或其他荷载，而后者仅承受托梁和墙体自重。墙梁也可以分为简支墙梁、框支墙梁和连续墙梁三类，如图 6.15 所示。

墙梁中承托砌体墙和楼（屋）盖荷载的混凝土简支梁、连续梁和框架梁（框支梁）等，称为托梁。墙梁中考虑组合作用的计算高度范围内的砌体墙，简称墙体。墙梁的计算高度范围内墙体顶面处的现浇钢筋混凝土圈梁，称为顶梁。墙梁支座处与墙体垂直连接的纵向落地

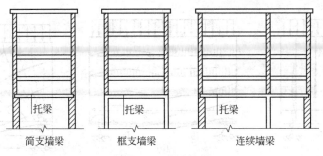

图 6.15　承重墙梁

墙，称为翼墙，承重墙梁应设置翼墙。

　　墙梁广泛应用于工业与民用建筑中。如底层为商场、上层为住宅或旅馆客房的砌体结构房屋，利用承重墙梁实现大、小空间的转换；工业厂房地梁（基础梁）和围护墙、连系梁和其上墙体为自承重墙梁，如图 6.16 所示。采用桩基础的砌体结构房屋，桩基承台和其上墙体，以及剧院或会堂、舞台的台口大梁和其上墙体，也属于墙梁构件。有研究表明，与钢筋混凝土框架结构相比，采用墙梁可节约钢材 40%，模板 50%，水泥 25%；节省人工 25%；降低工程造价约 20%；并可加快施工进度。由此可见，墙梁具有较大的经济效益和社会效益。

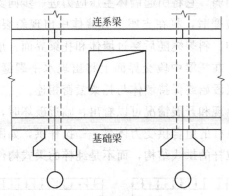

图 6.16　自承重墙梁

6.3.2　墙梁的受力性能和破坏形态

6.3.2.1　墙梁的受力性能

　　墙梁属于深梁，应力分布不符合材料力学规律。对均质各向同性材料的无洞口简支深梁，弹性受力阶段可按弹性力学平面问题求解，应力、应变和位移都有理论解答。然而，墙梁却是由两种不同材料组成的深梁，很难得到理论上的解析解答，只能用有限元法进行数值分析或通过试验实测。通过弹性有限元分析，得到简支墙梁在均布荷载作用下的应力分布如图 6.17 所示。

　　由图 6.17(a) 可知，竖直截面上的水平正应力 σ_x，墙体截面大部分受压，托梁全截面或大部分截面受拉，中性轴位于墙体；而由图 6.17(b) 可见，水平截面上的竖向正应力 σ_y，在上部趋于均匀分布，随着水平截面位置的降低，压应力逐步向支座集中，在中部托梁顶面处变为拉应力；托梁和墙体内部都存在剪应力 τ_{xy}，在墙体与托梁的交界面和支座附近变化比较大，托梁和墙体共同承担剪力。

145

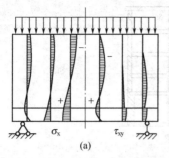 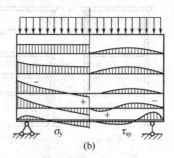 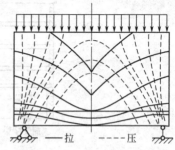

图 6.17　墙梁在均布荷载作用下的应力分布　　　图 6.18　墙梁的主应力迹线

如图 6.18 所示为墙梁的主应力迹线，它反映了墙梁的如下受力特征：①墙梁两边的主压应力迹线（图中虚线）直接指向支座，而中间部分呈拱形指向支座，在支座附近的托梁上部砌体中形成很大的主压应力；②托梁中段主拉应力迹线（图中实线）几乎水平，托梁上水平正应力 σ_x 的合力为拉力，作用点并不通过托梁截面中心，故托梁偏心受拉，这是与前述梁（挑梁、过梁）及其他普通简支梁的区别之一。

托梁处于偏心受拉的受力状态，当拉应力引起的拉应变超过混凝土的极限拉应变时，托梁中段将首先出现数条竖向裂缝［见图 6.19(a)］，且很快扩展上升至托梁顶，裂缝①进入墙体中。托梁刚度因此而削弱，它将引起墙体主压应力进一步向支座附近集中。当墙体中主拉应变达到砌体的极限拉应变时，将在支座上方墙体中出现斜裂缝②［见图 6.19(b)］，并很快向斜上方及斜下方延伸。斜裂缝随后穿过墙体和托梁界面，形成托梁端部较陡的上宽下窄的斜裂缝。临近破坏时，在托梁中段交界面上将出现水平裂缝③［见图 6.19(c)］，但该裂缝并不伸过支座，支座区段始终保持墙体与托梁紧密相连。

由应力分析及裂缝的出现和开展情况可以看出，临近破坏时，墙梁将形成以支座上方斜向墙体为拱肋，以托梁为拉杆的组合拱受力体系——拉杆拱，如图 6.19(d)所示。极限状态下，墙梁的受力模型为带拉杆的拱式结构，而不是纯粹的梁式构件。

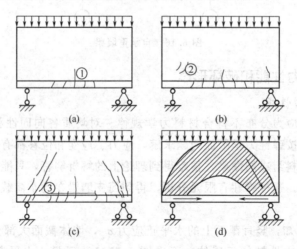

图 6.19　墙梁的裂缝分布及受力模型

对于有洞口的墙梁，随洞口位置的不同，具有不同的受力性能。当洞口位于墙梁跨中段时，洞口处于墙体的低应力区，虽然开洞后墙体有所削弱，但并未严重干扰拉杆拱的受力机制，故跨中开洞墙梁的工作性能与无洞口墙梁相同。当靠近支座开洞（偏开洞）时，洞口内侧截面 σ_x 分布的变化较大。洞口上的过梁受拉，而墙体顶部受压；洞口下的托梁下部受拉，而上部受压，说明托梁的弯矩较大，而处于大偏心受拉状态。洞口外侧墙股的洞顶处水平截面上 σ_y 呈三角形分布，外边受拉而内边受压。斜裂缝出现后，偏开洞墙梁将逐渐形成大拱套小拱的梁-拱组合受力体系。

对于连续墙梁和框支墙梁，应力分布和裂缝形成虽然和简支墙梁不尽相同，但临近破坏时，都能形成组合拱受力体系，钢筋混凝土托梁仍然属于偏心受拉构件。

6.3.2.2　墙梁的破坏形态

影响墙梁破坏形态的因素较多，如墙体高跨比（h_w/l_0）、托梁高跨比（h_b/l_0）、砌体强度、混凝土强度、托梁纵筋配筋率、加荷方式、墙体开洞情况以及有无翼墙等。试验表明，墙梁在顶面竖向荷载作用下主要发生三种破坏形态，即弯曲破坏、剪切破坏和局部受压破坏。

（1）弯曲破坏　当托梁纵筋较少，而砌体强度较高，且墙体高跨比较小时，墙梁在竖向荷载作用下，跨中竖向裂缝迅速上升，托梁下部和上部纵向钢筋先后屈服，发生沿跨中竖向截面的弯曲破坏。破坏时，墙梁正截面的受压区高度很小，往往只有 3～5 皮砖高，但砌体并未沿水平方向压坏。其他截面如离支座 $l_0/4$ 处截面的纵筋也可能屈服而形成沿斜截面的弯曲破坏。无论墙梁发生正截面弯曲破坏，还是发生斜截面弯曲破坏，托梁都同时承受拉力和弯矩，发生偏心受拉破坏。

有洞口的墙梁，在墙沿洞口内侧的截面发生弯曲破坏；连续墙梁的弯曲破坏首先发生在跨中截面，托梁处于小偏心受拉状态而使下部和上部纵筋先后屈服，随后发生支座截面的弯曲破坏。

（2）剪切破坏　当托梁纵筋配置较多，而砌体强度较低，且墙体高跨比适中时，由于支座上方墙体出现斜裂缝并延伸至托梁而发生墙体的剪切破坏。有洞口的墙梁，洞口外侧墙肢、洞口上墙体也可能发生剪切破坏。墙体剪切破坏，还可进一步细分为斜拉破坏、斜压破坏和劈裂破坏。

此外，当托梁混凝土强度较低、腹筋配置不足时，托梁也可能发生剪切破坏。破坏截面靠近支座，斜裂缝较陡，且上宽下窄。

（3）局部受压破坏　在托梁支座上方墙体中，由于竖向正应力的积聚形成较大的压应力集中。当压应力超过砌体的局部抗压强度时，则将产生托梁支座上方较小范围砌体的局部压碎甚至个别砖压酥的局部受压破坏。一般当托梁配筋较多，砌体强度很低，且墙体高跨比较大时发生这种破坏。

另外，墙梁还可能发生其他形式的破坏。例如，托梁纵筋锚固不足将发生纵筋锚固破坏；支座垫板或加荷垫板尺寸或刚度较小，可能引起混凝土或砌体的局部受压破坏；框支墙梁，当托梁配筋率和砌体强度均较适当时，托梁受拉弯承载力和墙体受剪承载力接近，墙梁可能同时发生弯曲破坏和剪切破坏，即弯剪破坏。

6.3.3　墙梁的尺寸要求和计算简图

6.3.3.1　墙梁的尺寸要求

为了保证结构安全，《砌体结构设计规范》（GB 50003—2011）对墙梁的尺寸提出了要求。采用烧结普通砖砌体、混凝土普通砖砌体、混凝土多孔砖砌体和混凝土砌块砌体的墙梁，各部分尺寸应符合表 6.1 的规定。

表 6.1　墙梁的一般规定

墙梁类别	墙体总高度 /m	跨度 /m	墙体高跨比 h_w/l_{0i}	托梁高跨比 h_b/l_{0i}	洞宽比 b_h/l_{0i}	洞高 h_h
承重墙梁	≤18	≤9	≥0.4	≥1/10	≤0.3	≤$5h_w/6$，且 h_w-h_h≥0.4m
自承重墙梁	≤18	≤12	≥1/3	≥1/15	≤0.8	—

注：墙体总高度指托梁顶面到檐口的高度，带阁楼的坡屋面应算到山尖墙 1/2 高度处。

　　试验表明，偏开洞口对墙梁组合作用的发挥是极不利的，洞口外墙肢过小，极易剪坏或被推出破坏，限制洞距及采取相应措施非常重要。因此，在墙梁设计中，洞口设置还应满足下列规定。

　　① 墙梁计算高度范围内每跨允许设置一个洞口，洞口高度，对窗洞取洞顶至托梁顶面距离。对自承重墙梁，洞口至边支座中心的距离不应小于 $0.1l_{0i}$，门窗洞上口至墙顶的距离不应小于 0.5m。

　　② 洞口边缘至支座中心的距离，距边支座不应小于墙梁计算跨度的 0.15 倍，距中支座不应小于墙梁计算跨度的 0.07 倍。托梁支座处上部墙体应设置混凝土构造柱、且构造柱边缘至洞口边缘的距离不小于 240mm 时，洞口边至支座中心距离的限值可不受本条限制。

　　③ 托梁高跨比，对无洞口墙梁不宜大于 1/7，对靠近支座有洞口的墙梁不宜大于 1/6。配筋砌块砌体墙梁的托梁高跨比可适当放宽，但不宜小于 1/14；当墙梁结构中的墙体均为配筋砌块砌体时，墙体总高度可不受表 6.1 的限制。

6.3.3.2　墙梁的计算简图

　　墙梁的计算简图，应按图 6.20 采用。各计算参数的取值如下。

　　① 墙梁的计算跨度 l_0，对简支墙梁和连续墙梁取净跨的 1.1 倍和支座中心线距离 l_c 的较小值，即 $l_0=1.1l_n\leqslant l_c$；对框支墙梁，取框架柱轴线间的距离，即 $l_0=l_c$。

　　② 墙体计算高度 h_w，取托梁顶面上一层墙体（包括顶梁）高度，当 $h_w>l_0$ 时，取 $h_w=l_0$（对连续墙梁和多跨框支墙梁，l_0 取各跨的平均值）。

　　③ 墙梁跨中截面计算高度 H_0，取 $H_0=h_w+0.5h_b$。

　　④ 翼墙计算宽度 b_f，取窗间墙宽度或横墙间距的 2/3，且每边不大于 $3.5h$（h 为墙体厚度）和 $l_0/6$。

　　⑤ 框架柱计算高度 H_c，取 $H_c=H_{cn}+0.5h_b$；H_{cn} 为框架柱的净高，取基础顶面至托梁底面的距离。

6.3.3.3　墙梁上的荷载

　　墙梁计算分使用阶段计算和施工阶段计算，相应的计算荷载，应按下列规定采用。

　　(1) 使用阶段墙梁上的荷载

　　① 承重墙梁。托梁顶面的荷载设计值 Q_1、F_1，取托梁自重及本层楼盖的恒荷载和活荷载。

　　墙梁顶面的荷载设计值 Q_2，取托梁以上各层墙体自重，以及墙梁顶面以上各层楼（屋）盖的恒荷载和活荷载；集中荷载可沿作用的跨度近似化为均布荷载。

　　② 自承重墙梁。墙梁顶面的荷载设计值 Q_2，取托梁自重及托梁以上墙体自重。

　　(2) 施工阶段托梁上的荷载　施工阶段托梁上的荷载由如下三部分组成：托梁自重及本

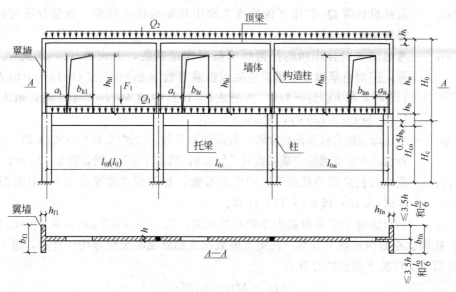

图 6.20 墙梁的计算简图

层楼盖的恒荷载；本层楼盖的施工荷载；墙体自重，可取高度为 $l_{0max}/3$ 的墙体自重，开洞时尚应按洞顶以下实际分布的墙体自重复核；l_{0max} 为各计算跨度的最大值。

6.3.4 墙梁的承载力计算

根据墙梁可能发生的几种破坏形态，应分别进行使用阶段托梁正截面承载力和斜截面受剪承载力计算、墙体受剪承载力计算、托梁支座上部砌体局部受压承载力计算。此外，由于施工阶段托梁与墙体尚未形成良好的组合工作性能，还应对托梁进行施工阶段的承载力验算。自承重墙梁可不验算墙体受剪承载力和砌体局部受压承载力。

6.3.4.1 墙梁的托梁正截面承载力计算

墙梁正截面的弯曲破坏是托梁中受拉纵筋屈服，竖直裂缝显著开展所造成的，而墙体上部受压区并未破坏。所以，墙梁受弯承载力计算其实就是对托梁进行承载力计算。

（1）托梁跨中截面承载力计算 托梁跨中截面按钢筋混凝土偏心受拉构件进行计算，第 i 跨跨中最大弯矩设计值 M_{bi} 和轴心拉力设计值 N_{bti} 按下列公式进行计算

$$M_{bi}=M_{1i}+\alpha_M M_{2i} \tag{6.12}$$

$$N_{bti}=\eta_N M_{2i}/H_0 \tag{6.13}$$

当为简支墙梁时：

$$\alpha_M=\psi_M(1.7h_b/l_0-0.03) \tag{6.14}$$

$$\psi_M=4.5-10a/l_0 \tag{6.15}$$

$$\eta_N=0.44+2.1h_w/l_0 \tag{6.16}$$

当为连续墙梁和框支墙梁时：

$$\alpha_M=\psi_M(2.7h_b/l_{0i}-0.08) \tag{6.17}$$

$$\psi_M=3.8-8.0a_i/l_{0i} \tag{6.18}$$

$$\eta_N=0.8+2.6h_w/l_{0i} \tag{6.19}$$

式中 M_{1i}——荷载设计值 Q_1、F_1 作用下的简支梁跨中弯矩或按连续梁、框架分析的托梁第 i 跨跨中最大弯矩。

149

M_{2i}——荷载设计值 Q_2 作用下的简支梁跨中弯矩或按连续梁、框架分析的托梁第 i 跨跨中最大弯矩。

α_M——考虑墙梁组合作用的托梁跨中截面弯矩系数，由式（6.14）或式（6.17）计算，但对自承重简支墙梁应乘以折减系数 0.8；当公式（6.14）中的 $h_b/l_0 > 1/6$ 时，取 $h_b/l_0 = 1/6$；当公式（6.17）中的 $h_b/l_{0i} > 1/7$ 时，取 $h_b/l_{0i} = 1/7$；当 $\alpha_M > 1.0$ 时，取 $\alpha_M = 1.0$。

η_N——考虑墙梁组合作用的托梁跨中截面轴力系数，由式（6.16）或式（6.19）计算，但对自承重简支墙梁应乘以折减系数 0.8；当 $h_w/l_{0i} > 1$ 时，取 $h_w/l_{0i} = 1$。

ψ_M——洞口对托梁跨中截面弯矩的影响系数，对无洞口墙梁取 1.0，对有洞口墙梁按式（6.15）或式（6.18）计算。

a_i——洞口边缘至墙梁最近支座中心的距离，当 $a_i > 0.35 l_{0i}$ 时，取 $a_i = 0.35 l_{0i}$。

（2）托梁支座截面承载力计算　托梁支座截面按钢筋混凝土受弯构件计算，第 j 支座的弯矩设计值 M_{bj} 可按下列公式计算：

$$M_{bj} = M_{1j} + \alpha_M M_{2j} \tag{6.20}$$
$$\alpha_M = 0.75 - a_i/l_{0i} \tag{6.21}$$

式中　M_{1j}——荷载设计值 Q_1、F_1 作用下按连续梁或框架分析的托梁第 j 支座截面的弯矩设计值；

M_{2j}——荷载设计值 Q_2 作用下按连续梁或框架分析的托梁第 j 支座截面的弯矩设计值；

α_M——考虑墙梁组合作用的托梁支座截面弯矩系数，无洞口墙梁取 0.4，有洞口墙梁可按公式（6.21）计算。

6.3.4.2　墙梁的托梁斜截面受剪承载力计算

一般情况下，托梁斜截面剪切破坏发生在墙体剪切破坏之后。当托梁混凝土强度较低，箍筋较少时，或墙体采用构造框架约束墙体的情况下托梁可能先于墙体剪切破坏。故应计算托梁的斜截面受剪承载力。墙梁的托梁斜截面受剪承载力应按钢筋混凝土受弯构件计算，第 j 支座边缘截面的剪力设计值 V_{bj} 可按式（6.22）计算：

$$V_{bj} = V_{1j} + \beta_v V_{2j} \tag{6.22}$$

式中　V_{1j}——荷载设计值 Q_1、F_1 作用下按简支梁、连续梁或框架分析的托梁第 j 支座边缘截面剪力设计值；

V_{2j}——荷载设计值 Q_2 作用下按简支梁、连续梁或框架分析的托梁第 j 支座边缘截面剪力设计值；

β_v——考虑墙梁组合作用的托梁剪力系数，无洞口墙梁边支座截面取 0.6，中间支座截面取 0.7；有洞口墙梁边支座截面取 0.7，中间支座截面取 0.8；对自承重墙梁，无洞口取 0.45，有洞口取 0.50。

6.3.4.3　墙梁的墙体受剪承载力计算

试验表明，墙梁的墙体剪切破坏发生于 $h_w/l_0 < 0.75 \sim 0.80$，托梁较强、砌体相对较弱的情况，而当 $h_w/l_0 < 0.35 \sim 0.40$ 时发生承载力较低的斜拉破坏，否则将发生斜压破坏。墙梁的墙体受剪承载力，应按式（6.23）验算

$$V_2 \leqslant \xi_1 \xi_2 \left(0.2 + \frac{h_b}{l_{0i}} + \frac{h_t}{l_{0i}} \right) f h h_w \tag{6.23}$$

式中　V_2——在荷载设计值 Q_2 作用下墙梁支座边缘截面剪力的最大值；

　　　ξ_1——翼墙影响系数，对单层墙梁取 1.0，对多层墙梁，当 $b_f/h=3$ 时取 1.3，当 $b_f/h=7$ 时取 1.5，当 $3<b_f/h<7$ 时，按线性插入取值；

　　　ξ_2——洞口影响系数，无洞口墙梁取 1.0，多层有洞口墙梁取 0.9，单层有洞口墙梁取 0.6；

　　　h_t——墙梁顶面圈梁的截面高度。

当墙梁支座截面处墙体中设置上、下贯通的落地混凝土构造柱，且其截面不小于 240mm×240mm 时，可不验算墙梁的墙体受剪承载力。

6.3.4.4　托梁支座上部砌体局部受压承载力验算

试验表明，在 $h_w/l_0>0.75\sim0.80$，且无翼墙、砌体强度较低时，托梁支座上部砌体容易因竖向正应力集中而引起砌体的局部受压破坏。托梁支座上部砌体局部受压承载力，应按下述公式验算

$$Q_2\leqslant\zeta fh \tag{6.24}$$
$$\zeta=0.25+0.08b_f/h \tag{6.25}$$

式中　ζ——局压系数。

当墙梁的墙体中设置上、下贯通的落地混凝土构造柱，且其截面不小于 240mm×240mm 时，或当 $b_f/h\geqslant5$ 时，可不验算托梁支座上部砌体局部受压承载力。

6.3.4.5　施工阶段托梁承载力验算

墙梁是在托梁上砌筑砌体墙而形成的，因此在施工阶段不考虑托梁与墙体的组合工作性能。除限制计算高度范围内墙体每天的可砌高度，严格进行施工质量控制以外，尚应按钢筋混凝土受弯构件对托梁进行施工荷载作用下的受弯、受剪承载力验算，以确保施工安全。

6.3.5　墙梁的构造要求

为保证托梁与上部墙体共同工作，保证墙梁组合作用的正常发挥，墙梁还应符合下列构造要求。

① 托梁和框支柱的混凝土强度等级不应低于 C30。

② 承重墙梁的块体强度等级不应低于 MU10，计算高度范围内墙体的砂浆强度等级不应低于 M10（Mb10）。

③ 框支墙梁的上部砌体房屋，以及设有承重的简支墙梁或连续墙梁的房屋，应满足刚性方案房屋的要求。

④ 墙梁计算高度范围内的墙体厚度，对砖砌体不应小于 240mm，对混凝土砌块砌体不应小于 190mm。

⑤ 墙梁洞口上方应设置钢筋混凝土过梁，其支承长度不应小于 240mm；洞口范围内不应施加集中荷载。

⑥ 承重墙梁的支座处应设置落地翼墙，翼墙厚度对砖砌体不应小于 240mm，对混凝土砌块砌体不应小于 190mm，翼墙宽度不应小于墙梁墙体厚度的 3 倍，并与墙梁墙体同时砌筑。当不能设置翼墙时，应设置落地且上、下贯通的混凝土构造柱。

⑦ 当墙梁墙体在靠近支座 1/3 跨度范围内开洞时，支座处应设置落地且上、下贯通的混凝土构造柱，并应与每层圈梁连接。

⑧ 墙梁计算高度范围内的墙体，每天可砌筑高度不应超过 1.5m，否则，应加设临时

⑨ 托梁两侧各两个开间的楼盖应采用现浇混凝土楼盖，楼板厚度不应小于120mm，当楼板厚度大于150mm时，应采用双层双向钢筋网，楼板上应少开洞，洞口尺寸大于800mm时应设洞口边梁。

⑩ 托梁每跨底部纵向受力钢筋应通长设置，不应在跨中弯起或截断；钢筋连接应采用机械连接或焊接。

⑪ 托梁跨中截面的纵向受力钢筋总配筋率不应小于0.6%。

⑫ 托梁上部通长布置的纵向钢筋面积与跨中下部纵向钢筋面积之比不应小于0.4；连续墙梁或多跨框支墙梁的托梁支座上部附加纵向钢筋从支座边缘算起每边延伸长度不应小于$l_0/4$。

⑬ 承重墙梁的托梁在砌体墙、柱上的支承长度不应小于350mm；纵向受力钢筋伸入支座的长度应符合受拉钢筋的锚固要求。

⑭ 当托梁截面高度$h_b \geq 450$mm时，应沿梁截面高度设置通长水平腰筋，其直径不应小于12mm，间距不应大于200mm。

⑮ 对于洞口偏置的墙梁，其托梁的箍筋加密区范围应延伸到洞口外，距洞边的距离$\geq h_b$（见图6.21），箍筋直径不应小于8mm，间距不应大于100mm。

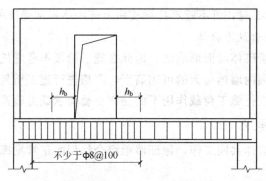

图6.21 偏开洞时托梁箍筋加密区

【例6.5】 某四层商店-住宅楼，局部平面和剖面如图6.22所示。无洞口简支墙梁的托梁截面尺寸$b_b \times h_b = 250$mm$\times 600$mm，采用C30混凝土，纵向受力钢筋为HRB400级钢筋，构造钢筋和箍筋为HPB300级钢筋。砌体用MU10烧结普通砖和M5混合砂浆砌筑，墙体计算高度范围内（二层）用M10混合砂浆砌筑，托梁上砖墙厚240mm，双面粉刷，施工质量控制等级为B级。在托梁、墙梁顶面和檐口标高处按要求设置现浇钢筋混凝土圈梁，截面为240mm$\times$120mm，纵筋4Φ10，箍筋Φ6@200。各层楼板厚度均为120mm。已知荷载标准值如下。

恒荷载：二层楼面4.2kN/m²，三、四层楼面3.4kN/m²，屋面5.4kN/m²

240mm厚砖墙（含粉刷层）自重5.24kN/m²

钢筋混凝土托梁自重（含抹灰层）4.3kN/m

活荷载：楼面2.0kN/m²，屋面0.5kN/m²

结构安全等级为二级，设计使用年限50年。试设计该楼房的承重墙梁。

【解】 （1）计算简图

墙梁支座中心线距离：$l_c = 6000$mm

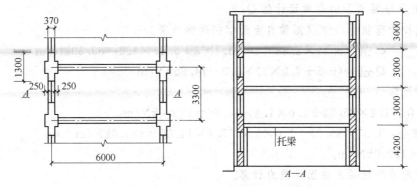

图 6.22　例 6.5 之房屋局部平面和剖面图

墙梁净跨度为：$l_n = 6000 - 500 - 370 = 5130\text{mm}$

$1.1 l_n = 1.1 \times 5130 = 5640\text{mm} < l_c = 6000\text{mm}$

取计算跨度

$$l_0 = 5640\text{mm}$$

墙体计算高度为二层层高减去楼板厚度，其值不超过计算跨度，所以

$$h_w = 3000 - 120 = 2880\text{mm}$$

$$< l_0 = 5640\text{mm}$$

墙梁跨中截面计算高度

$$\begin{aligned} H_0 &= h_w + 0.5 h_b \\ &= 2880 + 0.5 \times 600 \\ &= 3180\text{mm} \end{aligned}$$

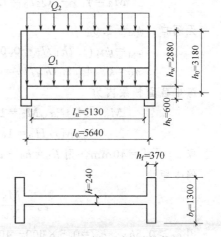

图 6.23　例 6.5 之计算简图

尺寸验算：

墙体总高 9m < 18m，$l_c = 6\text{m} < 9\text{m}$

$$\frac{h_w}{l_0} = \frac{2880}{5640} = 0.51 > 0.4, \frac{h_b}{l_0} = \frac{600}{5640} = 0.106 > 1/10, \text{无洞口}$$

尺寸满足表 6.1 的规定，且 $h_b/l_0 = 0.106 < 1/7 = 0.143$，满足要求。

构造方面

$h = 240\text{mm}$，$h_f = 370\text{mm} > 240\text{mm}$

$b_f = 1300\text{mm} > 3h = 3 \times 240 = 720\text{mm}$，满足构造要求

结构计算简图，见图 6.23。

(2) 使用阶段荷载计算

① 直接作用在托梁顶面的荷载设计值 Q_1

恒荷载和活荷载标准值

$$Q_{G1k} = 4.3 + 4.2 \times 3.3 = 18.16\text{kN/m}$$

$$Q_{Q1k} = 2.0 \times 3.3 = 6.6\text{kN/m}$$

荷载设计值

1.2 组合：$1.2 \times 18.16 + 1.0 \times 1.4 \times 6.6 = 31.0\text{kN/m}$

1.35 组合：$1.35 \times 18.16 + 1.0 \times 1.4 \times 0.7 \times 6.6 = 31.0\text{kN/m}$

取 $Q_1 = 31.0\text{kN/m}$。

② 作用于墙梁顶面的荷载设计值 Q_2

恒荷载和活荷载标准值（圈梁自重近似按砌体计算）

$$Q_{G2k} = 5.24 \times 2.88 \times 3 + (3.4 \times 2 + 5.4) \times 3.3 = 85.53\text{kN/m}$$

$$Q_{Q2k} = (0.5 + 2.0 \times 2) \times 3.3 = 14.85\text{kN/m}$$

荷载设计值

1.2 组合：$1.2 \times 85.53 + 1.0 \times 1.4 \times 14.85 = 123.4\text{kN/m}$

1.35 组合：$1.35 \times 85.53 + 1.0 \times 1.4 \times 0.7 \times 14.85 = 130.0\text{kN/m}$

取 $Q_2 = 130.0\text{kN/m}$。

(3) 使用阶段托梁正截面承载力计算

$$M_1 = \gamma_0 \times \frac{1}{8} Q_1 l_0^2 = 1.0 \times \frac{1}{8} \times 31.0 \times 5.64^2 = 123.3\text{kN} \cdot \text{m}$$

$$M_2 = \gamma_0 \times \frac{1}{8} Q_2 l_0^2 = 1.0 \times \frac{1}{8} \times 130.0 \times 5.64^2 = 516.9\text{kN} \cdot \text{m}$$

无洞口，$\psi_M = 1.0$

$$\alpha_M = \psi_M (1.7 h_b/l_0 - 0.03) = 1.0 \times (1.7 \times 600/5640 - 0.03) = 0.151$$

$$\eta_N = 0.44 + 2.1 h_w/l_0 = 0.44 + 2.1 \times 2880/5640 = 1.512$$

跨中截面托梁内力

$$M_b = M_1 + \alpha_M M_2 = 123.3 + 0.151 \times 516.9 = 201.4\text{kN} \cdot \text{m}$$

$$N_{bt} = \eta_N M_2/H_0 = 1.512 \times 516.9/3.18 = 245.8\text{kN}$$

取 $a_s = a_s' = 40\text{mm}$，则 $h_0 = h_b - a_s = 600 - 40 = 560\text{mm}$

偏心距

$$e_0 = \frac{M_b}{N_{bt}} = \frac{201.4 \times 10^3}{245.8} = 819\text{mm}$$

因 $e_0 > 0.5 h_b - a_s = 0.5 \times 600 - 40 = 260\text{mm}$，故为大偏心受拉。拉力作用点到钢筋合力中心的距离

$$e = e_0 - h_b/2 + a_s = 819 - 600/2 + 40 = 559\text{mm}$$

$$e' = e_0 + h_b/2 - a_s' = 819 + 600/2 - 40 = 1079\text{mm}$$

受拉钢筋和受压钢筋面积未知，截面受压区高度 x 也未知。非对称配筋，可取

$$x = \xi_b h_0 = 0.518 \times 560 = 290\text{mm}$$

压筋面积为

$$A_s' = \frac{N_{bt} e - \alpha_1 f_c b_b x (h_0 - 0.5x)}{f_y'(h_0 - a_s')}$$

$$= \frac{245.8 \times 10^3 \times 559 - 1.0 \times 14.3 \times 250 \times 290 \times (560 - 0.5 \times 290)}{360 \times (560 - 40)}$$

$$= -1564\text{mm}^2 < 0.20\% b_b h_b = 0.20\% \times 250 \times 600 = 300\text{mm}^2$$

应按最小配筋率配筋，上部受压钢筋可配 2Φ14，$A_s' = 308\text{mm}^2 > 300\text{mm}^2$。接下来的问题就是已知受压钢筋面积求受拉钢筋面积，应先求受压区高度 x，后计算受拉钢筋面积 A_s。

$$x = h_0 - \sqrt{h_0^2 - \frac{2[N_{bt} e - f_y' A_s'(h_0 - a_s')]}{\alpha_1 f_c b_b}}$$

$$= 560 - \sqrt{560^2 - \frac{2 \times [245.8 \times 10^3 \times 559 - 360 \times 308 \times (560 - 40)]}{1.0 \times 14.3 \times 250}}$$

$$=41.4\text{mm}<\xi_b h_0=290\text{mm}$$

但 $x<2a'_s=2\times40=80\text{mm}$，说明受压钢筋不屈服。此时，受拉钢筋面积计算公式为

$$A_s=\frac{N_{bt}e'}{f_y(h_0-a'_s)}=\frac{245.8\times10^3\times1079}{360\times(560-40)}=1417\text{mm}^2$$

验算配筋率

$$45\frac{f_t}{f_y}=45\times\frac{1.43}{360}=0.18<0.20，\rho_{min}=0.20\%$$

$$\rho=\frac{A_s}{b_b h_b}=\frac{1417}{250\times600}=0.94\%>\rho_{min}=0.20\%，满足要求$$

托梁截面下部可配 $4\,\Phi\,22$，$A_s=1520\text{mm}^2$。上部受压钢筋需重新配置，因为构造要求上部通长钢筋的面积与跨中下部纵筋面积的比值不小于 0.4，即

$$A'_s\geqslant0.4A_s=0.4\times1520=608\text{mm}^2$$

所以上部纵筋重新选配 $2\,\Phi\,20$，$A'_s=628\text{mm}^2$。受力钢筋总配筋率

$$\rho_{总}=\frac{A_s+A'_s}{b_b h_b}=\frac{1520+628}{250\times600}=1.43\%>0.6\%，满足构造要求$$

梁截面高度为 600mm，纵向还需要设置两道腰筋（纵向构造钢筋），$4\Phi12$。

(4) 使用阶段托梁斜截面受剪承载力计算

$$V_1=\gamma_0\times\frac{1}{2}Q_1 l_n=1.0\times\frac{1}{2}\times31.0\times5.13=79.5\text{kN}$$

$$V_2=\gamma_0\times\frac{1}{2}Q_2 l_n=1.0\times\frac{1}{2}\times130.0\times5.13=333.5\text{kN}$$

无洞口墙梁，边支座，$\beta_v=0.6$

$$V_b=V_1+\beta_v V_2=79.5+0.6\times333.5=279.6\text{kN}$$

$$\frac{h_0}{b_b}=\frac{560}{250}=2.24<4$$

$$0.25\beta_c f_c b_b h_0=0.25\times1.0\times14.3\times250\times560=500.5\times10^3\text{N}$$

$$=500.5\text{kN}>V_b=279.6\text{kN}，截面尺寸满足要求$$

$$\alpha_{cv}f_t b_b h_0=0.7\times1.43\times250\times560=140.1\times10^3\text{N}$$

$$=140.1\text{kN}<V_b=279.6\text{kN}，需要计算配置箍筋$$

计算箍筋用量

$$\frac{A_{sv}}{s}\geqslant\frac{V_b-\alpha_{cv}f_t b_b h_0}{f_{yv}h_0}=\frac{(279.6-140.1)\times10^3}{270\times560}=0.923$$

选 $\Phi10$ 双肢箍，则 $A_{sv}=78.5\times2=157\text{mm}^2$，则有

$$s\leqslant\frac{A_{sv}}{0.923}=\frac{157}{0.923}=170\text{mm}$$

考虑到施工上的方便性，取箍筋间距 $s=150\text{mm}$，验算箍筋配筋率（配箍率）：

$$\rho_{sv,min}=0.24\frac{f_t}{f_{yv}}=0.24\times\frac{1.43}{270}=0.13\%$$

$$\rho_{sv}=\frac{A_{sv}}{b_b s}=\frac{157}{250\times150}=0.42\%>\rho_{sv,min}=0.13\%，满足要求$$

托梁完整的配筋如图 6.24 所示（平法标注）

图 6.24 例 6.5 之托梁配筋图

(5) 使用阶段墙体受剪承载力验算

无洞口墙梁，$\xi_2 = 1.0$，因为

$$b_f/h = 1300/240 = 5.42 < 7$$
$$b_f/h = 1300/240 = 5.42 > 3$$

所以，ξ_1 应按插入法取值

$$\xi_1 = 1.3 + \frac{1.5 - 1.3}{7 - 3} \times (5.42 - 3) = 1.421$$

墙体受剪承载力验算

$$\xi_1 \xi_2 \left(0.2 + \frac{h_b}{l_0} + \frac{h_t}{l_0}\right) fhh_w = 1.421 \times 1.0 \times \left(0.2 + \frac{600}{5640} + \frac{120}{5640}\right) \times 1.89 \times 240 \times 2880$$
$$= 608.3 \times 10^3 \text{N} = 608.3 \text{kN} > V_2 = 333.5 \text{kN，满足要求}$$

(6) 使用阶段托梁支座上部砌体局部受压承载力验算

$b_f/h = 1300/240 = 5.42 > 5$，可不验算托梁支座上部砌体局部受压承载力。

(7) 施工阶段托梁承载力验算

取结构重要性系数 $\gamma_0 = 0.9$

施工期间托梁上的荷载：

托梁自重 4.3kN/m

本层楼面恒荷载 $4.2 \times 3.3 = 13.86$kN/m

本层楼面施工荷载（取楼面活荷载）$2.0 \times 3.3 = 6.6$kN/m

墙体自重取 $l_0/3$ 墙高 $5.24 \times (5.64/3) = 9.85$kN/m

恒荷载标准值 $g_k = 4.3 + 13.86 + 9.85 = 28.0$kN/m

活荷载标准值 $q_k = 6.6$kN/m

内力设计值

1.2 组合：$1.2 \times 28.0 + 1.0 \times 1.4 \times 6.6 = 42.84$kN/m

1.35 组合：$1.35 \times 28.0 + 1.0 \times 1.4 \times 0.7 \times 6.6 = 44.27$kN/m

取 $g + q = 44.27$kN/m。

$$M = \gamma_0 \times \frac{1}{8}(g+q)l_0^2 = 0.9 \times \frac{1}{8} \times 44.27 \times 5.64^2 = 158.4 \text{kN} \cdot \text{m}$$

$$V = \gamma_0 \times \frac{1}{2}(g+q)l_n = 0.9 \times \frac{1}{2} \times 44.27 \times 5.13 = 102.2 \text{kN} < V_b = 279.6 \text{kN，满足}$$

以下根据实配受力钢筋按正截面受弯计算极限弯矩。托梁属于矩形截面双筋梁，由力平衡公式解算受压区高度 x，再由力矩公式计算极限弯矩。

$$x = \frac{f_y A_s - f_y' A_s'}{\alpha_1 f_c b_b} = \frac{360 \times 1520 - 360 \times 628}{1.0 \times 14.3 \times 250} = 89.8 \text{mm} < \xi_b h_0 = 290 \text{mm}$$

$x > 2a_s' = 2 \times 40 = 80$mm，满足基本公式的适用条件

$$M_u = \alpha_1 f_c b_b x(h_0 - 0.5x) + f_y' A_s'(h_0 - a_s')$$

$$=1.0\times14.3\times250\times89.8\times(560-0.5\times89.8)+360\times628\times(560-40)$$
$$=282.9\times10^6\text{N}\cdot\text{mm}=282.9\text{kN}\cdot\text{m}$$
$$>M=158.4\text{kN}\cdot\text{m},满足要求$$

本 章 小 结

挑梁、过梁和墙梁是混合结构房屋中重要的水平构件，它们和砌体一起工作，共同承受外力。承载力计算应保证砌体安全，也应保证梁的安全，内容不仅涉及砌体构件，而且牵涉到混凝土构件，就这一点而言，本章是多门课程知识的综合应用。算例中梁的配筋计算采用的是基本公式直接求解法，而不是一些教材中引进中间参数的迂回法，相关内容可参阅混凝土结构基本原理课程。

挑梁的受力过程可分为弹性、界面水平裂缝发展和破坏三个受力阶段，可能的破坏形态有挑梁倾覆破坏、挑梁下砌体局部受压破坏和挑梁自身破坏，设计时应进行相应验算，以确保安全。另外，挑梁的配筋和埋入砌体内的长度还应符合构造要求。

过梁有砖砌过梁和钢筋混凝土过梁两种类型，其中砖砌过梁分砖砌平拱过梁、砖砌弧拱过梁和钢筋砖过梁。钢筋混凝土过梁应用最广泛，可以现浇，也可以预制，有标准图集。过梁荷载有墙体荷载和计算范围内的梁板荷载，按简支梁计算跨中弯矩和支座剪力，并进行相应的承载力计算。对混凝土过梁，还应计算过梁下砌体的局部受压承载力。

墙梁可分为承重墙梁和自承重墙梁两类。墙梁由混凝土和砌体两种材料组成，未出现裂缝之前的受力性能与深梁类似。无洞口墙梁可视为一个带拉杆拱的受力模型，偏开洞墙梁可视为梁-拱组合的受力模型。这种受力模式从墙梁受力开始直至破坏，也不会发生改变。墙梁的破坏形态主要有弯曲破坏，剪切破坏和局部受压破坏。因为应力分布比较复杂，没有解析公式，根据大量的有限元数值分析结果和部分构件试验结果，归纳总结得到适合于设计计算的实用公式，具有一定的经验性，所以，除进行各种承载力计算外，还应特别重视构造要求。

思 考 题

6.1 挑梁的破坏形态有哪几种？

6.2 如何确定阳台的抗倾覆荷载？

6.3 挑梁的最大弯矩为何不在墙边截面？

6.4 过梁起什么作用？混合结构房屋中有哪些类型的过梁？

6.5 如何确定砖墙洞口上过梁的荷载？

6.6 墙梁的破坏形态有哪几种？

6.7 墙梁上的荷载如何计算？

选 择 题

6.1 当挑梁上有砌体时，挑梁埋入砌体的长度 l_1 与挑出长度 l 之比宜大于（　　）。

A. 2 　　　　　　B. 1.5 　　　　　　C. 1 　　　　　　D. 1.2

6.2 计算挑梁的抗倾覆力矩设计值时，挑梁的抗倾覆荷载为挑梁尾端上部 45° 扩散角范围内的砌体自重标准值与下列哪项数值之和？（　　）

A. 楼面恒载、活载设计值 　　　　　　B. 楼面恒载、活载标准值

C. 楼面恒载标准值　　　　　　　　　　D. 楼面活载标准值

6.3　当过梁上的砖墙高度大于过梁的净跨时，过梁上墙体荷载（自重）的考虑方法是（　　）。

A. 不考虑墙体荷载

B. 按高度为过梁净跨1/3的墙体均布自重采用

C. 按高度为过梁净跨的墙体均布自重采用

D. 按过梁上墙体的全部高度的均布自重采用

6.4　钢筋砖过梁适用跨度是（　　）。

A. 不大于1.5m　　B. 不小于1.5m　　C. 不大于1.2m　　D. 不小于1.2m

6.5　墙梁设计时，下列概念何者为正确？（　　　）

A. 无论何种类型墙梁，其顶面的荷载设计值计算方法相同

B. 托梁应该按偏心受拉构件进行施工阶段承载力验算

C. 承重墙梁的两端均应设置翼墙

D. 托梁在使用阶段斜截面受剪承载力应按偏心受拉构件计算

6.6　墙梁和钢筋混凝土过梁设计时，以下叙述何种是正确的？（　　　）

A. 承重墙梁和过梁应承担托梁（或过梁）以上各层墙体自重

B. 承重墙梁和过梁应承担本层楼盖的恒荷载和活荷载

C. 承重墙梁和过梁均应进行施工阶段承载力验算

D. 承重墙梁的托梁和过梁设计时均应进行砌体局部受压承载力验算

计 算 题

6.1　一承托阳台的钢筋混凝土挑梁埋置于T形截面墙段，如图6.25所示。挑出长度 $l=1.8$m，埋入长度 $l_1=2.2$m；挑梁截面 $b=240$mm，$h_b=350$mm，挑出端截面高度为150mm；挑梁墙体净高2.8m，墙厚240mm，双面粉刷；采用MU10烧结普通砖、M5混合砂浆砌筑，施工质量控制等级为B级。墙体自重5.24kN/m²；楼面和阳台荷载标准值：恒载 $F_k=6$kN，$g_{1k}=g_{2k}=17.75$kN/m，活载 $q_{1k}=8.25$kN/m，$q_{2k}=4.95$kN/m。挑梁采用C25混凝土，纵筋为HRB400级钢筋，箍筋为HPB300级钢筋；挑梁自重：挑出段为1.725kN/m，埋入段为2.31kN/m。结构安全等级为二级，设计使用年限为50年。试设计该挑梁。

6.2　已知某窗洞净宽1.5m，墙厚240mm，双面粉刷，墙体自重5.24kN/m²，采用MU10烧结普通砖和M5混合砂浆砌筑，施工质量控制等级为B级。在距洞口顶0.6m处作用有楼板传来的荷载：恒载标准值6kN/m，活载标准值4kN/m。结构安全等级为二级，设计使用年限为50年。试设计该过梁（分别设计成钢筋砖过梁和钢筋混凝土过梁）。

6.3　已知砖砌平拱过梁净跨1.2m，采用MU10烧结普通砖、M5混合砂浆砌筑，墙厚240mm，双面粉刷，施工质量控制等级为B级。在距洞口顶面1.0m处作用有楼板传来的恒载标准值4.5kN/m，活载标准值3.0kN/m。墙体自重5.24kN/m²。结构安全等级为二级，设计使用年限为50年。试验算该过梁的承载力。

6.4　某五层混合结构房屋，局部平面、剖面如图6.26所示。钢筋混凝土托梁，截面尺寸为 $b_b \times h_b = 300$mm×800mm，C30混凝土，HRB400级纵向受力钢筋，箍筋和构造钢筋采用HPB300级钢筋。墙体厚240mm，采用MU10烧结普通砖，计算高度范围内用M10混

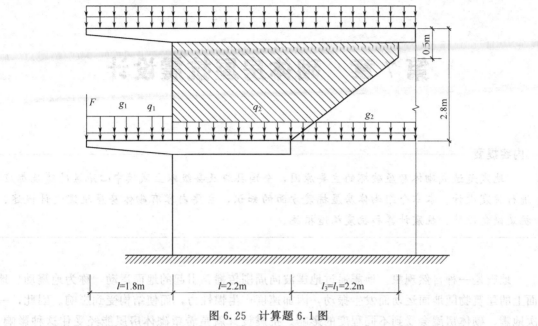

图 6.25   计算题 6.1 图

合砂浆砌筑，其余层采用 M7.5 混合砂浆砌筑，施工质量控制等级为 B 级。在托梁、墙梁顶面和檐口标高处设置现浇钢筋混凝土圈梁，截面为 240mm×120mm，纵筋 4Φ10，箍筋Φ6@200。恒载标准值（kN/m²）为：二层楼面 4.0，三至五层楼面 3.5，屋面 4.5；活载标准值（kN/m²）为：楼面 2.0，屋面 0.5。托梁上墙厚 240mm，无洞口。240mm 厚砖墙自重（含粉刷层）为 5.24kN/m²，钢筋混凝土自重 25.0kN/m³；托梁用水泥砂浆三面抹灰，厚度 20mm，水泥砂浆自重 20.0kN/m³。结构安全等级为二级，设计使用年限 50 年。试设计该墙梁。

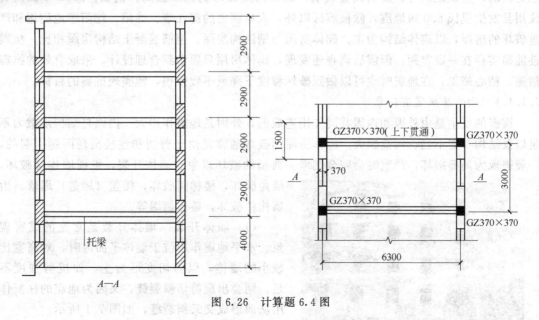

图 6.26   计算题 6.4 图

第 7 章 砌体房屋抗震设计

┌─ 内容提要 ───

　　地震是造成砌体房屋破坏的主要原因，全国县级及县级以上城镇中心地区的建筑都应
进行抗震设计。本章介绍砌体房屋抗震方面的知识，主要内容有砌体房屋抗震设计概述、
抗震概念设计、抗震计算和抗震构造措施。
└───

　　地震是一种自然现象。地震通过地震波向周围传播，引起的地面运动，称为地震动。地
面上的建筑物随地面运动而发生振动，因加速度产生惯性力，而使结构受到影响。因此，一
次地震，砌体房屋会受到不同程度的影响，抗震设计就是希望砌体房屋能经受住这种影响，
而不致引起严重破坏或倒塌。

7.1　砌体房屋抗震设计概述

7.1.1　砌体房屋震害介绍

　　砌体是由小尺寸的块体通过砂浆黏结起来的建筑材料，整体性差，抵抗水平地震作用的
能力较弱，且缺乏延性，震后调查表明，砌体房屋破坏的比率极高。例如，2008 年四川省
汶川县发生里氏 8.0 级地震，除极震区以外，人口稠密的都江堰、绵阳、德阳等地倒塌和严
重破坏的房屋，以砌体结构为主。砌体房屋与钢结构房屋、钢筋混凝土结构房屋相比，抗震
性能确实存在一定差距。但震后调查还发现，砌体房屋只要做到合理设计、采取有效的抗震
措施、精心施工，在地震时也可以做到破坏程度下降或不致毁损，能实现抗震的目标。

7.1.1.1　砌体房屋震害现象

　　震害的发生是由外因和内因共同作用造成的，外因是地震作用大，内因是结构承载力不
足以及结构布置不当、构造缺失。砌体房屋的破坏通常是由于剪切和连接出现问题引起的，
一般表现为局部损坏，严重时会完全倒塌。典型的破坏现象有墙体开裂，纵横墙连接破坏，
墙角破坏，楼梯间破坏，楼盖（屋盖）塌落，附属构件破坏，整体倒塌等。

　　（1）墙体开裂　墙体开裂是常见的震害现象。水平地震作用位于墙体平面内时，对高宽比
较小的墙体，以剪切变形为主，如抗剪强度不足，则会出现剪切斜裂缝，又因为地震的往复作
用从而形成交叉斜裂缝，如图 7.1 所示。

　　水平地震作用垂直于墙体平面时，墙体平面外受弯，则易产生水平通长裂缝。当横墙间距较

图 7.1　汶川地震某楼房窗间墙交叉斜裂缝

160

大时，纵墙容易出现弯曲裂缝。

（2）纵横墙连接处破坏　在水平和竖向地震作用下，纵墙与横墙的连接处应力集中，如连接不牢，则易发生竖向裂缝，甚至出现纵横墙脱开。严重时，外纵墙倒塌或被甩落于地，如图 7.2 所示。

图 7.2　唐山地震砌体房屋外纵墙掉落

（3）墙角破坏　墙角位于房屋端部，受房屋的整体约束较弱，承受横向水平地震和纵向水平地震作用，还可能承受扭转地震作用，受力十分复杂，震害往往比较严重。在墙角处可能出现受剪斜裂缝、受压竖向裂缝，也可能局部垮塌，如图 7.3 所示。

（4）楼梯间破坏　楼梯间开间小，水平刚度大，墙体分配的水平地震剪力较大，而且楼梯间墙体缺少与各层楼板的侧向支撑，在高度方向的约束减弱，在地震中破坏比较严重。楼梯间、电梯间一直是抗震中的薄弱环节，汶川地震中破坏十分突出。

图 7.3　墙体转角处破坏

（5）楼（屋）盖脱落　预制板的支承长度不够，或没有可靠的拉结措施，则地震时可能出现楼（屋）盖局部脱落，造成比较严重的破坏。

（6）附属构件破坏　突出屋面的女儿墙、楼梯间、烟囱等构件，由于鞭梢效应地震作用被放大，若连接构造不力，则容易发生开裂或倒塌。

（7）房屋倒塌　当房屋底层墙体的抗震承载力不足时，易发生整体倒塌破坏；当上部墙体或局部墙体抗震承载力不足时，易发生局部倒塌。砌体房屋大量倒塌，是河北省唐山地震和四川省汶川地震造成生命财产巨大损失的主要原因。

7.1.1.2　砌体房屋震害规律

经过历次震后调查分析发现，不同烈度时砌体房屋的破坏程度不同。震害表现尽管不同，但破坏部位变化不大，在宏观上存在以下规律。

① 层数与高度是影响砌体房屋震害的最重要因素，层数多的房屋破坏严重，而层数少的房屋破坏较轻。

② 刚性楼盖房屋，上层破坏较轻，下层破坏较重；柔性楼盖房屋，上层破坏较重，下层破坏较轻；预制楼盖的震害重于现浇楼盖的震害。

③ 横墙承重方案房屋的震害轻于纵墙承重方案房屋的震害。

④ 均匀坚硬地基上的砌体房屋震害较软弱地基和非均匀地基的砌体房屋震害轻。

⑤ 外廊式房屋震害较重。

⑥ 房屋的端部、转角、大房间、楼梯间、附属结构震害较重。

7.1.1.3 房屋震害的程度等级

破坏性大地震发生后，房屋将遭到不同程度的破坏。国内将破坏程度划分为基本完好、轻微损坏、中等破坏、严重破坏和倒塌五个等级，用于震后建筑破坏程度评估、鉴定和震害预测时未来地震对房屋破坏程度的预估。

（1）基本完好　承重构件完好，个别（指 5％以下）自承重构件轻微损坏；附属构件有不同程度的破坏。一般不需修理即可继续使用。

（2）轻微损坏　个别承重构件轻微裂缝，个别自承重构件明显破坏，附属构件有不同程度的破坏。不需修理或需稍加修理，仍可继续使用。

（3）中等破坏　多数（指超过 50％）承重构件轻微裂缝，部分（指 30％以下）明显裂缝；个别自承重构件严重破坏。需一般修理，采取安全措施后可适当使用。

（4）严重破坏　多数承重构件严重破坏或局部倒塌。应采取排险措施，需大修、局部拆除。

（5）倒塌　多数承重构件倒塌。需拆除。

7.1.2 抗震设防烈度与设防标准

7.1.2.1 抗震设防烈度

某一地区的地面和各类建筑物遭受一次地震影响的平均强弱程度，称为地震烈度。我国的地震烈度共分为 12 度，其中 1～5 度以人的感觉为主进行评判，6～10 度以房屋震害为主来评判，11 度、12 度则以地表现象为主判断。距震中的距离不同，地震的影响程度也不同，即烈度不同。通常情况下，震中附近地区，烈度高；距震中越远的地区，烈度越低。

建筑行业中所说的小震、中震、大震都与地震烈度有关。小震又称"多遇地震"，是指 50 年内超越概率约为 63％的地震烈度；中震又称"设防地震"，是指 50 年内超越概率约为 10％的地震烈度，即中国地震动参数区划图规定的峰值加速度所对应的烈度；大震又称"罕遇地震"，则是指 50 年内超越概率约为 2％～3％的地震烈度。

所谓抗震设防烈度，就是按国家规定的权限批准作为一个地区抗震设防依据的地震烈度。一般情况下，取 50 年内超越概率 10％的地震烈度，即中震或设防地震。抗震设防烈度本书中简称为烈度，有 6 度、7 度、8 度和 9 度，相应的设计基本地震加速度分别为 $0.05g$、$0.10g$（$0.15g$）、$0.20g$（$0.30g$）和 $0.40g$（此处 g 为重力加速度），7 度和 8 度分别有两个不同的设计基本地震加速度取值。同样的设防烈度，不同的地区设计基本地震加速度可能取值相同，也可能取值不相同。

我国县级及县级以上城镇中心地区的抗震设防烈度、设计基本地震加速度可查阅《建筑抗震设计规范》（GB 50011—2010）附录 A。

7.1.2.2 抗震设防分类

对于不同使用性质的建筑物，地震破坏所造成的后果是不一样的。根据建筑的重要性不同，国家标准《建筑工程抗震设防分类标准》（GB 50223—2008）将建筑物分为四类：特殊设防类、重点设防类、标准设防类和适度设防类，类别不同，抗震设防标准不同。

（1）特殊设防类　特殊设防类是指使用上有特殊设施，涉及国家公共安全的重大建筑工程和地震时可能发生严重次生灾害等特别重大灾害后果，需要提高设防标准的建筑。特殊设防类简称甲类。

（2）重点设防类　重点设防类是指地震时使用功能不能中断或需尽快恢复的生命线相关

建筑，以及地震时可能发生导致大量人员伤亡等重大灾害后果、需要提高设防标准的建筑。重点设防类简称乙类。

（3）标准设防类　标准设防类是指除（1）、（2）、（4）类以外按标准要求进行设防的建筑。标准设防类简称丙类。

（4）适度设防类　适度设防类是指使用上人员稀少且地震损害不致产生次生灾害，允许在一定条件下适度降低要求的建筑。适度设防类，简称丁类。

7.1.2.3　抗震设防标准

建筑物的抗震设防标准，分地震作用的确定和抗震措施要求两个方面。地震作用计算见7.3节，所谓抗震措施就是除地震作用计算和抗力计算以外的抗震设计内容，包括抗震构造措施。建筑物的抗震设防标准，应按下列规定采用。

（1）甲类建筑（特殊设防类建筑）

① 地震作用：应高于本地区抗震设防烈度的要求，其值按批准的地震安全性评价结果确定。

② 抗震措施：当抗震设防烈度为 6～8 度时，应符合本地区抗震设防烈度提高一度的要求；当为 9 度时，应符合比 9 度抗震设防更高的要求。

甲类设防建筑不宜采用砌体结构，当需要采用时，应采用质量很好的砖砌体，并应进行专门研究和采取更高要求的抗震措施。

（2）乙类建筑（重点设防类建筑）

① 地震作用：应符合本地区抗震设防烈度的要求。

② 抗震措施：一般情况下，当抗震设防烈度为 6～8 度时，应符合本地区抗震设防烈度提高一度的要求；当为 9 度时，应符合比 9 度抗震设防更高的要求；地基基础的抗震措施，应符合有关规定。

（3）丙类建筑（标准设防类建筑）　地震作用和抗震措施均应符合本地区抗震设防烈度的要求。

（4）丁类建筑（适度设防类建筑）

① 地震作用：仍应符合本地区抗震设防烈度的要求。

② 抗震措施：允许比本地区抗震设防烈度的要求适当降低，但抗震设防为 6 度时不应降低。

7.1.3　抗震设防目标和设计方法

7.1.3.1　抗震设防目标

抗震设防是对建筑物进行抗震设计，其目标就是在现有科技水平和一定经济条件下，最大限度地减轻建筑物的地震破坏，避免人员伤亡，减少经济损失。抗震设防烈度为 6 度及以上地区的建筑，必须进行抗震设计。

我国经过抗震设计的建筑，应到达的基本目标是：当遭受低于本地区抗震设防烈度的多遇地震（小震）影响时，主体结构不受损坏或不需修理可继续使用；当遭受相当于本地区抗震设防烈度的设防地震（中震）影响时，可能发生损坏，但经一般性修理仍可继续使用；当遭受到高于本地区抗震设防烈度的罕遇地震（大震）影响时，不致倒塌或发生危及生命的严重破坏。使用功能或其他方面有专门要求的建筑，当采用抗震性能化设计时，具有更具体或更高的抗震设防目标。以上基本目标可归结为"小震不坏，中震可修，大震不倒"的抗震设防三水准目标，这是唐山地震以后提出来的设计思想。

从结构受力角度看，当建筑遭受第一水准烈度地震（小震）影响时，结构应处于弹性工作状态，可以采用弹性体系动力理论进行结构和地震反应分析，满足强度要求；当建筑遭受第二水准烈度地震（中震）影响时，结构越过屈服极限，进入非弹性变形阶段，但结构的弹塑性变形被控制在某一限度以内，震后残留的永久变形不大；建筑遭受第三水准烈度地震（大震）影响时，建筑物虽然破坏比较严重，但整个结构的非弹性变形仍受到控制，与结构倒塌的临界变形尚有一段距离，从而保证了建筑内部人员的安全。

7.1.3.2 抗震设计方法

上述三个水准的抗震设防目标，可通过两阶段设计来实现。

（1）第一阶段设计 取多遇地震的地震动参数，计算结构的弹性地震作用标准值和相应的地震作用效应，与风、重力等荷载效应进行组合，并引入承载力调整系数，进行构件截面设计（抗震承载力验算），从而满足第一水准的要求（小震不坏）。

采用同一地震动参数，计算出结构的弹性层间位移角，使其不超过规定值；同时采取相应的抗震构造措施，保证结构具有足够的延性、变形能力和塑性耗能能力，从而自动满足第二水准的变形要求（中震可修）。

（2）第二阶段设计 采用罕遇地震的地震动参数，计算出结构薄弱部位的弹塑性层间位移角，使其小于规定的限值；并结合采取必要的抗震构造措施，从而满足第三水准的设防要求（大震不倒）。

对于大多数比较规则的建筑结构，一般可只进行第一阶段设计，满足小震不坏和中震可修；通过概念设计和抗震构造措施定性地满足大震不倒之要求。而对于一些有特殊要求的建筑或不规则结构，除进行第一阶段设计之外，还应进行第二阶段设计。

由于地震动的随机性和建筑物自身特性的不确定性，使地震造成的破坏程度很难预测。因此，进行抗震设计时，应多因素综合考虑，通常要进行"抗震概念设计，抗震计算，抗震构造措施"三方面的设计。

抗震设防烈度为7度和7度以上的砌体结构，应进行多遇地震作用下的截面抗震验算。抗震设防烈度为6度时，规则的砌体结构房屋构件，应允许不进行抗震验算，但应有符合规定的抗震措施；6度时，下列多层砌体房屋的构件，应进行多遇地震作用下的截面抗震验算。

①平面不规则的建筑；②总层数超过三层的底部框架-抗震墙砌体房屋；③外廊式和单面走廊式底部框架-抗震墙砌体房屋；④托梁等转换构件。

7.2 砌体房屋抗震概念设计

抗震概念设计是指根据地震灾害和工程经验等所形成的结构总体设计准则、设计思想，进行结构的总体布置、确定细部构造的设计过程，对从根本上消除建筑中的薄弱环节、构造良好结构抗震性能具有重要的决定性作用。

7.2.1 砌体房屋承重结构布置

砌体房屋的主要承重和抗侧力构件是墙体。纵墙承重的房屋，因横墙较少，地震时纵墙易发生平面外弯曲破坏，从而导致结构倒塌。所以抗震设计时，应优先采用横墙承重、纵横墙共同承重的结构体系，避免采用纵墙承重的结构体系，不应采用砌体墙和混凝土墙混合承重的结构体系。承重结构的布置应规则。

7.2.1.1　砌体房屋结构布置

多层砌体房屋平、立面布置的规则性，对抗震性能有着重要影响。汶川地震灾后调查发现，砌体结构房屋平面的凹凸变化造成缩进部位墙体首先倒塌，从而造成整幢建筑的严重破坏和局部倒塌。另外，对于局部突出的楼梯间、大房间墙的阳角，也都容易发生局部倒塌。因此，砌体房屋纵横向抗震墙的布置应符合下列要求：

① 抗震墙宜均匀对称，沿平面内宜对齐，沿竖向应上下连续；且纵横向墙体的数量不宜相差过大。

② 平面轮廓凹凸尺寸，不应超过典型尺寸的50%；当超过典型尺寸的50%时，房屋转角处应采取加强措施。

③ 楼板局部大洞口的尺寸不宜超过楼板宽度的30%，且不应在墙体两侧同时开洞。

④ 房屋错层的楼板高差超过500mm时，应按两层计算；错层部位的墙体应采取加强措施。

⑤ 同一轴线上的窗间墙宽度宜均匀；墙面洞口的面积，6度、7度时不宜大于墙面总面积的55%，8度、9度时不宜大于50%。

⑥ 在房屋宽度方向的中部应设置内纵墙，其累计长度不宜小于房屋总长度的60%（高宽比大于4的墙段不计入）。

除此之外，楼梯间不宜设置在房屋的尽端或转角处；不应在房屋的转角处设置转角窗；横墙较少、跨度较大的房屋，宜采用现浇钢筋混凝土楼（屋）盖。

房屋有下列情况之一时宜设置防震缝，缝两侧均应设置墙体，缝宽应根据烈度和房屋高度确定，可采用70～100mm：①房屋立面高差在6m以上；②房屋有错层，且楼板高差大于层高的1/4；③各部分结构刚度、质量截然不同。

7.2.1.2　底部框架-抗震墙砌体房屋的结构布置

底部框架-抗震墙砌体房屋的结构布置分砌体部分和钢筋混凝土部分，分别应满足各自的要求。

（1）砌体部分的结构布置　上部的砌体墙与底部的框架梁或抗震墙，除楼梯间附近的个别墙段外均应对齐。

房屋的底部，应沿纵横两个方向设置一定数量的抗震墙，并应均匀对称布置。6度且总层数不超过四层的底层框架抗震墙砌体房屋，应允许采用嵌砌于框架之间的约束普通砖砌体或砌块砌体的砌体抗震墙，但应计入砌体墙对框架的附加轴力和附加剪力并进行底层的抗震验算，且同一方向不应同时采用钢筋混凝土抗震墙和约束砌体抗震墙；其余情况，8度时应采用钢筋混凝土抗震墙，6度、7度时应采用钢筋混凝土抗震墙或配筋砌块砌体抗震墙。

底层框架-抗震墙砌体房屋纵横两个方向，第二层计入构造柱影响的侧向刚度与底层侧向刚度的比值，6度、7度时不应大于2.5，8度时不应大于2.0，且均不应小于1.0。

底部两层框架-抗震墙砌体房屋纵横两个方向，底层与底部第二层侧向刚度应接近，第三层计入构造柱影响的侧向刚度与底部第二层侧向刚度的比值，6度、7度时不应大于2.0，8度时不应大于1.5，且均不应小于1.0。

底部框架-抗震墙砌体房屋的抗震墙应设置条形基础、筏形基础等整体性好的基础。

（2）钢筋混凝土部分的结构布置　底部框架-抗震墙砌体房屋的钢筋混凝土结构部分，应符合框架结构的相应要求。此时，底部混凝土框架的抗震等级，6度、7度、8度应分别按三级、二级、一级采用；混凝土墙体的抗震等级，6度、7度、8度应分别按三级、三级、二级采用。

7.2.2 砌体房屋的高度和层数

从历次地震中已经总结出砌体结构房屋的层数和高度与地震震害成正比的结论，随着层数和高度的增加，破坏程度加重，倒塌率增加。因此，必须限制砌体房屋的高度和层数。一般情况下，砌体房屋的总高度和总层数不应超过表 7.1 的规定。

特殊情况下，房屋的总高度和层数还应做相应调整。

(1) 横墙少的砌体房屋　当同一楼层内开间大于 4.2m 的房间占该层总面积的 40％以上时，定义为房屋的横墙较少；其中，开间不大于 4.2m 的房间占该层总面积不到 20％且开间大于 4.8m 的房间占该层总面积的 50％以上者，定义为横墙很少的房屋。

各层横墙较少的多层墙体房屋，总高度应比表 7.1 中的规定降低 3m，层数相应减少一层；各层横墙很少的多层砌体房屋，房屋总高度应按表 7.1 中的规定降低 6m，层数相应减少二层。

抗震设防烈度为 6 度、7 度时，横墙较少的丙类多层砌体房屋，当按现行国家标准《建筑抗震设计规范》(GB 50011) 规定采取加强措施并满足抗震承载力要求时，其高度和层数应允许仍按表 7.1 的规定采用。

(2) 蒸压砖砌体房屋　采用蒸压灰砂普通砖和蒸压粉煤灰普通砖的砌体房屋，当砌体的抗剪强度仅达到普通黏土砖砌体的 70％时（普通砂浆砌筑的砌体），房屋的层数应比普通砖房屋减少一层，总高度应减少 3m；当砌体的抗剪强度达到普通黏土砖砌体的取值时（专用砂浆砌筑的砌体），房屋的层数和总高度的要求同普通砖房屋。

表 7.1　多层砌体房屋的层数和总高度限值　　　　　　单位：m

房屋类别		最小墙厚度/mm	设防烈度和设计基本地震加速度											
			6		7				8				9	
			0.05g		0.10g		0.15g		0.20g		0.30g		0.40g	
			高度	层数	高度	层数	高度	层数	高度	层数	高度	层数	高度	层数
多层砌体房屋	普通砖	240	21	7	21	7	21	7	18	6	15	5	12	4
	多孔砖	240	21	7	21	7	18	6	18	6	15	5	9	3
	多孔砖	190	21	7	18	6	15	5	15	5	12	4	—	—
	混凝土砌块	190	21	7	21	7	18	6	18	6	15	5	9	3
底部框架-抗震墙砌体房屋	普通砖 多孔砖	240	22	7	22	7	19	6	16	5	—	—	—	—
	多孔砖	190	22	7	19	6	16	5	13	4	—	—	—	—
	混凝土砌块	190	22	7	22	7	19	6	16	5	—	—	—	—

注：1. 房屋的总高度指室外地面到主要屋面板板顶或檐口的高度，半地下室从地下室室内地面算起，全地下室和嵌固条件好的半地下室应允许从室外地面算起；对带阁楼的坡屋面应算到山尖墙的 1/2 高度处。

2. 室内外高差大于 0.6m 时，房屋总高度应允许比表中的数据适当增加，但增加量应少于 1.0m。

3. 乙类的多层砌体房屋仍按本地区设防烈度查表，其层数应减少一层且总高度应降低 3m；不应采用底部框架-抗震墙砌体房屋。

(3) 配筋砌块砌体房屋　国内外有关试验研究结果表明，配筋砌块砌体抗震墙结构的承载能力明显高于普通砌体，其竖向和水平灰缝使其具有较大的耗能能力，受力性能和计算方法都与钢筋混凝土抗震墙结构相似；在满足一定设计要求并采取适当抗震构造措施后，底部为部分框支抗震墙的配筋混凝土砌块抗震墙房屋仍具有较好的抗震性能，能满足 6～8 度抗震设防要求，它们都在建筑领域获得了应用。配筋砌块砌体抗震墙结构和部分框支抗震墙结构房屋的最大高度应符合表 7.2 的规定。

表 7.2　配筋砌块砌体抗震墙房屋适用的最大高度　　　　　　单位：m

结构类型 最小墙厚/mm		设防烈度和设计基本地震加速度					
		6 度	7 度		8 度		9 度
		0.05g	0.10g	0.15g	0.20g	0.30g	0.40g
配筋砌块砌体抗震墙	190	60	55	45	40	30	24
部分框支抗震墙		55	49	40	31	24	—

注：1. 房屋高度指室外地面到主要屋面板板顶的高度（不包括局部突出屋顶部分）。

2. 某层或几层开间大于 6.0m 以上的房间建筑面积占相应层建筑面积 40% 以上时，表中数据应减少 6m。

3. 部分框支抗震墙结构指首层或底部两层为框支层的结构，不包括仅个别框支墙的情况。

4. 房屋的高度超过表内高度时，应根据专门研究，采取有效的加强措施。

7.2.3　砌体房屋的高宽比和层高

若砌体房屋考虑整体弯曲进行验算，目前的计算方法即使在 7 度时，超过三层就不能满足要求，这与大量的震后调查不符。实际上，多层砌体房屋一般可以不做整体弯曲验算，但为了保证房屋的稳定性，对房屋的高宽比提出了要求。

多层砌体房屋总高度与总宽度的最大比值，宜符合表 7.3 的要求。

表 7.3　砌体房屋最大高宽比

烈度	6	7	8	9
最大高宽比	2.5	2.5	2.0	1.5

注：1. 单面走廊房屋的总宽度不包括走廊宽度。

2. 建筑平面接近正方形时，其高宽比宜适当减小。

试验研究表明，抗震墙的高度对抗震墙出平面（平面外）偏心受压承载力和变形有直接关系。因此，为了保证抗震墙出平面的承载力、刚度和稳定性，对砌体房屋层高提出了相应要求。

（1）多层砌体房屋　多层砌体房屋的层高，不应超过 3.6m。当使用功能确有需要时，采用约束墙体等加强措施的普通砖房屋，层高不应超过 3.9m。

底部框架-抗震墙砌体房屋的底部，层高不应超过 4.5m；当底层采用约束砌体抗震墙时，底层的层高不应超过 4.2m。

（2）配筋砌块抗震墙房屋　底部加强部位（不小于房屋高度的 1/6，且不小于底部二层的高度范围，房屋总高度小于 21m 时取一层）的层高，抗震等级为一级、二级时不宜大于 3.2m，三级、四级时不应大于 3.9m。其他部位的层高，抗震等级为一级、二级时不应大于 3.9m，三级、四级时不应大于 4.8m。

配筋砌块砌体抗震墙房屋的抗震等级，应根据设防烈度和房屋高度按表 7.4 采用。

7.2.4　抗震横墙的间距

多层砌体房屋的横向地震作用主要由横墙承担，地震中横墙间距大小对房屋是否倒塌影响很大，不仅横墙需要有足够的承载力，而且楼（屋）盖须具有传递地震作用给横墙的水平

表 7.4 配筋砌块砌体抗震墙结构房屋的抗震等级

结构类型		设防烈度						
		6		7		8		9
配筋砌块砌体抗震墙	高度/m	≤24	>24	≤24	>24	≤24	>24	≤24
	抗震墙	四	三	三	二	二	一	一
部分框支抗震墙	非底部加强部位抗震墙	四	三	三	二	二	不应采用	
	底部加强部位抗震墙	三	二	二	一	一		
	框支框架	二		二		一		

注：1. 对于四级抗震等级，除另有规定外，均按非抗震设计采用。

2. 接近或等于高度分界时，可结合房屋不规则程度及场地、地基条件确定抗震等级。

刚度。为了保证结构的空间刚度、保证楼（屋）盖具有足够的能力传递水平地震作用给墙体，房屋的抗震横墙间距不应超过表 7.5 的规定值。

表 7.5 房屋抗震横墙的间距 单位：m

房屋类别		烈 度			
		6	7	8	9
多层砌体房屋	现浇或装配整体式钢筋混凝土楼（屋）盖	15	15	11	7
	装配式钢筋混凝土楼（屋）盖	11	11	9	4
	木屋盖	9	9	4	—
底部框架-抗震墙砌体房屋	上部各层	同多层砌体房屋			—
	底层或底部两层	18	15	11	—

注：1. 多层砌体房屋的顶层，除木屋盖外的最大横墙间距应允许适当放宽，但应采取相应的加强措施。

2. 多孔砖抗震横墙厚度为 190mm 时，最大横墙间距应比表中数值减少 3m。

7.2.5 房屋的局部尺寸

为了避免砌体结构房屋出现抗震薄弱部位，防止因局部破坏而引起房屋倒塌，房屋中砌体的局部尺寸限值，宜符合表 7.6 的要求。

表 7.6 房屋的局部尺寸限值 单位：m

部 位	6 度	7 度	8 度	9 度
承重窗间墙最小宽度	1.0	1.0	1.2	1.5
承重外墙尽端至门窗洞边的最小距离	1.0	1.0	1.2	1.5
自承重外墙尽端至门窗洞边的最小距离	1.0	1.0	1.0	1.0
内墙阳角至门窗洞边的最小距离	1.0	1.0	1.5	2.0
无锚固女儿墙（非出入口处）的最大高度	0.5	0.5	0.5	0.0

注：1. 局部尺寸不足时，应采取局部加强措施弥补，且最小宽度不宜小于 1/4 层高和表列数据的 80%。

2. 出入口的女儿墙应有锚固。

7.2.6 结构材料的强度等级

（1）块体和砂浆 普通砖和多孔砖的强度等级不应低于 MU10，其砌筑砂浆强度等级不应低于 M5；蒸压灰砂普通砖、蒸压粉煤灰普通砖及混凝土砖的强度等级不应低于 MU15，其砌筑砂浆强度等级不应低于 Ms5（Mb5）。

混凝土砌块的强度等级不应低于 MU7.5，其砌筑砂浆的强度等级不应低于 Mb7.5。

约束砖砌体墙，其砌筑砂浆强度等级不应低于 M10 或 ML10。

配筋砌块砌体抗震墙，其混凝土空心砌块的强度等级不应低于 MU10，其砌筑砂浆强度等级不应低于 Mb10。

（2）混凝土　托梁、底部框架-抗震墙砌体房屋中的框架梁、框架柱、节点核芯区、混凝土墙和过渡层底板，部分框支配筋砌块砌体抗震墙结构中的框支梁和框支柱等转换构件、节点核芯区、落地混凝土墙和转换层楼板，其混凝土强度等级不应低于 C30。

构造柱、圈梁、水平现浇钢筋混凝土带及其他各类构件不应低于 C20，砌块砌体芯柱和配筋砌块砌体抗震墙的灌孔混凝土强度等级不应低于 Cb20。

（3）钢筋　钢筋宜选用 HRB400 级钢筋和 HRB335 级钢筋，也可采用 HPB300 级钢筋。托梁、框架梁、框架柱等混凝土构件和落地混凝土墙，其普通受力钢筋宜优先选用 HRB400 钢筋。

7.3　砌体房屋抗震计算

7.3.1　水平地震作用计算

地震时，多层砌体房屋的破坏主要是由水平地震作用引起的，因此，抗震计算时通常只考虑水平地震作用，而不考虑竖向地震作用和扭转作用。

7.3.1.1　结构的计算简图

水平地震作用下，砌体房屋以剪切变形为主，房屋结构和相应的计算简图如图 7.4 所示。底端固定，将结构计算单元中重力荷载代表值 G_i 分别集中在各楼层、屋盖结构的标高处，并用竖向弹性杆串联各质点。

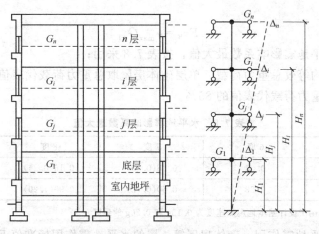

图 7.4　多层砌体房屋及其计算简图

集中在 i 层楼盖处的重力荷载代表值 G_i 为 i 层自重标准值和可变荷载组合值之和。自重标准值取 i 层楼盖自重和该楼层为中心上下各半层的墙体自重；i 层楼面上的可变荷载组合值为可变荷载组合值系数×可变荷载标准值。各可变荷载的组合值系数，应按表 7.7 采用。

砌体结构

表 7.7　可变荷载组合值系数

可变荷载种类		组合值系数
雪荷载		0.5
屋面积灰荷载		0.5
屋面活荷载		不计入
按实际情况计算的楼面活荷载		1.0
按等效均布荷载计算的楼面活荷载	藏书库、档案馆	0.8
	其他民用建筑	0.5
起重机悬吊物重力	硬钩吊车	0.3
	软钩吊车	不计入

注：硬钩吊车的吊重较大时，组合值系数应按实际情况采用。

底部固定端的位置，应区别不同情况确定。当基础埋置较浅时，取基础顶面；当基础埋置较深时，取室外地坪以下 0.5m 处；当设有整体刚度很大的全地下室时，取地下室顶板处；当地下室整体刚度较小或为半地下室时，取为地下室室内地坪处，此时地下室顶板也算一层楼面。

各楼层的计算高度 H_i 为底部固定端起到楼层结构标高处的距离。

7.3.1.2　水平地震作用

砌体房屋高度不超过 40m，质量和刚度沿高度分布比较均匀，水平地震时以剪切变形为主，因此可采用底部剪力法计算水平地震作用。底部剪力法是振型分解反应谱法的一种简化算法或特殊情况，即只取第一振型，且振型按倒三角形分布。计算和实测都发现，砌体结构基本周期 T_1 处于《建筑抗震设计规范》（GB 50011—2010）所规定的设计反应谱的水平台阶所覆盖的周期范围之内（$0.1s\sim T_g$），因此，水平地震影响系数可取 $\alpha_1 = \alpha_{max}$。

（1）总水平地震作用标准值　结构的总水平地震作用标准值 F_{Ek}（即底部剪力标准值），按式（7.1）计算

$$F_{Ek} = \alpha_{max} G_{eq} \tag{7.1}$$

式中　α_{max}——水平地震影响系数最大值，按表 7.8 采用；

G_{eq}——结构等效总重力荷载，单层砌体房屋取总重力荷载代表值，多层砌体房屋取总重力荷载代表值的 85%。

表 7.8　水平地震影响系数最大值

地震影响	6 度	7 度	8 度	9 度
多遇地震	0.04	0.08(0.12)	0.16(0.24)	0.32
罕遇地震	0.28	0.50(0.72)	0.90(1.20)	1.40

注：括号中数值分别用于设计基本地震加速度为 0.15g 和 0.30g 的地区。

（2）各楼层水平地震作用　砌体房屋第 i 层的水平地震作用标准值 F_i 的计算公式为

$$F_i = \frac{G_i H_i}{\sum_{j=1}^{n} G_j H_j} F_{Ek} \tag{7.2}$$

式中　G_i、G_j——分别为集中于 i 层、j 层的重力荷载代表值；

H_i、H_j——分别为 i 层、j 层的计算高度，见图 7.4。

170

7.3.2　地震剪力计算

7.3.2.1　楼层地震剪力

作用于第 i 层的楼层地震剪力标准值 V_{Eki} 为该层以上的水平地震作用标准值之和，即

$$V_{Eki}=\sum_{j=i}^{n}F_j \tag{7.3}$$

任意一楼层的水平地震剪力应符合式（7.4）要求

$$V_{Eki}>\lambda\sum_{j=i}^{n}G_j \tag{7.4}$$

式中　λ——剪力系数，6 度时为 0.008，7 度时为 0.016（0.024），8 度时为 0.032（0.048），9 度时为 0.064（括号内的数值分别用于设计基本地震加速度为 0.15g 和 0.30g 的地区）；

G_j——第 j 层的重力荷载代表值。

当不满足式（7.4）时，需要改变结构布置或调整结构总剪力和各楼层的水平地震剪力使之满足要求。式（7.4）也可以写成 $V_{Eki}/\sum_{j=i}^{n}G_j>\lambda$，不等式左边称为剪重比，这一条件可以理解为剪重比应大于剪力系数。砌体结构周期短，很容易满足该条件。

对于突出屋面的屋顶间、女儿墙、烟囱等小建筑的地震作用效应，宜乘以增大系数 3，以考虑鞭梢效应，此增大部分不往下传递，但与该突出部分相连的构件应予计入。突出屋面的屋顶层的水平地震剪力标准值为：

$$V_{Ekn}=3F_n \tag{7.5}$$

7.3.2.2　墙体的侧移刚度

设有一片墙体下端固定，上端嵌固，墙高为 h，宽度为 b，厚度为 t，如图 7.5 所示。墙顶作用单位水平集中力 $P=1$，所产生的侧移称

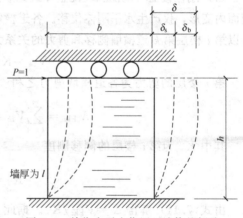

图 7.5　单位水平力作用下墙体的侧移

为墙体的侧移柔度，记为 δ。侧移 δ 由剪切变形侧移 δ_s 和弯曲变形侧移 δ_b 两部分组成，即 $\delta=\delta_s+\delta_b$。

由材料力学或结构力学知识可以求得相应位移

$$\delta_s=\frac{P\xi h}{AG}=\frac{\xi h}{btG} \tag{7.6}$$

$$\delta_b=\frac{Ph^3}{12EI}=\frac{1}{Et}(h/b)^3 \tag{7.7}$$

式中　E、G——分别为砌体的弹性模量和剪切模量，且有 $G=0.4E$；

A、I——分别为墙体水平截面面积和惯性矩，$A=bt$，$I=tb^3/12$；

ξ——截面剪应力不均匀系数，矩形截面取 $\xi=1.2$。

墙体的侧移刚度 K 等于侧移柔度 δ 的倒数，由式（7.6）和式（7.7）不难得到

$$K=\frac{1}{\delta}=\frac{1}{\delta_s+\delta_b}=\frac{Et}{[3+(h/b)^2]h/b} \tag{7.8}$$

如果只考虑墙体剪切变形影响，则侧移刚度为

$$K = \frac{1}{\delta} = \frac{1}{\delta_s} = \frac{Et}{3h/b} \qquad (7.9)$$

当墙体的高宽比 $h/b < 1$ 时，可只考虑剪切变形的影响，按式(7.9)计算侧移刚度；当 $1 \leqslant h/b \leqslant 4$ 时，宜同时考虑剪切变形和弯曲变形的影响，按式(7.8)计算侧移刚度；当 $h/b > 4$ 时，不考虑该片墙的侧移刚度（不作为抗震墙参与工作）。

7.3.2.3 横向水平地震剪力的分配

根据力的平衡条件，同一楼层各横墙承担的地震剪力之和应等于该楼层的地震剪力。设第 i 楼层共有 m 道横墙，则有

$$V_{Eki} = \sum_{j=1}^{m} V_{ij} \qquad (7.10)$$

式中 V_{ij}——第 i 楼层中第 j 道横墙承担的水平地震剪力。

楼层中每一道横墙所承担的水平地震剪力，需要按照一定的原则进行分配。因砌体房屋的屋盖、楼盖如同水平隔板一样将作用在房屋上的水平地震剪力传给各抗震墙，所以楼盖（屋盖）的刚度将直接影响其横墙的剪力分配。

(1) 刚性楼盖 现浇和装配整体式钢筋混凝土楼盖为刚性楼盖，水平地震作用下不发生任何面内变形，仅产生水平刚体位移。各道横墙顶的水平位移处处相等 $\Delta_i = \Delta_{i1} = \Delta_{i2} = \cdots = \Delta_{im}$，所以第 i 楼层第 k 道横墙侧移和剪力的关系为

$$V_{ik} = K_{ik} \Delta_{ik} = K_{ik} \Delta_i$$

第 i 楼层的剪力为各道横墙剪力之和

$$V_{Eki} = \sum_{k=1}^{m} V_{ik} = \sum_{k=1}^{m} K_{ik} \Delta_i = K_i \Delta_i \qquad (7.11)$$

其中 K_i 为第 i 楼层的侧移刚度

$$K_i = \sum_{k=1}^{m} K_{ik} \qquad (7.12)$$

由式(7.11)解得 $\Delta_i = V_{Eki}/K_i$。据此，第 i 楼层第 j 道横墙分配的剪力为

$$V_{ij} = K_{ij} \Delta_i = \frac{K_{ij}}{K_i} V_{Eki} \qquad (7.13)$$

即刚性楼盖的楼层剪力按墙体侧移刚度占本楼层侧移刚度的比例进行分配。

当同层墙体材料和高度均相同，且只考虑剪切变形影响时，式(7.13)可以简化为

$$V_{ij} = \frac{A_{ij}}{A_i} V_{Eki} \qquad (7.14)$$

式中 A_{ij}——第 i 楼层第 j 道抗震横墙的水平截面面积；

A_i——第 i 楼层抗震横墙的总水平截面面积。

(2) 柔性楼盖 水平刚度较小的木屋盖、木楼盖，可视为柔性楼盖。水平地震作用下，楼盖平面内不仅有平移，而且有弯曲变形，楼盖在各处的位移不相等。各抗震横墙所承担的水平地震剪力可按该墙体所承担的上部重力荷载代表值的比例进行分配，即

$$V_{ij} = \frac{G_{ij}}{G_i} V_{Eki} \qquad (7.15)$$

式中 G_{ij}——第 i 层楼盖上第 j 道横墙与左右两侧相邻横墙之间各一半楼盖面积（从属面

积）上承担的重力荷载代表值之和；

　　G_i——第 i 层楼盖上所承担的总重力荷载代表值。

当楼层上重力荷载均匀分布时，式(7.15)可以简化为

$$V_{ij} = \frac{S_{ij}}{S_i} V_{Eki} \tag{7.16}$$

式中　S_{ij}——第 i 楼层第 j 道横墙的从属面积；

　　　　S_i——第 i 楼层的总面积。

　　(3) 中等刚性楼盖　采用预制板的装配式钢筋混凝土楼盖、屋盖，其刚度介于刚性楼盖和柔性楼盖之间，可视为中等刚性楼盖或半刚性楼盖。此时，可采用前述两种分配算法的平均值计算各道横墙的地震剪力。

$$V_{ij} = \frac{1}{2} \left(\frac{K_{ij}}{K_i} + \frac{G_{ij}}{G_i} \right) V_{Eki} \tag{7.17}$$

当墙高相同，所用材料相同，且楼盖上重力荷载分布均匀时，式(7.17)也可简化为

$$V_{ij} = \frac{1}{2} \left(\frac{A_{ij}}{A_i} + \frac{S_{ij}}{S_i} \right) V_{Eki} \tag{7.18}$$

7.3.2.4　纵向水平地震剪力的分配

　　房屋纵向尺寸比横向尺寸大许多，纵墙的间距在一般房屋中也比较小，因此，无论哪种楼盖在房屋的纵向刚度都比较大，可按刚性楼盖考虑。纵向水平地震剪力可按各纵墙的侧移刚度占总纵向侧移刚度的比例进行分配，侧移刚度大的纵墙分配的剪力大。

7.3.2.5　一道墙的地震剪力在各墙段间的分配

　　由于圈梁及楼盖的约束作用，可以认为同一道墙中各墙段具有相同的侧移，可以按各墙段的侧移刚度占该道墙侧移刚度的比例来分配地震剪力。第 i 楼层第 j 道墙第 k 墙段所承担的水平地震剪力为

$$V_{ijk} = \frac{K_{ijk}}{K_{ij}} V_{ij} \tag{7.19}$$

式中　K_{ijk}——第 i 楼层第 j 道墙第 k 墙段的侧移刚度。

　　砌体墙段侧移刚度应按下列原则确定。

　　① 刚度的计算应计及高宽比的影响。墙段的高宽比指层高与墙长之比，对门窗洞边的小墙段指洞净高与洞侧墙宽之比。高宽比小于 1 时，可只计算剪切变形；高宽比不大于 4 且不小于 1 时，应同时计算弯曲和剪切变形；高宽比大于 4 时，以弯曲变形为主，不参与地震剪力的分配，取侧移刚度 $K = 0$。

　　② 通常可按墙肢的相对侧移刚度比例分配地震剪力。在计算相对侧移刚度时，若各墙肢材料相同，可取 $E = 1$，若各片墙材料相同、且厚度相同，可取 $Et = 1$。在计算高宽比 h/b 时，墙肢高度 h 的取法是：窗间墙取窗洞高，门间墙取门洞高，门窗之间的墙取窗洞高，尽端墙取紧靠尽端的门洞或窗洞高。

　　③ 墙段宜按门窗洞口划分；当本层门窗过梁及以上墙体的合计高度小于层高的 20% 时，洞口两侧应分为不同的墙段。对设置构造柱的小开口墙段，为避免计算刚度的复杂性，可按毛墙截面计算刚度，再根据开洞率乘以表 7.9 的墙段洞口影响系数。

表 7.9　墙段洞口影响系数

开洞率	0.10	0.20	0.30
影响系数	0.98	0.94	0.88

注：1. 开洞率为洞口水平截面积与墙段水平毛截面积之比，相邻洞口之间净宽小于 500mm 的墙段视为洞口。

2. 洞口中线偏离墙段中线大于墙段长度的 1/4 时，表中影响系数值折减 0.9；门洞的洞顶高度大于层高 80% 时，表中数据不适用；窗洞高度大于 50% 层高时，按门洞对待。

7.3.3　砌体墙截面抗震承载力验算

7.3.3.1　截面抗震承载力验算的一般表达式

地震设计状况下，结构构件的水平地震作用效应和其他荷载效应的基本组合，应按式（7.20）计算

$$S = \gamma_G S_{GE} + \gamma_{Eh} S_{Ehk} + \psi_w \gamma_w S_{wk} \tag{7.20}$$

式中　S——结构构件内力组合的设计值，包括弯矩、轴力、剪力；

γ_G——重力荷载分项系数，一般情况下应采用 1.2，当重力荷载效应对构件承载能力有利时，不应大于 1.0；

γ_{Eh}——水平地震作用分项系数，仅计算水平地震作用时取 1.3；

ψ_w——风荷载组合值系数，一般结构取 0.0，风荷载起控制作用的建筑应采用 0.2；

γ_w——风荷载分项系数，应采用 1.4；

S_{GE}——重力荷载代表值的效应；

S_{Ehk}——水平地震作用标准值的效应；

S_{wk}——风荷载标准值的效应。

对于不考虑风荷载作用的砌体房屋，重力荷载不引起墙体剪力，仅水平地震作用产生墙体剪力，此时剪力设计值为

$$V = 1.3 V_{Ehk} \tag{7.21}$$

结构构件的截面抗震验算，应采用式（7.22）计算

$$S \leqslant R/\gamma_{RE} \tag{7.22}$$

式中　γ_{RE}——承载力抗震调整系数，两端均有构造柱、芯柱的抗震墙，受剪取 0.9；组合砖墙，偏压、大偏拉和受剪取 0.9；配筋砌块砌体抗震墙，偏压、大偏拉和受剪取 0.85；自承重墙受剪取 1.0；其他抗震墙，受压、受剪取 1.0。

R——结构构件承载力设计值。

无筋砖砌体的截面抗震受压承载力，按第 3 章计算的截面非抗震受压承载力除以承载力抗震调整系数进行计算；网状配筋砖墙、组合砖墙的截面抗震受压承载力，按第 4 章计算的截面非抗震受压承载力除以承载力抗震调整系数进行计算。墙体截面抗震受剪承载力按本节下述方法验算。

7.3.3.2　砌体沿阶梯形截面破坏的抗震抗剪强度

地震时砌体结构墙体承受竖向压应力和水平地震剪应力的共同作用，当强度不足时一般发生剪切破坏，所以需要进行抗剪承载力验算。普通砖、多孔砖、砌块砌体沿阶梯形截面破坏的抗震抗剪强度设计值 f_{vE}，应按式（7.23）确定：

$$f_{vE} = \zeta_N f_v \tag{7.23}$$

式中　f_v——非抗震设计的砌体抗剪强度设计值；

ζ_N——砌体抗震抗剪强度的正应力影响系数，应按表 7.10 采用。

表 7.10　砌体抗震抗剪强度的正应力影响系数

砌体类别	σ_0/f_v							
	0.0	1.0	3.0	5.0	7.0	10.0	12.0	≥16.0
普通砖、多孔砖	0.80	0.99	1.25	1.47	1.65	1.90	2.05	—
混凝土砌块	—	1.23	1.69	2.15	2.57	3.02	3.32	3.92

注：σ_0 为对应于重力荷载代表值的砌体截面平均压应力。

7.3.3.3　砌体墙截面抗震受剪承载力验算

当墙体或墙段所分配的地震剪力确定以后，即可验算墙体截面的抗震承载力。验算的对象并非所有墙体或墙段，而是不利墙段，即承受地震剪力较大的、或竖向压应力较小的、或局部截面较小的墙段。

（1）无筋砖墙截面抗震受剪承载力验算　普通砖、多孔砖墙体的截面抗震受剪承载力，应按式（7.24）验算

$$V \leqslant f_{vE}A/\gamma_{RE} \tag{7.24}$$

式中　V——考虑地震作用组合的墙体剪力设计值；

　　　f_{vE}——砖砌体沿阶梯形截面破坏的抗震抗剪强度设计值；

　　　A——墙体横截面面积，多孔砖墙体取毛截面面积；

　　　γ_{RE}——承载力抗震调整系数。

（2）水平配筋砖墙截面抗震受剪承载力验算　在砖墙的水平灰缝内配置钢筋或钢筋网，形成配砖筋砌体，钢筋的作用使截面的抗震承载力得以提高。水平配筋砖墙的截面抗震受剪承载力，应按式（7.25）验算

$$V \leqslant \frac{1}{\gamma_{RE}}(f_{vE}A + \zeta_s f_{yh}A_{sh}) \tag{7.25}$$

式中　ζ_s——钢筋参与工作系数，可按表 7.11 采用；

　　　f_{yh}——墙体水平纵向钢筋的抗拉强度设计值；

　　　A_{sh}——层间墙体竖向截面的总水平纵向钢筋面积，其配筋率不应小于 0.07% 且不大于 0.17%。

表 7.11　钢筋参与工作系数（ζ_s）

墙体高宽比	0.4	0.6	0.8	1.0	1.2
ζ_s	0.10	0.12	0.14	0.15	0.12

（3）砖砌体和钢筋混凝土构造柱组合墙的截面抗震受剪承载力验算　墙段中部基本均匀地设置构造柱，且构造柱的截面尺寸不小于 240mm×240mm（当墙厚为 190mm 时，亦可采用 240mm×190mm），构造柱间距不大于 4m 时，可计入墙段中部构造柱对墙体受剪承载力的提高作用。砖砌体和钢筋混凝土构造柱组合墙的截面抗震受剪承载力，应按下式验算

$$V \leqslant \frac{1}{\gamma_{RE}}[\eta_c f_{vE}(A - A_c) + \zeta_c f_t A_c + 0.08 f_{yc}A_{sc} + \zeta_s f_{yh}A_{sh}] \tag{7.26}$$

式中　A_c——中部构造柱的横截面面积（对横墙和内纵墙，$A_c > 0.15A$ 时，取 0.15A；对外纵墙，$A_c > 0.25A$ 时，取 0.25A）；

　　　f_t——中部构造柱的混凝土轴心抗拉强度设计值；

　　　A_{sc}——中部构造柱的纵向钢筋截面总面积，配筋率不应小于 0.6%，大于 1.4% 时

取 1.4%；

f_{yh}、f_{yc}——分别为墙体水平钢筋、构造柱纵向钢筋的抗拉强度设计值；

ζ_c——中部构造柱参与工作系数，居中设一根时取 0.5，多于一根时取 0.4；

η_c——墙体约束修正系数，一般情况 1.0，构造柱间距不大于 3.0m 时取 1.1；

A_{sh}——层间墙体竖向截面的总水平纵向钢筋面积，其配筋率不应小于 0.07%且不大于 0.17%，水平纵向钢筋配筋率小于 0.07%时取 0。

（4）砌块砌体墙的截面抗震受剪承载力验算 设置构造柱和芯柱的混凝土砌块墙体的截面抗震受剪承载力，可按式(7.27)验算：

$$V \leqslant \frac{1}{\gamma_{RE}} [f_{vE}A + (0.3f_{t1}A_{c1} + 0.3f_{t2}A_{c2} + 0.05f_{y1}A_{s1} + 0.05f_{y2}A_{s2})\zeta_c] \quad (7.27)$$

式中　f_{t1}——芯柱混凝土轴心抗拉强度设计值；

f_{t2}——构造柱混凝土轴心抗拉强度设计值；

A_{c1}——墙体中部芯柱截面总面积；

A_{c2}——墙体中部构造柱截面总面积；

A_{s1}——芯柱钢筋截面总面积；

A_{s2}——构造柱钢筋截面总面积；

f_{y1}——芯柱钢筋抗拉强度设计值；

f_{y2}——构造柱钢筋抗拉强度设计值；

ζ_c——芯柱和构造柱参与工作系数，可按表 7.12 采用。

表 7.12　芯柱和构造柱参与工作系数（ζ_c）

灌孔率 ρ	$\rho < 0.15$	$0.15 \leqslant \rho < 0.25$	$0.25 \leqslant \rho < 0.5$	$\rho \geqslant 0.5$
ζ_c	0	1.0	1.10	1.15

注：灌孔率指芯柱根数（含构造柱和填实孔洞数量）与孔洞总数之比。

【例 7.1】　某砌体结构五层办公楼，平面和剖面如图 7.6 所示。其中门高 2.2m，窗高 1.8m；室内外高差 450mm，基础顶面位于室外地面以下 0.45m。采用装配式钢筋混凝土楼（屋）盖，纵横墙共同承重。大梁截面尺寸 200mm×500mm，梁端伸入墙内 240mm，大梁间距 3.6m。墙厚 370mm，由 MU10 烧结普通砖、M5 混合砂浆砌筑，双面粉刷，施工质量控制等级为 B 级，墙体自重 7.62kN/m²。抗震设防烈度为 7 度，设计基本地震加速度 0.10g。计算重力荷载代表值时，屋面均布荷载为 4.50kN/m²，楼面均布荷载为 4.70kN/m²（大梁自重已折算为均布荷载）。算得各层重力荷载代表值分别为：G_1＝12100kN，G_2＝G_3＝G_4＝10320kN，G_5＝7240kN。问题：

（1）试计算各层水平地震作用和地震剪力；

（2）验算墙体截面抗震受剪承载力。

【解】　（1）水平地震作用和地震剪力

结构的等效总重力荷载

$$\sum G_i = 12100 + 10320 \times 3 + 7240 = 50300\text{kN}$$

$$G_{eq} = 0.85 \sum G_i = 0.85 \times 50300 = 42755\text{kN}$$

因为抗震设防烈度为 7 度，设计基本地震加速度为 0.10g，所以由表 7.8 得水平地震影

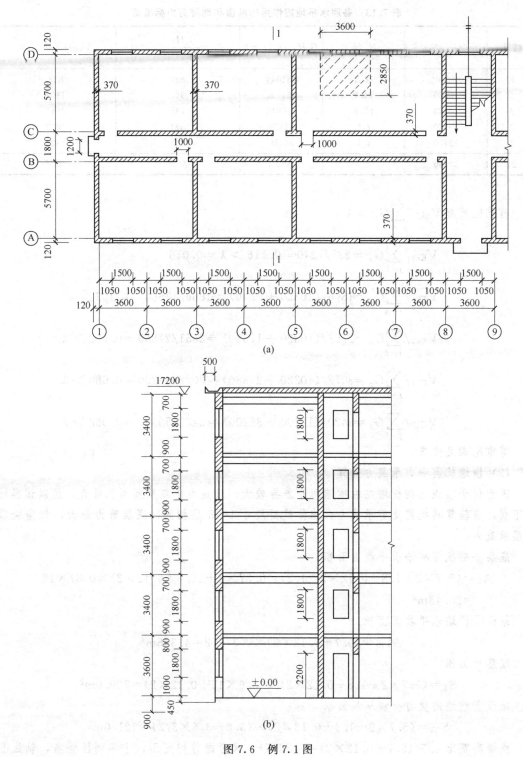

图 7.6　例 7.1 图

响系数最大值 $\alpha_{max} = 0.08$。结构总水平地震作用标准值如下：

$$F_{Ek} = \alpha_{max} G_{eq} = 0.08 \times 42755 = 3420 \text{kN}$$

各层水平地震作用标准值和地震剪力标准值计算过程和结果见表 7.13。

表 7.13   各层水平地震作用标准值和地震剪力标准值

楼层	G_i/kN	H_i/m	G_iH_i/(kN·m)	$F_i=\dfrac{G_iH_i}{\sum G_jH_j}F_{Ek}$/kN	$V_{Eki}=\sum F_j$/kN
5	7240	18.1	131044	837	837
4	10320	14.7	151704	969	1806
3	10320	11.3	116616	745	2551
2	10320	7.9	81528	521	3072
1	12100	4.5	54450	348	3420
Σ	50300		535342	3420	

剪重比验算 $V_{Eki}/\sum\limits_{j=i}^{n}G_j>\lambda$ ：

$$V_{Ek5}/\sum_{j=5}^{5}G_j=837/7240=0.116>\lambda=0.016$$

$$V_{Ek4}/\sum_{j=4}^{5}G_j=1806/(10320+7240)=1806/17560=0.103>\lambda$$

$$V_{Ek3}/\sum_{j=3}^{5}G_j=2551/(10320+17560)=2551/27880=0.092>\lambda$$

$$V_{Ek2}/\sum_{j=2}^{5}G_j=3072/(10320+27880)=3072/38200=0.080>\lambda$$

$$V_{Ek1}/\sum_{j=1}^{5}G_j=3420/(12100+38200)=3420/50300=0.068>\lambda$$

剪重比满足要求。

（2）横墙抗震受剪承载力验算

因为位于轴线⑤的横墙左右横墙间距差异较大，且重力荷载从属面积最大，所以该横墙最不利，应验算其抗震受剪承载力。墙体截面尺寸 1～5 层相同，底层剪力最大，仅需验算底层承载力。

底层全部抗震横墙水平截面面积

$$A_1=(5.7\times2+1.8+0.12\times2-1.2)\times0.37\times2+(5.7+0.12\times2)\times0.37\times12$$
$$=35.43m^2$$

轴线⑤横墙水平截面面积

$$A_{15}=(5.7+0.12\times2)\times0.37\times2=4.396m^2$$

底层总面积

$$S_1=(5.7\times2+1.8+0.12\times2)\times(3.6\times15+0.12\times2)=729.0m^2$$

轴线⑤横墙的重力荷载从属面积

$$S_{15}=(5.7\times2+1.8+0.12\times2)\times(3.6+3.6\times3/2)=121.0m^2$$

横墙高宽比 $4.5/(5.7+0.12\times2)=0.76<1$，只考虑剪切变形，中等刚性楼盖，轴线⑤横墙分配的地震剪力为

$$V_{Ek15}=\frac{1}{2}\left(\frac{A_{15}}{A_1}+\frac{S_{15}}{S_1}\right)V_{Ek1}=\frac{1}{2}\times\left(\frac{4.396}{35.43}+\frac{121.0}{729.0}\right)\times3420=496.0kN$$

$$V_{15}=1.3V_{Ek15}=1.3\times496.0=644.8kN$$

重力荷载代表值对应的墙体平均压应力

$$N = (4.50 \times 3.6 + 4.70 \times 3.6 \times 4) \times (5.7 \times 2 + 1.8)$$
$$+ 7.62 \times (3.4 \times 1 + 1.5/2) \times (5.7 + 0.12 \times 2) \times 2$$
$$= 2542 \text{kN}$$

$$\sigma_0 = \frac{N}{A_{15}} = \frac{2542 \times 10^3}{4.396 \times 10^6} = 0.578 \text{MPa}$$

砖砌体抗震抗剪强度的正应力影响系数

$$f_v = 0.11 \text{MPa}$$

$$\sigma_0 / f_v = 0.578/0.11 = 5.25$$

比值 5.25 介于 5.0 和 7.0 之间，由表 5.10 线性插值得

$$\zeta_N = 1.47 + \frac{1.65 - 1.47}{7.0 - 5.0} \times (5.25 - 5.0) = 1.49$$

横墙截面抗震受剪承载力验算

$$f_{vE} = \zeta_N f_v = 1.49 \times 0.11 = 0.164 \text{MPa}$$

$f_{vE} A_{15} / \gamma_{RE} = 0.164 \times 4.396 \times 10^3 / 1.0 = 720.9 \text{kN} > V_{15} = 644.8 \text{kN}$，满足要求

（3）纵墙抗震受剪承载力验算

外纵墙的窗户多，内纵墙的门洞少，故应验算外纵墙的承载力。纵墙内力分配时按刚性楼盖考虑，底层地震剪力按各道纵墙侧移刚度占总侧移刚度的比例分配给该纵墙。墙厚和材料都相同，计算相对侧移刚度时可取 $Et = 1$。本例选择Ⓓ轴外纵墙验算截面抗震受剪承载力。

第一步：纵墙抗侧移刚度

Ⓓ轴纵墙尽端墙段 1 有 2 个，中间墙段 2（窗间墙）共 14 个。

尽端墙段 1：

高宽比 $h/b = 1800/1170 = 1.539 > 1$ 且 < 4，应同时考虑剪切变形和弯曲变形，所以

$$K_{1D1} = \frac{Et}{[3 + (h/b)^2] h/b} = \frac{1}{(3 + 1.539^2) \times 1.539} = 0.121$$

中间墙段 2：

高宽比 $h/b = 1800/(1050 + 1050) = 0.857 < 1$，只考虑剪切变形，所以

$$K_{1D2} = \frac{Et}{3h/b} = \frac{1}{3 \times 0.857} = 0.389$$

各墙段总的侧移刚度

$$K_{1D} = K_{1D1} \times 2 + K_{1D2} \times 14 = 0.121 \times 2 + 0.389 \times 14 = 5.688$$

Ⓐ轴纵墙的侧移刚度同Ⓓ轴纵墙。

Ⓑ轴纵墙端部两个房间墙段 1 共 4 个，中间房间墙段 2 共 2 个。

墙段 1：

高宽比 $h/b = 2200/(3600 \times 2 + 120 - 1000 - 370/2) = 0.359 < 1$

$$K_{1B1} = \frac{Et}{3h/b} = \frac{1}{3 \times 0.359} = 0.929$$

墙段 2：

高宽比 $h/b = 2200/(8800 - 370) = 0.261 < 1$

$$K_{1B2} = \frac{Et}{3h/b} = \frac{1}{3 \times 0.261} = 1.277$$

各墙段总的侧移刚度

$$K_{1B} = K_{1B1} \times 4 + K_{1B2} \times 2 = 0.929 \times 4 + 1.277 \times 2 = 6.270$$

ⓒ轴纵墙端部墙段 1 共 2 个，中间墙段 2 共 2 个。

墙段 1：

高宽比 $h/b = 2200/(12400 - 185 - 250) = 0.184 < 1$

$$K_{1C1} = \frac{Et}{3h/b} = \frac{1}{3 \times 0.184} = 1.812$$

墙段 2：

高宽比 $h/b = 2200/(8800 - 370) = 0.261 < 1$

$$K_{1C2} = \frac{Et}{3h/b} = \frac{1}{3 \times 0.261} = 1.277$$

各墙段总的侧移刚度

$$K_{1C} = K_{1C1} \times 2 + K_{1C2} \times 2 = 1.812 \times 2 + 1.277 \times 2 = 6.178$$

纵墙总的侧移刚度

$$K_1 = K_{1A} + K_{1B} + K_{1C} + K_{1D} = 5.688 + 6.270 + 6.178 + 5.688 = 23.82$$

第二步：Ⓓ轴纵墙分担的地震剪力

$$V_{Ek1D} = \frac{K_{1D}}{K_1} V_{Ek1} = \frac{5.688}{23.82} \times 3420 = 816.7 \text{kN}$$

$$V_{1D} = 1.3 V_{Ek1D} = 1.3 \times 816.7 = 1061.7 \text{kN}$$

第三步：Ⓓ轴纵墙地震剪力设计值分配给各墙段

尽端墙段 1：$V_{1D1} = \dfrac{K_{1D1}}{K_{1D}} V_{1D} = \dfrac{0.121}{5.688} \times 1061.7 = 22.6 \text{kN}$

中间墙段 2：$V_{1D2} = \dfrac{K_{1D2}}{K_{1D}} V_{1D} = \dfrac{0.389}{5.688} \times 1061.7 = 72.6 \text{kN}$

第四步：截面抗震受剪承载力验算

各墙段截面面积

$$A_{1D1} = 1170 \times 370 = 4.329 \times 10^5 \text{mm}^2 = 0.4329 \text{m}^2$$

$$A_{1D2} = 2100 \times 370 = 7.77 \times 10^5 \text{mm}^2 = 0.777 \text{m}^2$$

墙段 1 截面抗震受剪承载力验算（该墙段仅承受墙体自重）：

$$N = 7.62 \times (3.4 \times 4 + 4.5/2) \times 1.17 = 141.3 \text{kN}$$

$$\sigma_0 = \frac{N}{A_{1D1}} = \frac{141.3 \times 10^3}{4.329 \times 10^5} = 0.326 \text{MPa}$$

$$\sigma_0/f_v = 0.326/0.11 = 3.0, \quad \zeta_N = 1.25$$

$$f_{vE} = \zeta_N f_v = 1.25 \times 0.11 = 0.138$$

$$f_{vE} A_{1D1}/\gamma_{RE} = 0.138 \times 0.4329 \times 10^3/1.0 = 59.7 \text{kN}$$

$$> V_{1D1} = 22.6 \text{kN}，满足要求$$

轴线③、⑤、⑧、⑨处墙段 2 截面抗震受剪承载力验算（墙段仅承受墙体自重）：

$$N = 7.62 \times (3.4 \times 4 + 4.5/2) \times 2.1 = 253.6 \text{kN}$$

$$\sigma_0 = \frac{N}{A_{1D2}} = \frac{253.6 \times 10^3}{7.77 \times 10^5} = 0.326\text{MPa}$$

$$\sigma_0 / f_v = 0.326/0.11 = 3.0, \quad \zeta_N = 1.25$$

$$f_{vE} = \zeta_N f_v = 1.25 \times 0.11 = 0.138$$

$$f_{vE} A_{1D2} / \gamma_{RE} = 0.138 \times 0.777 \times 10^3 / 1.0 = 107.2\text{kN}$$

$$> V_{1D2} = 72.6\text{kN}, \text{满足要求}$$

轴线②、④、⑥、⑦处墙段 2 截面抗震受剪承载力验算

该墙段除承受墙体自重外，还承担梁传来的屋面（楼面）荷载，图 7.6(a) 中虚线范围为屋面（楼面）荷载的面积。

$$N = 253.6 + 4.50 \times 3.6 \times 2.85 + 4.70 \times 3.6 \times 2.85 \times 4 = 492.7\text{kN}$$

$$\sigma_0 = \frac{N}{A_{1D2}} = \frac{492.7 \times 10^3}{7.77 \times 10^5} = 0.634\text{MPa}$$

$$\sigma_0 / f_v = 0.634/0.11 = 5.76$$

$$\zeta_N = 1.47 + \frac{1.65 - 1.47}{7.0 - 5.0} \times (5.76 - 5.0) = 1.54$$

$$f_{vE} = \zeta_N f_v = 1.54 \times 0.11 = 0.169$$

$$f_{vE} A_{1D2} / \gamma_{RE} = 0.169 \times 0.777 \times 10^3 / 1.0 = 131.3\text{kN}$$

$$> V_{1D2} = 72.6\text{kN}, \text{满足要求}$$

7.3.4　底部框架-抗震墙砌体房屋抗震承载力计算要点

底部框架-抗震墙砌体房屋是我国砌体结构房屋中的一种特殊形式。底框砌体房屋由底部钢筋混凝土框架-抗震墙和上部砌体结构所组成，是一种由不同材料组成的混合结构，其抗震性能存在明显不利因素。震害调查表明，设计不合理时，底部可能发生变形集中，出现较大的侧移而破坏，甚至倒塌。为了确保实现抗震设防目标，汶川地震后这类结构的抗震计算和抗震构造措施都有所加强。

7.3.4.1　地震内力计算

底部框架-抗震墙砌体房屋的层数不多，水平地震时仍以剪切变形为主，可采用底部剪力法计算地震作用，进而计算层间剪力。底框结构属于上刚下柔结构，应考虑一系列的地震作用（效应）调整或修正，才能接近于实际情况。

(1) 底部剪力调整　为了减轻底部薄弱程度，对底层框架-抗震墙砌体房屋，底部剪力应乘以增大系数 ξ，即

$$V_{Ek1} = \xi \alpha_{max} G_{eq} \tag{7.28}$$

底部剪力增大系数 ξ 的值和第二层与第一层侧移刚度比 γ 有关。按结构布置要求，$\gamma \geq 1.0$，且 6 度、7 度时 $\gamma \leq 2.5$、8 度时 $\gamma \leq 2.0$。剪力增大系数可由侧移刚度比按式(7.29)确定：

$$\xi = 1.2 + a(\gamma - 1.0) \tag{7.29}$$

其中 a 为系数，6 度、7 度时取 $a = 0.2$，8 度时取 $a = 0.3$。

同理，对底部两层框架-抗震墙砌体房屋，底层和第二层的地震剪力均应乘以增大系数 ξ。γ 为第三层与第二层侧移刚度比，按结构布置要求，$\gamma \geq 1.0$，且 6 度、7 度时 $\gamma \leq 2.0$、8 度时 $\gamma \leq 1.5$。增大系数 ξ 仍由式(7.29)计算，但此时 6 度、7 度时取 $a = 0.3$，8 度时取 $a = 0.6$。

底部框架和抗震墙的设计中，可按两道设防的思想进行。在弹性阶段，不考虑框架柱的

抗剪贡献；结构进入弹塑性阶段后，考虑到抗震墙的损伤，由抗震墙和框架柱共同承担地震剪力。也就是设计时将地震剪力全部分给抗震墙，另外再给框架柱一定数值的剪力。所以，底层或底部两层的纵向和横向地震剪力设计值应全部由该方向的抗震墙（砌体墙、混凝土墙、或配筋砌块墙）承担，并按各墙体的侧移刚度比例分配。

（2）底部框架柱的内力　根据试验研究结果，混凝土墙或配筋砌块墙开裂后的刚度约为初始弹性刚度的 30％，而约束普通砖砌体、砌块砌体抗震墙则约为 20％左右。因此，另外给框架柱分担的剪力为

$$V_c = \frac{K_c}{0.3\sum K_{wc} + 0.2\sum K_{wm} + \sum K_c} V_1 \tag{7.30}$$

式中　K_c——一根钢筋混凝土框架柱的侧移刚度，$K_c = 12i_c/H^2$，i_c 为柱的线刚度，H 为柱高；

　　　　K_{wc}——一片混凝土抗震墙或配筋砌块抗震墙的侧移刚度；

　　　　K_{wm}——一片砖抗震墙或砌块砌体抗震墙的侧移刚度。

计算由地震剪力引起的柱端弯矩时，底层柱的反弯点高度比可取 0.55。

作用于房屋二层以上的各楼层水平地震力对底层引起的倾覆力矩，将使底层抗震墙产生附加弯矩，并使底层框架柱产生附加轴力。框架柱的设计应考虑地震倾覆力矩引起的附加轴力。如图 7.7 所示的计算简图，容易得到作用于整个房屋底层的倾覆力矩 M_1 的计算公式

$$M_1 = \sum_{i=2}^{n} F_i(H_i - H_1) \tag{7.31}$$

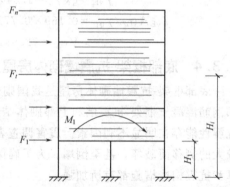

图 7.7　底部框架-抗震墙倾覆力矩计算简图

倾覆力矩引起构件变形性质与水平剪力不同，但考虑到实际计算的可操作性，可以近似地将倾覆力矩在底层框架和抗震墙之间按它们的侧移刚度比例分配。一片抗震墙承担的力矩 M_w 和一榀框架承担的力矩 M_f 分别为

$$M_w = \frac{K_w}{\sum K_w + \sum K_f} M_1 \tag{7.32}$$

$$M_f = \frac{K_f}{\sum K_w + \sum K_f} M_1 \tag{7.33}$$

式中　K_w——底层一片抗震墙的侧移刚度；

　　　　K_f——一榀框架在自身平面内的侧移刚度。

需要注意的是，这种按侧移刚度比例的分配方法得到的倾覆力矩，是近似值，且框架所承担的倾覆力矩偏少。

由某榀框架的倾覆力矩 M_f 可计算该榀框架每根柱子的附加轴力，公式为

$$N_{ci} = \pm \frac{A_i x_i}{\sum (A_j x_j^2)} M_f \tag{7.34}$$

式中　A_i、A_j——第 i 根柱子、第 j 根柱子的水平截面面积；

　　　　x_i、x_j——第 i 根柱子、第 j 根柱子到所在框架中性轴（中和轴）的距离。

底部采用约束砖砌体抗震墙或约束砌块砌体抗震墙时，底层框架柱的内力计算时还应计

入砖墙或砌块墙引起的附加轴向力和剪力，其值可按式(7.35)、式(7.36) 确定

$$N_f = V_w H_f / l \qquad (7.35)$$

$$V_f = V_w \qquad (7.36)$$

式中　N_f——框架柱的附加轴压力设计值；

V_f——框架柱的附加剪力设计值；

V_w——墙体承担的剪力设计值，柱两侧有墙时可取二者的较大值；

H_f、l——分别为框架的层高和跨度。

底部框架-抗震墙砌体房屋中，底部框架柱的最上端和最下端弯矩设计值应乘以增大系数，抗震等级为一级、二级、三级的增大系数应分别按 1.5、1.25 和 1.15 采用。

(3) 框架梁（托梁）内力　考虑到大震时墙体产生严重开裂，框架梁（托墙梁）与非抗震设计的墙梁受力状态有所差异，当按静力的方法考虑两端框架柱落地的托梁与上部墙体组合作用时，若计算系数不变会导致不安全，所以应调整计算参数。弯矩系数 α_M、剪力系数 β_v 应予以增大，当抗震等级为一级时，增大系数取为 1.15；当为二级时，取为 1.10；当为三级时，取为 1.05；当为四级时，取为 1.0。

作为简化计算，并偏于安全，在托墙梁上部各层墙体不开洞和跨中 1/3 范围内开一个洞的情况，也可采用折减荷载的方法：托墙梁弯矩计算时，由重力荷载代表值产生的弯矩，四层以下全部计入组合，四层以上可有所折减，取不小于四层的数值计入组合；对托墙梁剪力计算时，由重力荷载产生的剪力不折减。

底部两层框架-抗震墙砌体房屋的地震作用效应调整，同底层框架-抗震墙砌体房屋的调整方法。

7.3.4.2　抗震承载力验算

底部框架-抗震墙砌体房屋框架层以上砌体结构的抗震计算与多层砌体结构房屋相同。

底部框架部分梁、柱按钢筋混凝土构件进行抗震承载力验算，底部砌体抗震墙应按砌体进行抗震承载力验算。

对于嵌砌于框架之间的砌体抗震墙及两端框架柱，其抗震受剪承载力应按式(7.37)验算

$$V \leqslant \frac{1}{\gamma_{REc}} \sum (M_{yc}^u + M_{yc}^l)/H_0 + \frac{1}{\gamma_{REw}} \sum f_{vE} A_{w0} \qquad (7.37)$$

式中　　V——嵌砌砌体墙及两端框架柱剪力设计值；

γ_{REc}——底层框架柱承载力抗震调整系数，可采用 0.8；

M_{yc}^u、M_{yc}^l——分别为底层框架柱上下端的正截面受弯承载力设计值，可按非抗震设计的有关公式取等号计算；

H_0——底层框架柱的计算高度，两侧均有砌体墙时取柱净高的 2/3，其余情况取柱净高；

γ_{REw}——嵌砌砌体抗震墙承载力抗震调整系数，可采用 0.9；

A_{w0}——砌体墙水平截面的计算面积，无洞口时取实际截面积的 1.25 倍，有洞口时取截面净面积，但不计入宽度小于洞口高度 1/4 的墙肢截面面积。

7.3.5　配筋砌块砌体抗震墙抗震承载力计算介绍

配筋砌块砌体抗震墙（剪力墙）房屋主要应用于小高层和高层建筑住宅，其力学性能与钢筋混凝土抗震墙（剪力墙）类似。水平地震时发生弯曲变形为主，剪切变形为辅。6 度时

可不进行截面抗震验算，但应按要求采取抗震构造措施。地震作用计算可采用振型分解反应谱法手工计算，也可以采用有限元分析。在多遇地震作用下其楼层的最大弹性层间位移角，底层不宜超过 1/1200，其他楼层不宜超过 1/800。

考虑地震作用组合的配筋砌块砌体抗震墙的正截面承载力，按第 4 章中的方法计算，但其抗力应除以承载力抗震调整系数 γ_{RE}。对配筋砌块砌体抗震墙，可取 $\gamma_{RE}=0.85$。以下介绍斜截面抗震受剪承载力计算方法。

7.3.5.1 调整剪力设计值

在配筋砌块砌体抗震墙房屋抗震设计中，抗震墙底部的剪力最大，为了避免过早出现剪切破坏，保证墙体的"强剪弱弯"，对房屋底部加强部位截面的组合剪力设计值采用剪力放大系数的形式进行调整。

(1) 底部加强部位的确定　配筋砌块砌体抗震墙房屋的底部加强部位为高度不小于房屋总高度的 1/6 且不小于底部两层的高度范围。房屋的总高度从室内地坪算起，但应保证 ±0.000 以下的墙体强度不小于 ±0.000 以上的墙体强度。

(2) 底部加强部位剪力调整　配筋砌块砌体抗震墙承载力计算时，底部加强部位的截面组合剪力设计值应按式(7.38)调整

$$V = \eta_{vw} V_w \tag{7.38}$$

式中　V——调整后的抗震墙计算截面剪力设计值；

η_{vw}——剪力增大系数，一级取 1.6，二级取 1.4，三级取 1.2，四级取 1.0；

V_w——考虑地震作用组合的抗震墙计算截面的剪力设计值。

7.3.5.2 截面最小尺寸

试验研究结果表明，抗震墙的名义剪应力过高，灌孔墙体会在早期出现斜裂缝，水平抗剪钢筋不能充分发挥作用，即使配置很多水平抗剪钢筋，也不能有效地提高抗震墙的抗剪能力。所以，应控制截面上的名义剪应力，即规定截面最小尺寸。

当剪跨比 $\lambda > 2$ 时，截面尺寸应满足如下条件

$$V \leqslant 0.2 f_g b h_0 / \gamma_{RE} \tag{7.39}$$

当剪跨比 $\lambda \leqslant 2$ 时，截面尺寸应满足如下条件

$$V \leqslant 0.15 f_g b h_0 / \gamma_{RE} \tag{7.40}$$

式中　λ——剪跨比，$\lambda = M/(V h_0)$；

f_g——灌孔砌体的抗压强度设计值；

γ_{RE}——承载力抗震调整系数，取 0.85。

7.3.5.3 斜截面抗震受剪承载力验算

(1) 偏心受压构件　偏心受压配筋砌块砌体抗震墙的斜截面抗震受剪承载力，应按式(7.41)验算：

$$V \leqslant \frac{1}{\gamma_{RE}} \left[\frac{1}{\lambda - 0.5} \left(0.48 f_{vg} b h_0 + 0.10 N \frac{A_w}{A} \right) + 0.72 f_{yh} \frac{A_{sh}}{s} h_0 \right] \tag{7.41}$$

式中　f_{vg}——灌孔砌块砌体的抗剪强度设计值；

N——考虑地震作用组合的抗震墙计算截面的轴向压力设计值，当 $N > 0.2 f_g b h$ 时，取 $N = 0.2 f_g b h$；

A——抗震墙的截面面积；

A_w——T 形或 I 形截面抗震墙腹板的截面面积，对于矩形截面 $A_w = A$；

　　λ——剪跨比，当 λ≤1.5 时，取 λ＝1.5；当 λ≥2.2 时，取 λ＝2.2；

　　A_{sh}——配置在同一截面内的水平分布钢筋的全部截面面积；

　　f_{yh}——水平钢筋的抗拉强度设计值；

　　s——水平钢筋的竖向间距；

　　γ_{RE}——承载力抗震调整系数，取 0.85。

　　T 形、L 形、I 形截面偏心受压构件，当翼缘和腹板的相交处采用错缝搭接砌筑和同时设置中距不大于 1.2m 的水平配筋带（截面高度≥60mm，钢筋不少于 2Φ12）时，可考虑翼缘的共同工作。此时，抗震墙的截面面积 A 为腹板面积加上翼缘的有效面积。翼缘受压宽度 b'_f 应按表 7.14 中的最小值采用。

表 7.14　T 形、L 形、I 形截面偏心受压构件翼缘计算宽度 b'_f

考虑情况	T 形、I 形截面	L 形截面
按构件计算高度 H_0 考虑	$H_0/3$	$H_0/6$
按腹板间距 L 考虑	L	$L/2$
按翼缘厚度 h'_f 考虑	$b+12h'_f$	$b+6h'_f$
按翼缘的实际宽度 b'_f 考虑	b'_f	b'_f

　　（2）偏心受拉构件　偏心受拉配筋砌块砌体抗震墙，其斜截面抗震受剪承载力应按式（7.42）验算

$$V \leqslant \frac{1}{\gamma_{RE}}\left[\frac{1}{\lambda-0.5}\left(0.48f_{vg}bh_0-0.17N\frac{A_w}{A}\right)+0.72f_{yh}\frac{A_{sh}}{s}h_0\right] \qquad (7.42)$$

　　式中圆括号内的数值不能为负值，即要求：

　　当 $0.48f_{vg}bh_0-0.17N\dfrac{A_w}{A}<0$ 时，取 $0.48f_{vg}bh_0-0.17N\dfrac{A_w}{A}=0$

7.3.5.4　连梁抗震设计

　　（1）连梁设计要求　配筋砌块砌体抗震墙结构中，连梁是保证房屋整体性的重要构件，配筋砌块砌体由于受其块型、砌筑方法和配筋方式的限制，不宜做跨高比较大的梁式构件。

　　为了保证连梁与抗震墙节点处在弯曲屈服前不会出现剪切破坏，并具有适当的刚度和承载力，对于跨高比大于 2.5 的连梁应采用受力性能和变形性能都较好的钢筋混凝土连梁，其截面组合的剪力设计值和斜截面受剪承载力，应符合混凝土结构关于连梁的要求。

　　但是，对楼下窗（洞口）上墙和楼上窗（洞口）下墙部分作为连梁往往跨高比很小，如果采用钢筋混凝土连梁，则需在其上砌筑填充墙，施工比较麻烦。而当跨高比小、连梁截面高度较高时，配筋砌块砌体连梁则有可能提供比较合适的刚度和塑性铰转动能力。因此，跨高比小于或等于 2.5 的连梁（窗下墙部分）可采用配筋砌块砌体连梁。

　　连梁的正截面承载力应除以相应的承载力抗震调整系数。

　　（2）配筋砌块砌体连梁剪力调整　配筋砌块砌体抗震墙连梁的剪力设计值，抗震等级为一级、二级、三级时应按式（7.43）调整，四级时可不调整

$$V_b \geqslant \eta_v \frac{M_b^l + M_b^r}{l_n} + V_{Gb} \tag{7.43}$$

式中　V_b——连梁的剪力设计值；

　　　η_v——剪力增大系数，一级时取 1.3，二级时取 1.2，三级时取 1.1；

M_b^l、M_b^r——分别为连梁左、右端考虑地震作用组合的弯矩设计值；

　　　l_n——连梁净跨；

　　　V_{Gb}——在重力荷载代表值作用下，按简支梁计算的截面剪力设计值。

（3）配筋砌块砌体连梁截面尺寸验算　连梁的截面尺寸应满足式（7.44）要求

$$V_b \leqslant 0.15 f_g b h_0 / \gamma_{RE} \tag{7.44}$$

（4）配筋砌块砌体连梁受剪承载力验算　连梁的斜截面受剪承载力应按式（7.45）计算

$$V_b \leqslant \frac{1}{\gamma_{RE}} \left(0.56 f_{vg} b h_0 + 0.7 f_{yv} \frac{A_{sv}}{s} h_0 \right) \tag{7.45}$$

式中　A_{sv}——配置在同一截面内的箍筋各肢的全部截面面积；

　　　f_{yv}——箍筋的抗拉强度设计值。

【例 7.2】　某配筋砌块砌体抗震墙房屋总高 48m，7 度设防，设计基本地震加速度 0.10g。底层墙肢截面尺寸 190mm×3600mm，考虑地震作用组合的剪力设计值为 785kN，轴向压力设计值 3670kN，弯矩设计值 1998kN·m。采用 MU20 混凝土小型空心砌块、Mb15 专用砂浆砌筑，灌孔混凝土为 Cb30，水平灰缝内配置钢筋 2Φ10，竖向间距 200mm。砌块的孔洞率为 46%，灌孔率 100%。试验算该墙肢的抗震受剪承载力。

【解】

（1）调整剪力设计值

由表 7.4 可知房屋的抗震等级为二级，验算墙肢位于底部加强层，$\eta_{vw} = 1.4$。

$$V = \eta_{vw} V_w = 1.4 \times 785 = 1099 \text{kN}$$

（2）砌体抗剪强度设计值

$$\alpha = \delta \rho = 46\% \times 100\% = 0.46$$

$$f_g = f + 0.6 \alpha f_c = 5.68 + 0.6 \times 0.46 \times 14.3 = 9.63 \text{MPa}$$

$$f_{vg} = 0.2 f_g^{0.55} = 0.2 \times 9.63^{0.55} = 0.695 \text{MPa}$$

（3）验算墙体截面尺寸

根据砌块孔洞情况，取 $a_s = 100 \text{mm}$，则

$$h_0 = h - a_s = 3600 - 100 = 3500 \text{mm}$$

$$\lambda = \frac{M}{V h_0} = \frac{1998}{1099 \times 3.5} = 0.52 < 2$$

$$0.15 f_g b h_0 / \gamma_{RE} = 0.15 \times 9.63 \times 190 \times 3500 / 0.85 = 1130 \times 10^3 \text{N}$$

$$= 1130 \text{kN} > V = 1099 \text{kN}，截面尺寸满足要求$$

（4）墙体截面抗震受剪承载力验算

$\lambda = 0.52 < 1.5$，取 $\lambda = 1.5$

矩形截面 $A_w = A$，所以 $A_w / A = 1$

$$0.2 f_g b h = 0.2 \times 9.63 \times 190 \times 3600 = 1317.4 \times 10^3 \text{N}$$

$$= 1317.4 \text{kN} < N = 3670 \text{kN}$$

取 $N = 1317.4 \text{kN}$

$$\frac{1}{\gamma_{RE}}\left[\frac{1}{\lambda-0.5}\left(0.48f_{vg}bh_0+0.10N\frac{A_w}{A}\right)+0.72f_{yh}\frac{A_{sh}}{s}h_0\right]$$

$$=\frac{1}{0.85}\times\left[\frac{1}{1.5-0.5}\times(0.48\times0.695\times190\times3500+0.10\times1317.4\times10^3\times1)+\right.$$

$$\left.0.72\times360\times\frac{78.5\times2}{200}\times3500\right]$$

$$=1254\times10^3\,N=1254kN>V=1099kN,\text{受剪承载力满足要求}$$

【问题】请根据正截面承载力条件确定竖向受力钢筋。

7.4　砌体房屋抗震构造措施

砌体房屋抗震构造措施就是根据概念设计原则，一般不需要计算而对结构和非结构各部分必须采取的各种细部要求，属于抗震措施的范畴。抗震构造措施的目的在于加强结构的整体性，弥补抗震计算的不足，确保房屋大震不倒。因此，构造措施和承载力计算同样重要，不可不重视。

7.4.1　多层砖砌体房屋抗震构造措施

7.4.1.1　设置钢筋混凝土构造柱

砌体中设置构造柱是唐山地震后总结出来的一个抗震构造措施，根据历次震害调查和大量试验研究结果表明，构造柱的作用体现在以下三个方面：构造柱能够提高砌体的受剪承载力 10%～30% 左右，提高幅度与墙体高宽比、竖向压力和开洞情况有关；构造柱对砌体起约束作用，使之具有较高的变形能力，房屋延性可提高 3～4 倍；钢筋混凝土构造柱与钢筋混凝土墙梁一起可有效地限制墙体大震时散落，使墙体保持一定的承载力，以支承楼盖而不致发生突然倒塌。

（1）构造柱的设置　各类砖砌体的现浇钢筋混凝土构造柱（本书简称构造柱），应按下列规定设置。

① 构造柱设置部位应符合表 7.15 的规定。

② 外廊式和单面走廊的房屋，应根据房屋增加一层的层数，按表 7.15 的要求设置构造柱，且单面走廊两侧的纵墙均应按外墙处理。

③ 横墙较少的房屋，应根据房屋增加一层的层数，按表 7.15 的要求设置构造柱。当横墙较少的房屋为外廊式或单面走廊式时，应按第②款要求设置构造柱；但 6 度不超过四层、7 度不超过三层和 8 度不超过二层时，应按增加二层的层数对待。

④ 各层横墙很少的房屋，应按增加二层的层数设置构造柱。

⑤ 采用蒸压灰砂普通砖和蒸压粉煤灰普通砖的砌体房屋，当砌体的抗剪强度仅达到普通黏土砖砌体的 70% 时（普通砂浆砌筑），应根据增加一层的层数按①～④款的要求设置构造柱；但 6 度不超过四层、7 度不超过三层和 8 度不超过二层时，应按增加二层的层数对待。

⑥ 有错层的多层砌体房屋，在错层部位应设置墙，该墙与其他墙的交接处应设置构造柱；在错层部位的错层楼板位置应设置现浇钢筋混凝土圈梁；当房屋层数不低于四层时，底部 1/4 楼层处错层部位墙中部的构造柱间距不宜大于 2m。

表 7.15 砖砌体房屋构造柱设置要求

房屋层数				设 置 部 位	
6 度	7 度	8 度	9 度		
≤五	≤四	≤三		楼、电梯间四角,楼梯斜梯段上下端对应的墙体处; 外墙四角和对应转角; 错层部位横墙与外纵墙交接处; 大房间内外墙交接处; 较大洞口两侧	隔 12m 或单元横墙与外纵墙交接处; 楼梯间对应的另一侧内横墙与外纵墙交接处
六	五	四	二		隔开间横墙(轴线)与外墙交接处; 山墙与内纵墙交接处
七	六、七	五、六	三、四		内墙(轴线)与外墙交接处; 内墙的局部较小墙垛处; 内纵墙与横墙(中线)交接处

注:1. 较大洞口,内墙指不小于 2.1m 的洞口;外墙在内外墙交接处已设置构造柱时允许适当放宽,但洞侧墙体应加强。

2. 当按第②~⑤款规定确定的层数超出表 7.15 范围,构造柱设置要求不应低于表中相应烈度的最高要求且宜适当提高。

(2) 构造柱的构造要求 构造柱的最小截面可为 180mm×240mm(墙厚 190mm 时为 180mm×190mm);构造柱纵向钢筋宜采用 4Φ12,箍筋直径可采用 6mm,间距不宜大于

图 7.8 马牙槎

250mm,且在柱上、下端适当加密;当 6 度、7 度超过六层、8 度超过五层和 9 度时,构造柱纵向钢筋宜采用 4Φ14,箍筋间距不应大于 200mm;房屋四角的构造柱应适当加大截面及配筋。

应先砌墙后浇混凝土,构造柱与墙连接处应砌成马牙槎,如图 7.8 所示。沿墙高每隔 500mm 设 2Φ6 水平钢筋和直径为 4mm 分布短筋平面内点焊组成的拉结网片或点焊钢筋网片(钢筋直径 4mm),每边伸入墙内不宜小于 1m。6 度、7 度时底部 1/3 楼层,8 度时底部 1/2 楼层,9 度时全部楼层,上述拉结钢筋网片应沿墙体通长设置。

构造柱与圈梁连接处,构造柱的纵筋应在圈梁纵筋内侧通过,保证构造柱纵筋上下贯通。构造柱可不单独设置基础,但应伸入室外地面下 500mm,或与埋深小于 500mm 的基础圈梁相连。

房屋高度和层数接近表 7.1 的限值时,纵、横墙内构造柱间距尚应符合下列规定:横墙内的构造柱间距不宜大于层高的二倍,下部 1/3 楼层的构造柱间距适当减小;当外纵墙开间大于 3.9m 时,应另外采取加强措施。内纵墙的构造柱间距不宜大于 4.2m。

7.4.1.2 设置钢筋混凝土圈梁

理论上圈梁可加强墙体之间、墙体与楼盖(屋盖)之间的连接,增强房屋整体性和空间刚度,限制墙体斜裂缝的开展和延伸(斜裂缝仅在两道圈梁之间的墙段内发生);震害调查发现,凡合理设置圈梁的房屋,震害都较轻。现浇钢筋混凝土圈梁和构造柱一起工作,在某种程度上可以形成一个弱框架,增加结构延性,提高抗震能力。因此,圈梁可提高房屋的抗震能力,是砌体房屋抗震的一个有效措施。如图 7.9 所示为某多层砖砌体房屋的施工现场,可看到其中一道现浇钢筋混凝土圈梁和相应构造柱。

(1) 现浇钢筋混凝土圈梁的设置 装配式钢筋混凝土楼盖、屋盖或木屋盖的房屋,应按表 7.16 的要求设置现浇钢筋混凝土圈梁;纵墙承重时,抗震横墙上的圈梁间距应比表内要求适当加密。

图 7.9　现浇钢筋混凝土圈梁和构造柱

表 7.16　多层砖砌体房屋现浇钢筋混凝土圈梁设置要求

墙　类	烈　　　度		
	6 度、7 度	8 度	9 度
外墙和内纵墙	屋盖处及每层楼盖处	屋盖处及每层楼盖处	屋盖处及每层楼盖处
内横墙	屋盖处及每层楼盖处;屋盖处间距不应大于 4.5m;楼盖处间距不应大于 7.2m;构造柱对应部位	屋盖处及每层楼盖处;各层所有横墙,且间距不应大于 4.5m;构造柱对应部位	屋盖处及每层楼盖处;各层所有横墙

现浇或装配整体式钢筋混凝土楼盖、屋盖与墙体有可靠连接的房屋,应允许不另设圈梁,但楼板沿抗震墙体周边均应加强配筋,并应与相应的构造柱钢筋可靠连接。

(2) 圈梁的构造要求　圈梁应闭合,遇有洞口中断时应上下搭接。圈梁宜与预制板设在同一标高处或紧靠板底;圈梁在表 7.16 中要求的间距内无横墙时,应利用梁或板缝中配筋替代圈梁。

圈梁的截面高度不应小于 120mm,配筋要求为:6 度、7 度最小纵筋 4ϕ10,箍筋ϕ6@250;8 度最小纵筋 4ϕ12,箍筋ϕ6@200;9 度最小纵筋 4ϕ14,箍筋ϕ6@150。因地基不均匀沉降而增设的基础圈梁,截面高度不应小于 180mm,配筋不应少于 4ϕ12。

7.4.1.3　楼梯间的构造要求

历次震害调查表明,楼梯间由于比较空旷常常破坏严重,因此,必须采取一系列有效措施予以加强。突出屋顶的楼梯间、电梯间,地震中受到较大的地震作用,在构造措施上也需要特别加强。楼梯间除按规定设置构造柱和圈梁以外,尚应符合下列要求。

(1) 楼梯间墙体拉结　顶层楼梯间墙体应沿墙高每隔 500mm 设 2ϕ6 通长钢筋和ϕ4 分布短钢筋平面内点焊组成的拉结网片或ϕ4 点焊网片;7～9 度时其他各层楼梯间墙体应在休息平台或楼层半高处设置 60mm 厚、纵向钢筋不少于 2ϕ10 的钢筋混凝土带或配筋砖带,配筋砖带不少于 3 皮,每皮的配筋不少于 2ϕ6,砂浆强度等级不应低于 M7.5 且不低于同层墙体的砂浆强度等级。

(2) 楼梯间梁板连接　楼梯间及门厅内墙阳角处的大梁支承长度不应小于 500mm,并应与圈梁连接。装配式楼梯段应与平台板的梁可靠连接,8 度、9 度时不应采用装配式楼梯段;不应采用墙中悬挑式踏步或踏步竖肋插入墙体的楼梯,不应采用无筋砖砌栏板。

（3）突出屋顶的楼梯间　突出屋顶的楼梯间、电梯间，构造柱应伸到顶部，并与顶部圈梁连接，所有墙体应沿高度每隔 500mm 设 2Φ6 通长钢筋和 φ4 分布短钢筋平面内点焊组成的拉结网片或 φ4 点焊网片。

7.4.1.4　楼盖（屋盖）构造要求

（1）板的支承与连接　现浇钢筋混凝土楼板或屋面板伸进纵、横墙内的长度，均不应小于 120mm；装配式钢筋混凝土楼板或屋面板，当圈梁未设在板的同一标高时，板端伸进外墙的长度不应小于 120mm，伸进内墙的长度不应小于 100mm 或采用硬架支模连接，在梁上不应小于 80mm 或采用硬架支模连接。硬架支模连接的方法是：先架设梁或圈梁的模板，再将预制楼板支承在具有一定刚度的硬支架上，然后浇筑梁或圈梁、现浇叠合层等的混凝土。

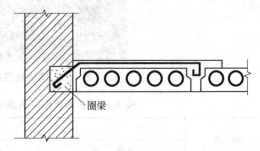

图 7.10　预制板与外墙拉结

当板的跨度大于 4.8m 并与外墙平行时，靠外墙的预制板侧边应与墙或圈梁拉结。可在预制板顶面上放置间距不少于 300mm、直径不小于 6mm 的短钢筋，短钢筋一端钩在靠外墙预制板的内侧纵向板间缝隙内，另一端锚固在墙或圈梁内，如图 7.10 所示，

房屋端部大房间的楼盖，6 度房屋的屋盖和 7～9 度房屋的楼、屋盖，当圈梁设在板底时，钢筋混凝土预制板应相互拉结，并应与梁、墙或圈梁拉结。

钢筋混凝土预制楼板侧边应留有不小于 20mm 的空隙，相邻跨预制板板缝宜贯通，当板缝宽度不小于 50mm 时，应配置板缝钢筋；装配整体式钢筋混凝土楼、屋盖，应在预制叠合层上双向配置通长的水平钢筋，预制板应与后浇叠合层有可靠的连接。

（2）梁或屋架的连接　楼盖、屋盖的钢筋混凝土梁或屋架应与墙、柱（包括构造柱）或圈梁可靠连接；不得采用独立砖柱。跨度不小于 6m 大梁的支承构件应采用组合砌体等加强措施，并满足承载力要求。

坡屋顶房屋的屋架应与顶层圈梁可靠连接，檩条或屋面板应与墙、屋架可靠连接，房屋出入口处的檐口瓦应与屋面构件锚固。采用硬山搁檩时，顶层内纵墙顶宜增砌支承山墙的踏步式墙垛，并设置构造柱。

7.4.1.5　墙体加强措施

丙类（标准设防类）的多层砖砌体房屋，当横墙较少且总高度和层数接近或达到表 7.1 规定的限值时，应采取下列加强措施。

① 房屋的最大开间尺寸不宜大于 6.6m。

② 同一结构单元内横墙错位数量不宜超过横墙总数的 1/3，且连续错位不宜多于两道；错位的墙体交接处均应增设构造柱，且楼、屋面板应采用现浇钢筋混凝土板。

③ 横墙和内纵墙上洞口的宽度不宜大于 1.5m；外纵墙上洞口的宽度不宜大于 2.1m 或开间尺寸的一半；且内外墙上洞口位置不应影响内外纵墙与横墙的整体连接。

④ 所有纵横墙均应在楼、屋盖标高处设置加强的现浇钢筋混凝土圈梁；圈梁的截面高度不宜小于 150mm，上下纵筋各不应少于 3Φ10，箍筋不少于 Φ6@300。

⑤ 所有纵横墙交接处及横墙的中部，均应增设满足下列要求的构造柱：在纵、横墙内的柱距不宜大于 3.0m，最小截面尺寸不宜小于 240mm×240mm（墙厚 190mm 时为

240mm×190mm），配筋宜符合表 7.17 的要求。

⑥ 同一结构单元的楼、屋面板应设置在同一标高处。

⑦ 房屋底层和顶层的窗台标高处，宜设置沿纵横墙通长的水平现浇钢筋混凝土带；其截面高度不小于 60mm，宽度不小于墙厚，纵向钢筋不少于 2Φ10，横向分布筋不少于 Φ6@200。

表 7.17　增设构造柱的纵筋和箍筋设置要求

位置	纵　向　钢　筋			箍　　筋		
	最大配筋率/%	最小配筋率/%	最小直径/mm	加密区范围/mm	加密区间距/mm	最小直径/mm
角柱	1.8	0.8	14	全高	100	6
边柱			14	上端 700		
中柱	1.4	0.6	12	下端 500		

7.4.1.6　其他构造要求

（1）6 度、7 度时长度大于 7.2m 的大房间，以及 8、9 度时外墙转角及内外墙交接处，应沿墙高每隔 500mm 配置 2Φ6 的通长钢筋和 Φ4 分布短钢筋平面内点焊组成的拉结网片或 Φ4 点焊网片。

（2）门窗洞口处不应采用砖过梁；钢筋混凝土过梁支承长度，6～8 度时不应小于 240mm，9 度时不应小于 360mm。

（3）后砌的自承重隔墙，应沿墙高每隔 500～600mm 配置 2Φ6 拉结钢筋与承重墙拉结，每边伸入墙内不少于 500mm；8 度和 9 度时，长度大于 5m 的后砌隔墙，墙顶尚应与楼板或梁拉结，独立墙肢端部及大门洞边宜设钢筋混凝土构造柱。

（4）预制阳台，6 度、7 度时应与圈梁和楼板的现浇板带可靠连接，8 度、9 度时不应采用预制阳台。

7.4.2　混凝土砌块砌体房屋抗震构造措施

7.4.2.1　设置芯柱

在混凝土小型空心砌块的孔洞内插入纵筋并灌注混凝土形成芯柱，这是砌块砌体墙体的传统做法。芯柱的作用体现在既能增强多层砌块砌体房屋的整体性，又能提高砌块砌体的抗剪强度。由于小砌块的壁很薄，砌筑时水平灰缝砂浆不易饱满，标准高度为 190mm，也难以实现竖向灰缝内的砂浆完全饱满，因而砌块砌体的抗剪强度低于砖砌体的抗剪强度。芯柱既有纵筋又有灌芯混凝土，可以大幅提高结构总体的抗剪能力，使多层混凝土小型空心砌块砌体房屋满足抗震设防要求。

（1）芯柱的设置　混凝土小型空心砌块砌体房屋，应按表 7.18 的要求设置钢筋混凝土芯柱。对外廊式和单面走廊的房屋，应根据房屋增加一层的层数，按表 7.18 的要求设置芯柱；横墙较少的房屋，应根据房屋增加一层的层数，按表 7.18 的要求设置芯柱；当横墙较少的房屋为外廊式或单面走廊式，6 度不超过四层、7 度不超过三层和 8 度不超过二层时，应按增加二层的层数对待；各层横墙很少的房屋，应按增加二层的层数设置芯柱。

（2）芯柱的构造要求

芯柱截面尺寸不宜小于 120mm×120mm。

混凝土强度等级不应低于 Cb20。

表 7.18　混凝土砌块房屋芯柱设置要求

房屋层数				设置部位	设置数量
6 度	7 度	8 度	9 度		
≤五	≤四	≤三		外墙四角和对应转角;楼、电梯间四角;楼梯斜段上下端对应的墙体处;大房间内外墙交接处;错层部位横墙与外纵墙交接处;隔 12m 或单元横墙与外纵墙交接处	外墙转角,灌实 3 个孔;内外墙交接处,灌实 4 个孔;楼梯斜段上下端对应的墙体处,灌实 2 个孔
六	五	四	一	同上;隔开间横墙(轴线)与外纵墙交接处	
七	六	五	二	同上;各内墙(轴线)与外纵墙交接处;内纵墙与横墙(轴线)交接处和洞口两侧	外墙转角,灌实 5 个孔;内外墙交接处,灌实 4 个孔;内墙交接处,灌实 4~5 个孔;洞口两侧各灌实 1 个孔
	七	六	三	同上;横墙内芯柱间距不宜大于 2m	外墙转角,灌实 7 个孔;内外墙交接处,灌实 5 个孔;内墙交接处,灌实 4~5 个孔;洞口两侧各灌实 1 个孔

　　注:外墙转角处、内外墙交接处、楼电梯间四角等部位,应允许采用钢筋混凝土构造柱替代部分芯柱。

　　芯柱的竖向插筋应贯通墙身且与圈梁连接;插筋不应少于 1Φ12,6 度、7 度超过五层、8 度时超过四层和 9 度时,插筋不应少于 1Φ14。

　　芯柱应伸入室外地面下 500mm 或与埋深小于 500mm 的基础圈梁相连。

　　为了提高墙体抗震受剪承载力而设置的芯柱,宜在墙体内均匀布置,最大净间距不宜大于 2.0m。当房屋层数或高度等于或接近表 7.1 中的限值时,纵、横墙内芯柱的间距尚应符合下列要求:底部 1/3 楼层横墙中部的芯柱间距,7 度、8 度时不宜大于 1.5m,9 度时不宜大于 1.0m;当外纵墙开间大于 3.9m 时,应另设加强措施。

　　多层小砌块房屋墙体交接处或芯柱与墙体连接处应设置拉结钢筋网片,网片可采用直径 4mm 的钢筋点焊而成,沿墙体高间距不大于 600mm,并应沿墙体水平通长设置。6 度、7 度时底部 1/3 楼层,8 度时底部 1/2 楼层,9 度时全部楼层,上述拉结钢筋网片沿墙高间距不大于 400mm。

7.4.2.2　替代芯柱的构造柱

　　砌块砌体房屋中替代芯柱的钢筋混凝土构造柱,应符合下列构造要求。

　　构造柱截面不宜小于 190mm×190mm,纵向钢筋宜采用 4Φ12,箍筋间距不宜大于 250mm,且在柱上、下端适当加密;6 度、7 度时超过五层、8 度时超过四层和 9 度时,构造柱纵向钢筋宜采用 4Φ14,箍筋间距不应大于 200mm;外墙转角的构造柱可适当加大截面及配筋。

　　构造柱与砌块墙连接处应砌成马牙槎,与构造柱相邻的砌块孔洞,6 度时宜填实,7 度时应填实,8 度、9 度时应填实并插筋。构造柱与砌块墙之间沿墙高每隔 600mm 设 φ4 点焊拉结钢筋网片,并应沿墙体水平通长设置。6 度、7 度时底部 1/3 楼层,8 度时底部 1/2 楼层,9 度时全部楼层,上述拉结钢筋网片沿墙高间距不大于 400mm。

　　构造柱与圈梁连接处,构造柱的纵筋应在圈梁纵筋内侧穿过,保证构造柱纵筋上下贯通。构造柱可不单独设置基础,但应伸入室外地面下 500mm,或与埋深小于 500mm 的基础圈梁相连。

7.4.2.3　设置现浇钢筋混凝土圈梁

混凝土砌块砌体房屋的现浇钢筋混凝土圈梁应按表 7.16 的要求设置，圈梁的截面宽度宜取墙厚且不应小于 190mm。

圈梁截面配筋，6 度、7 度时纵筋不少于 4φ10，箍筋不少于 φ6@250；8 度时纵筋不少于 4φ12，箍筋不少于 φ6@200；9 度时纵筋不少于 4φ14，箍筋不少于 φ6@150。

基础圈梁的截面宽度宜取墙厚，截面高度不应小于 200mm，纵筋不应少于 4φ14。

7.4.2.4　其他构造要求

多层小砌块房屋的层数，6 度时超过五层、7 度时超过四层、8 度时超过三层和 9 度时，在房屋底层和顶层的窗台标高处，沿纵横墙应设置通长的水平现浇钢筋混凝土带；其截面高度不小于 60mm，纵筋不少于 2φ10，并应有分布拉结钢筋；其混凝土强度等级不应低于 C20。

水平现浇混凝土带亦可采用槽形砌块替代模板，其纵筋和拉结钢筋不变。

小砌块房屋的其他抗震构造措施同砖砌体房屋。

7.4.3　底部框架-抗震墙砌体房屋抗震构造措施

底部框架-抗震墙砌体房屋的上部砌体结构的抗震构造与一般多层砖砌体房屋、砌块砌体房屋相同，不同部分在于底层和过渡层（紧靠底部框架-抗震墙的一层砌体）。

7.4.3.1　构造柱与芯柱

底部框架-抗震墙砌体房屋的上部墙体应设置钢筋混凝土构造柱或芯柱，并应符合下列要求。

（1）设置部位　钢筋混凝土构造柱、芯柱的设置应根据房屋的总层数分别按表 7.15、表 7.18 的规定确定，过渡层尚应在底部框架柱对应位置处设置构造柱。

（2）截面和配筋　砖砌体墙中的构造柱截面不宜小于 240mm×240mm（墙厚 190mm 时为 240mm×190mm）。

构造柱的纵向钢筋不宜少于 4φ14，箍筋间距不宜大于 200mm；芯柱每孔插筋不应小于 1φ14，芯柱之间沿墙高应每隔 400mm 设 φ4 焊接钢筋网片。

（3）连接　构造柱、芯柱应与每层圈梁连接，或与现浇钢筋混凝土楼板可靠拉结。

7.4.3.2　过渡层墙体构造

底部框架-抗震墙砌体房屋过渡层墙体的构造，应符合下列要求。

① 上部砌体墙的中心线宜与底部的框架梁、抗震墙的中心线重合；构造柱或芯柱宜与框架柱上下贯通。

② 过渡层应在底部框架柱、混凝土墙或约束砌体墙的构造柱所对应处设置构造柱或芯柱；墙体内的构造柱间距不宜大于层高，芯柱最大间距不宜大于 1m。

③ 过渡层构造柱的纵向钢筋，6 度、7 度时不宜少于 4φ16，8 度时不宜少于 4φ18。过渡层芯柱的纵向钢筋，6 度、7 度时不宜少于每孔 1φ16，8 度时不宜少于每孔 1φ18。一般情况下，纵向钢筋应锚入下部的框架柱或混凝土墙内；当纵向钢筋锚固在托梁（即托墙梁）内时，托梁的相应位置应加强。

④ 过渡层的砌体墙在窗台标高处，应设置沿纵横墙通长的水平现浇钢筋混凝土带；其截面高度不小于 60mm，宽度不小于墙厚，纵向钢筋不少于 2φ10，横向分布钢筋的直径不小于 6mm 且其间距不大于 200mm。此外，砖砌体墙在相邻构造柱间的墙体，应沿墙高每隔 360mm 设 2φ6 通长水平钢筋和 φ4 分布短筋平面内点焊组成的拉结网片或 φ4 点焊钢筋网

片，并锚入构造柱内；小砌块砌体墙芯柱之间沿高度每隔 400mm 设置 $\phi4$ 通长水平点焊钢筋网片。

⑤ 过渡层的砌体墙，凡宽度不小于 1.2m 的门洞和 2.1m 的窗洞，洞口两侧宜增设截面不小于 120mm×240mm（墙厚 190mm 时为 120mm×190mm）的构造柱或单孔芯柱。

⑥ 当过渡层的砌体抗震墙与底部框架梁、墙体不对齐时，应在底部框架内设置托墙转换梁，并且过渡层砖墙或砌块墙应采取比第④款更高的加强措施。

7.4.3.3　钢筋混凝土框架构造要求

（1）框架柱构造要求　柱的截面尺寸不应小于 400mm×400mm，圆柱直径不应小于450mm。柱的轴压比，6 度时不宜大于 0.85，7 度时不宜大于 0.75，8 度时不宜大于 0.65。

柱的纵向钢筋最小总配筋率，当钢筋强度标准值低于 400MPa 时，中柱在 6 度、7 度时不应小于 0.9%，8 度时不应小于 1.1%；边柱、角柱在 6 度、7 度时不应小于 1.0%，8 度时不应小于 1.2%。柱的箍筋直径，6 度、7 度时不应小于 8mm，8 度时不应小于 10mm，并应全高加密，间距不大于 100mm。

（2）托梁构造要求　托梁的截面宽度不应小于 300mm，截面高度不应小于跨度的1/10，当墙体在梁端附近有洞口时，梁截面高度不宜小于跨度的 1/8。

托梁上、下部纵向贯通钢筋最小配筋率，一级时不应小于 0.4%，二级、三级时分别不应小于 0.3%；当托墙梁受力状态为偏心受拉时，支座上部纵向钢筋至少应有 50%沿梁全长贯通，下部纵向钢筋应全部直通到柱内。

托梁箍筋的直径不应小于 10mm，间距不应大于 200mm；梁端在 1.5 倍梁高且不小于1/5梁净跨范围内，以及上部墙体的洞口处和洞口两侧各 500mm 且不小于梁高的范围内，箍筋间距不应大于 100mm。

沿梁高应设腰筋，数量不应少于 2Φ14，间距不应大于 200mm。

7.4.3.4　底部抗震墙的构造要求

（1）钢筋混凝土抗震墙　底部框架-抗震墙砌体房屋的底部采用钢筋混凝土墙时，其截面和构造应符合下列要求。

① 墙体周边应设置梁（或暗梁）和边框柱（或框架柱）组成的边框；边框梁的截面宽度不宜小于墙板厚度的 1.5 倍，截面高度不宜小于墙板厚度的 2.5 倍；边框柱的截面高度不宜小于墙板厚度的 2 倍。

② 墙板的厚度不宜小于 160mm，且不应小于墙板净高的 1/20；墙体宜开设洞口形成若干墙段，各墙段的高宽比不宜小于 2。

③ 墙体的竖向和横向分布钢筋配筋率均不应小于 0.30%，并应采用双排布置；双排分布钢筋间拉筋的间距不应大于 600mm，直径不应小于 6mm。

④ 墙体洞口两侧应按规定要求设置边缘构件。

（2）约束砖砌体抗震墙　当 6 度设防的底层框架-抗震墙砖砌体房屋的底层采用约束砖墙体墙时，其构造应符合下列要求：

① 砖墙厚不应小于 240mm，砌筑砂浆强度等级不应低于 M10，应先砌墙后浇框架。

② 沿框架柱每隔 300mm 配置 2Φ8 水平钢筋和 $\phi4$ 分布短筋平面内点焊组成的拉结网片，并沿砖墙水平通长设置，并锚入框架柱内。

③ 在墙体半高处尚应设置与框架柱相连的钢筋混凝土水平系梁。系梁的截面宽度不应小于墙厚，截面高度不应小于 120mm，纵筋不应少于 4Φ12，箍筋不少于 Φ6@200。

④ 墙长大于 4m 时和洞口两侧，应在墙内增设钢筋混凝土构造柱。构造柱的纵向钢筋不宜少于 4φ14。

（3）约束砌块砌体抗震墙 当 6 度设防的底层框架-抗震墙砌块砌体房屋的底层采用约束小块砌体墙时，其构造应符合下列要求。

① 墙厚不应小于 190mm，砌筑砂浆强度等级不应低于 Mb10，应先砌墙后浇框架。

② 沿框架柱每隔 400mm 配置 2φ8 水平钢筋和 φ4 分布短筋平面内点焊组成的拉结网片，并沿砌块墙水平通长设置；在墙体半高处尚应设置与框架柱相连的钢筋混凝土水平系梁，系梁截面不应小于 190mm×190mm，纵筋不应小于 4φ12，箍筋直径不应小于 6mm，间距不应大于 200mm。

③ 墙体在门、窗洞口两侧应设置芯柱，墙长大于 4m 时，应在墙内增设芯柱；其余位置，宜采用钢筋混凝土构造柱替代芯柱。

7.4.3.5 底部框架-抗震墙砌体房屋楼盖的要求

过渡层的底板应采用现浇钢筋混凝土板，板厚不应小于 120mm，并应采用双排双向配筋，配筋率分别不小于 0.25%；应少开洞、开小洞，当洞口尺寸大于 800mm 时，洞口周边应设置边梁。

其他楼层，采用装配式钢筋混凝土楼板时均应设现浇圈梁；采用现浇钢筋混凝土楼板时应允许不另设圈梁，但楼板沿抗震墙体周边均应加强配筋并应与相应的构造柱可靠连接。

7.4.4 配筋砌块砌体抗震墙房屋抗震构造措施

配筋砌块砌体抗震墙房屋的抗震墙，应全部用灌孔混凝土灌实。灌孔混凝土应采用坍落度大、流动性及和易性好，并与砌块结合良好的混凝土，其强度等级不应低于 Cb20。抗震构造措施主要体现在钢筋的配置上。

7.4.4.1 分布钢筋配置要求

配筋砌块砌体抗震墙底部加强区的高度不小于房屋高度的 1/6，且不小于房屋底部两层的高度。抗震墙水平分布钢筋的配筋构造应符合表 7.19 的规定，抗震墙竖向分布钢筋的构造应符合表 7.20 的规定。

表 7.19 抗震墙水平分布钢筋的配筋构造

抗震等级	最小配筋率/%		最大间距 /mm	最小直径 /mm
	一般部位	加强部位		
一级	0.13	0.15	400	8
二级	0.13	0.13	600	8
三级	0.11	0.13	600	8
四级	0.10	0.10	600	6

注：1. 水平分布钢筋宜双排布置，在顶层和底部加强部位，最大间距不应大于 400mm。

2. 双排水平分布钢筋应设直径不小于 6mm 的拉结筋，水平间距不应大于 400mm。

7.4.4.2 设置边缘构件

配筋砌块砌体抗震墙还应在底部加强部位和轴压比大于 0.4 的其他部位的墙肢设置边缘构件（配筋暗柱、端柱或翼墙）。边缘构件的配筋范围：无翼墙端部为 3 孔配筋；L 形转角节点为 3 孔配筋；T 形转角节点为 4 孔配筋；边缘构件范围内应设置水平箍筋。配筋砌块砌体抗震墙边缘构件的配筋应符合表 7.21 的规定。

表 7.20　抗震墙竖向分布钢筋的配筋构造

抗震等级	最小配筋率/%		最大间距 /mm	最小直径 /mm
	一般部位	加强部位		
一级	0.15	0.15	400	12
二级	0.13	0.13	600	12
三级	0.11	0.13	600	12
四级	0.10	0.10	600	12

注：竖向分布钢筋宜采用单排布置，直径不应大于 25mm，9 度时配筋率不应小于 0.2%，在顶层和底部加强部位，最大间距应当减小。

宜避免设置转角窗，否则，转角窗开间相关墙体尽端边缘构件最小纵筋直径应比表 7.21 规定值提高一级，且转角窗开间的楼（屋）面应采用现浇钢筋混凝土板。

表 7.21　配筋砌块砌体抗震墙边缘构件的配筋要求

抗震等级	每孔竖向钢筋最小量		水平箍筋最小直径 /mm	水平箍筋最大间距 /mm
	底部加强部位	一般部位		
一级	1Φ20(4Φ16)	1Φ18(4Φ16)	8	200
二级	1Φ18(4Φ16)	1Φ16(4Φ14)	6	200
三级	1Φ16(4Φ12)	1Φ14(4Φ12)	6	200
四级	1Φ14(4Φ12)	1Φ12(4Φ12)	6	200

注：1. 边缘构件水平箍筋宜采用横筋为双筋的搭接点焊网片形式。

2. 当抗震等级为一级、二级、三级时，边缘构件箍筋应采用 HRB400 级或 RRB400 级钢筋。

3. 表中括号内数字为边缘构件采用混凝土边框柱时的配筋。

7.4.4.3　轴压比要求

配筋砌块砌体抗震墙在重力荷载代表值作用下的轴压比，应符合下列规定。

① 一般墙体的底部加强部位，一级（9 度）不宜大于 0.4，一级（8 度）不宜大于 0.5，二、三级不宜大于 0.6；一般部位，均不宜大于 0.6。

② 短肢墙体全高范围，一级不宜大于 0.5，二、三级不宜大于 0.6；对于无翼缘的一字形短肢墙，其轴压比限值应相应降低 0.1。

③ 各向墙肢截面均为 3～5 倍墙厚的独立小墙肢，一级不宜大于 0.4，二、三级不宜大于 0.5；对无翼缘的一字形独立小墙肢，其轴压比限值应相应降低 0.1。

7.4.4.4　圈梁构造要求

配筋砌块砌体圈梁构造，应符合下列规定。

① 各楼层标高处，每道配筋砌块砌体抗震墙均应设置现浇钢筋混凝土圈梁，圈梁的宽度应为墙厚，其截面高度不宜小于 200mm。

② 圈梁混凝土抗压强度不应小于相应灌孔砌块砌体的强度，且不应小于 C20。

③ 圈梁纵向钢筋直径不应小于墙中水平分布钢筋的直径，且不应小于 4Φ12；基础圈梁直径不应小于 4Φ12；圈梁及基础圈梁箍筋的直径不应小于 8mm，间距不应大于 200mm；当圈梁高度大于 300mm 时，应沿梁截面高度方向设置腰筋，其间距不应大于 200mm，直径不应小于 10mm。

④ 圈梁底部嵌入墙顶砌块孔洞内，深度不宜小于 30mm；圈梁顶部应是毛面。

7.4.4.5　连梁的构造要求

（1）钢筋混凝土连梁　配筋砌块砌体抗震墙当连梁采用钢筋混凝土时，连梁的混凝土强度等级不宜低于同层墙体块体强度等级的 2 倍，或同层墙体灌孔混凝土强度等级，也不应低于 C20；其他构造尚应符合现行国家标准《混凝土结构设计规范》GB 50010 的有关规定。

（2）配筋砌块砌体连梁　配筋砌块砌体抗震墙当连梁采用配筋砌块砌体时，连梁的截面高度不应小于两皮砌块的高度和 400mm，应采用 H 型砌块或凹槽砌块组砌，孔洞应全部浇灌混凝土。

连梁上、下受力水平钢筋宜对称、通长设置，锚入墙体内的长度，一、二级抗震等级不应小于 $1.1l_a$，三、四级抗震等级不应小于 l_a，且不应小于 600mm；水平受力钢筋的含钢率不宜小于 0.2%，也不宜大于 0.8%。

连梁的箍筋应沿梁长布置，并应符合表 7.22 的规定。

表 7.22　连梁箍筋构造要求

抗震等级	箍筋加密区			箍筋非加密区	
	长度	箍筋最大间距	直径/mm	间距/mm	直径/mm
一级	$2h$	100mm，$6d$，$h/4$ 中的小值	10	200	10
二级	$1.5h$	100mm，$8d$，$h/4$ 中的小值	8	200	8
三级	$1.5h$	150mm，$8d$，$h/4$ 中的小值	8	200	8
四级	$1.5h$	150mm，$8d$，$h/4$ 中的小值	8	200	8

注：h 为连梁截面高度；加密区长度不小于 600mm。

在顶层连梁伸入墙体的钢筋长度范围内，应设置间距不大于 200mm 的构造箍筋，箍筋直径应与连梁的箍筋直径相同。

连梁不宜开洞。当需要开洞时，应在跨中梁高 1/3 处预埋外径不大于 200mm 的钢套管，洞口上下的有效高度不应小于 1/3 梁高，且不应小于 200mm，洞口处应配补强钢筋并在洞周边浇筑灌孔混凝土，被洞口削弱的截面应进行受剪承载力验算。

本 章 小 结

砌体结构的震害往往比混凝土结构、钢结构严重，内在原因在于抗震性能较差，一是承载力不足引起破坏，二是结构布置不当、构造缺失引起破坏。但是，严格经过抗震设计的房屋，震害却较轻。震害程度可分为五个等级。房屋的抗震设计包括抗震概念设计、抗震计算和抗震构造措施三个方面，不应偏废。

抗震概念设计，就是在总体上把握抗震设计的基本原则。根据大量震害调查分析和多年工程经验，对房屋的总高度和层数、高宽比、层高、抗震横墙间距、房屋局部尺寸等做出限制性要求，并对建筑布置和结构体系、防震缝设置等做出相应规定，以使房屋从整体上利于抗震。

抗震计算为建筑抗震设计提供定量手段。砌体结构一般只考虑水平地震作用的影响，多层砌体房屋、底部框架-抗震墙砌体房屋以剪切变形为主，可采用底部剪力法计算水平地震作用；高层配筋砌块砌体抗震墙（剪力墙）房屋弯曲变形和剪切变形都不能忽略，应采用振型分解反应谱法计算水平地震作用。水平地震剪力，底层最大，顶层最小。各楼层的层剪力根据楼盖（屋盖）刚度和各道抗震墙的刚度不同，分配地震剪力的方法亦不同。墙体竖向受压承载力计算同非抗震设计，有地震作用效应的组合时，只需将抗力除以承载力抗震调整系数即可；墙体截面的抗震受剪承载力验算却是砌体房屋抗震计算的重点。需要验算房屋在横向和纵向地震作用影响下，横墙和纵墙在自身平面内的受剪承载力。

抗震构造措施可以保证结构的整体性、加强局部薄弱环节，保证抗震计算的有效性。多层砌体房屋的抗震构造措施主要有：设置现浇钢筋混凝土构造柱、芯柱，设置现浇钢筋混凝土圈梁，加强楼梯间（电梯间）等部位，强化各构件之间的连接；底部框架-抗震墙砌体房屋的构造主要在于底部抗震墙的布置，约束边缘构件的布置与配筋，钢筋混凝土框架柱的构造，钢筋混凝土框架梁（托墙梁）的截面尺寸和配筋要求；配筋砌块砌体抗震墙房屋的抗震构造主要体现在墙体分布钢筋的配置要求，边缘构件的配筋，连梁的构造及配筋要求等。

思 考 题

7.1 多层砌体房屋容易出现哪些震害？震害的宏观规律是什么？

7.2 砌体房屋抗震设防的目标是什么？

7.3 对标准设防类建筑，抗震设防的标准是什么？

7.4 抗震设计时如何选择砌体结构的承重体系？

7.5 为什么要限制砌体房屋的高宽比？

7.6 什么情况属于横墙较少、横墙很少？

7.7 多层砖砌体和砌块砌体房屋的水平地震作用如何计算？楼层地震剪力何处最大？

7.8 楼层地震剪力的分配与哪些因素有关？如何分配？

7.9 什么情况下可不进行结构的抗震验算，但需要采取抗震措施？

7.10 构造柱、圈梁在砌体房屋中各起什么作用？

7.11 预制板与墙体、圈梁如何连接？

7.12 如何确定多层砖房中构造柱的截面尺寸和配筋？

选 择 题

7.1 按照抗震设防类别的划分，普通砌体房屋住宅楼属于（ ）。

A. 甲类建筑　　　　B. 乙类建筑　　　　C. 丙类建筑　　　　D. 丁类建筑

7.2 抗震设防烈度为8度时，多层砌体房屋的最大高宽比为（ ）。

A. 3.0　　　　B. 2.5　　　　C. 2.0　　　　D. 不受限制

7.3 抗震设计时需要限制多层砌体抗震横墙的间距，其目的是（ ）。

A. 满足抗震横墙的受剪承载力要求

B. 满足楼板传递水平地震作用时的刚度要求

C. 保证房屋的整体稳定

D. 保证纵墙的稳定

7.4 抗震设防烈度为7度时，多层普通砖砌体房屋总高度的限值为（ ）。

A. 24m　　　　B. 21m　　　　C. 18m　　　　D. 15m

7.5 考虑地震作用效应的作用效应组合时，在不考虑竖向地震作用的情况下，水平地震作用分项系数的 γ_{Eh} 取值为（ ）。

A. 1.3　　　　B. 1.4　　　　C. 1.2　　　　D. 1.5

7.6 配筋砌块砌体房屋高度为36m，设防烈度为8度，该房屋的抗震等级为（ ）。

A. 四级　　　　　　　B. 三级　　　　　　　C. 二级　　　　　　　D. 一级

7.7　计算楼层地震剪力在各墙体间分配时,可以不考虑(　　)。

A. 正交方向墙体的作用　　　　　　B. 楼盖的水平刚度

C. 各墙体的侧移刚度　　　　　　　D. A、B及C

7.8　下列关于砌体房屋抗震计算的叙述中,不正确的是(　　)。

A. 多层砌体房屋地震作用计算,可采用底部剪力法

B. 多层砌体房屋,可只选择承载面积较小或竖向应力较小的墙段进行截面抗震受剪承载力验算

C. 进行地震剪力分配时,墙段的层间侧移刚度只考虑剪切变形

D. 各类砌体沿阶梯形截面破坏时的抗剪强度应采用 f_{vE}

7.9　抗震要求的砖砌体房屋,下述关于构造柱的施工,正确的是(　　)。

A. 应先砌墙,后浇筑构造柱混凝土

B. 为便于施工,应先浇筑构造柱混凝土,后砌墙

C. 如混凝土柱留出马牙槎,则可先浇柱后砌墙

D. 如混凝土柱留出马牙槎和拉结钢筋,则可先浇柱后砌墙

7.10　在砌体结构房屋中,下述哪项不是圈梁的主要作用(　　)。

A. 提高房屋构件的承载力

B. 增强房屋的整体刚度

C. 防止由于较大的振动荷载对房屋引起的不利影响

D. 防止由于地基不均匀沉降对房屋引起的不利影响

7.11　多层砖砌体房屋采用装配式楼盖,抗震设计时板端伸入内墙的长度不应小于(　　)。

A. 120mm　　　　　B. 100mm　　　　　C. 90mm　　　　　D. 80mm

附　　录

附表1　烧结普通砖和烧结多孔砖砌体的抗压强度设计值　　　　　单位：MPa

砖强度等级	砂浆强度等级					砂浆强度
	M15	M10	M7.5	M5	M2.5	0
MU30	3.94	3.27	2.93	2.59	2.26	1.15
MU25	3.60	2.98	2.68	2.37	2.06	1.05
MU20	3.22	2.67	2.39	2.12	1.84	0.94
MU15	2.79	2.31	2.07	1.83	1.60	0.82
MU10	—	1.89	1.69	1.50	1.30	0.67

注：当烧结多孔砖的孔洞率大于30%时，表中数值应乘以0.9。

附表2　混凝土普通砖和混凝土多孔砖砌体的抗压强度设计值　　　　　单位：MPa

砖强度等级	砂浆强度等级					砂浆强度
	Mb20	Mb15	Mb10	Mb7.5	Mb5	0
MU30	4.61	3.94	3.27	2.93	2.59	1.15
MU25	4.21	3.60	2.98	2.68	2.37	1.05
MU20	3.77	3.22	2.67	2.39	2.12	0.94
MU15	—	2.79	2.31	2.07	1.83	0.82

附表3　蒸压灰砂普通砖和蒸压粉煤灰普通砖砌体的抗压强度设计值　　　　　单位：MPa

砖强度等级	砂浆强度等级				砂浆强度
	M15	M10	M7.5	M5	0
MU25	3.60	2.98	2.68	2.37	1.05
MU20	3.22	2.67	2.39	2.12	0.94
MU15	2.79	2.31	2.07	1.83	0.82

注：当采用专用砂浆砌筑时，其抗压强度设计值按表中数值采用。

附表4　单排孔混凝土砌块和轻集料混凝土砌块对孔砌筑砌体的抗压强度设计值　　　　　单位：MPa

砌块强度等级	砂浆强度等级					砂浆强度
	Mb20	Mb15	Mb10	Mb7.5	Mb5	0
MU20	6.30	5.68	4.95	4.44	3.94	2.33
MU15	—	4.61	4.02	3.61	3.20	1.89
MU10	—	—	2.79	2.50	2.22	1.31
MU7.5	—	—	—	1.93	1.71	1.01
MU5	—	—	—	—	1.19	0.70

注：1. 对独立柱或厚度为双排组砌的砌块砌体，应按表中数值乘以0.7。

2. 对T型截面墙体、柱，应按表中数值乘以0.85。

附 录

附表5　双排孔或多排孔轻集料混凝土砌块砌体的抗压强度设计值　单位：MPa

砌块强度等级	砂浆强度等级			砂浆强度
	Mb10	Mb7.5	Mb5	0
MU10	3.08	2.76	2.45	1.44
MU7.5	—	2.13	1.88	1.12
MU5	—	—	1.31	0.78
MU3.5	—	—	0.95	0.56

注：1. 表中的砌块为火山渣、浮石和陶粒轻集料混凝土砌块。

2. 对厚度方向为双排组砌的轻集料混凝土砌块砌体的抗压强度设计值，应按表中数值乘以0.8。

附表6　毛料石砌体的抗压强度设计值　单位：MPa

毛料石强度等级	砂浆强度等级			砂浆强度
	M7.5	M5	M2.5	0
MU100	5.42	4.80	4.18	2.13
MU80	4.85	4.29	3.73	1.91
MU60	4.20	3.71	3.23	1.65
MU50	3.83	3.39	2.95	1.51
MU40	3.43	3.04	2.64	1.35
MU30	2.97	2.63	2.29	1.17
MU20	2.42	2.15	1.87	0.95

注：对细料石砌体、粗料石砌体和干砌勾缝石砌体，表中数值应分别乘以调整系数1.4、1.2和0.8。

附表7　毛石砌体的抗压强度设计值　单位：MPa

毛石强度等级	砂浆强度等级			砂浆强度
	M7.5	M5	M2.5	0
MU100	1.27	1.12	0.98	0.34
MU80	1.13	1.00	0.87	0.30
MU60	0.98	0.87	0.76	0.26
MU50	0.90	0.80	0.69	0.23
MU40	0.80	0.71	0.62	0.21
MU30	0.69	0.61	0.53	0.18
MU20	0.56	0.51	0.44	0.15

附表8　沿砌体灰缝截面破坏时砌体的轴心抗拉强度设计值、弯曲抗拉强度设计值和抗剪强度设计值　单位：MPa

强度类别	破坏特征及砌体种类		砂浆强度等级			
			≥M10	M7.5	M5	M2.5
轴心抗拉	沿齿缝	烧结普通砖、烧结多孔砖	0.19	0.16	0.13	0.09
		混凝土普通砖、混凝土多孔砖	0.19	0.16	0.13	—
		蒸压灰砂普通砖、蒸压粉煤灰普通砖	0.12	0.10	0.08	—
		混凝土和轻集料混凝土砌块	0.09	0.08	0.07	—
		毛石	—	0.07	0.06	0.04

强度类别	破坏特征及砌体种类		砂浆强度等级			
			≥M10	M7.5	M5	M2.5
弯曲抗拉	沿齿缝	烧结普通砖、烧结多孔砖	0.33	0.29	0.23	0.17
		混凝土普通砖、混凝土多孔砖	0.33	0.29	0.23	—
		蒸压灰砂普通砖、蒸压粉煤灰普通砖	0.24	0.20	0.16	—
		混凝土和轻集料混凝土砌块	0.11	0.09	0.08	—
		毛石	—	0.11	0.09	0.07
	沿通缝	烧结普通砖、烧结多孔砖	0.17	0.14	0.11	0.08
		混凝土普通砖、混凝土多孔砖	0.17	0.14	0.11	—
		蒸压灰砂普通砖、蒸压粉煤灰普通砖	0.12	0.10	0.08	—
		混凝土和轻集料混凝土砌块	0.08	0.06	0.05	—
抗剪		烧结普通砖、烧结多孔砖	0.17	0.14	0.11	0.08
		混凝土普通砖、混凝土多孔砖	0.17	0.14	0.11	—
		蒸压灰砂普通砖、蒸压粉煤灰普通砖	0.12	0.10	0.08	—
		混凝土和轻集料混凝土砌块	0.09	0.08	0.06	—
		毛石	—	0.19	0.16	0.11

注：1. 对于用形状规则的块体砌筑的砌体，当搭接长度与块体高度的比值小于1时，其轴心抗拉强度设计值 f_t 和弯曲抗拉强度设计值 f_{tm} 应按表中数值乘以搭接长度与块体高度比值后采用。

2. 表中数值是依据普通砂浆砌筑的砌体确定的，采用经研究性试验且通过技术鉴定的专用砂浆砌筑的蒸压灰砂普通砖、蒸压粉煤灰普通砖砌体，其抗剪强度设计值按相应普通砂浆强度等级砌筑的烧结普通砖砌体采用。

3. 对混凝土普通砖、混凝土多孔砖、混凝土和轻集料混凝土砌块砌体，表中砂浆强度等级分别为：≥Mb10、Mb7.5 及 Mb5。

附表9 砌体的弹性模量　　　　　单位：MPa

砌体种类	砂浆强度等级			
	≥M10	M7.5	M5	M2.5
烧结普通砖、烧结多孔砖砌体	1600f	1600f	1600f	1390f
混凝土普通砖、混凝土多孔砖砌体	1600f	1600f	1600f	—
蒸压灰砂普通砖、蒸压粉煤灰普通砖砌体	1060f	1060f	1060f	—
非灌孔混凝土砌块砌体	1700f	1600f	1500f	—
粗料石、毛料石、毛石砌体	—	5650	4000	2250
细料石砌体	—	17000	12000	6750

注：1. 轻集料混凝土砌块砌体的弹性模量，可按表中混凝土砌块砌体的弹性模量采用。

2. 表中砌体抗压强度设计值 f 不需要乘调整系数 γ_a。

3. 表中砂浆为普通砂浆，采用专用砂浆砌筑的砌体的弹性模量也按此表取值。

4. 对混凝土普通砖、混凝土多孔砖、混凝土和轻集料混凝土砌块砌体，表中的砂浆强度等级分别为：≥Mb10、Mb7.5 及 Mb5。

5. 对蒸压灰砂普通砖和蒸压粉煤灰普通砖砌体，当采用专用砂浆砌筑时，其抗压强度设计值 f 按附表3的数值采用。

附表 10 砌体的线膨胀系数和收缩率

砌体类别	线膨胀系数/($10^{-6}/℃$)	收缩率/(mm/m)
烧结普通砖、烧结多孔砖砌体	5	−0.1
蒸压灰砂普通砖、蒸压粉煤灰普通砖砌体	8	−0.2
混凝土普通砖、混凝土多孔砖、混凝土砌块砌体	10	−0.2
轻集料混凝土砌块砌体	10	−0.3
料石和毛石砌体	8	—

注：表中的收缩率系由达到收缩允许标准的块体砌筑 28d 龄期的砌体收缩系数。当地方有可靠的砌体收缩试验数据时，亦可采用当地的试验数据。

附表 11 砌体的摩擦系数

材料类别	摩擦面情况	
	干 燥	潮 湿
砌体沿砌体或混凝土滑动	0.70	0.60
砌体沿木材滑动	0.60	0.50
砌体沿钢滑动	0.45	0.35
砌体沿砂或卵石滑动	0.60	0.50
砌体沿粉土滑动	0.55	0.40
砌体沿黏性土滑动	0.50	0.30

附表 12 无筋砌体受压构件承载力影响系数 φ

影响系数 φ（砂浆强度等级 ≥M5）

β	e/h 或 e/h_T												
	0	0.025	0.05	0.075	0.1	0.125	0.15	0.175	0.2	0.225	0.25	0.275	0.3
≤3	1	0.99	0.97	0.94	0.89	0.84	0.79	0.73	0.68	0.62	0.57	0.52	0.48
4	0.98	0.95	0.90	0.85	0.80	0.74	0.69	0.64	0.58	0.53	0.49	0.45	0.41
6	0.95	0.91	0.86	0.81	0.75	0.69	0.64	0.59	0.54	0.49	0.45	0.42	0.38
8	0.91	0.86	0.81	0.76	0.70	0.64	0.59	0.54	0.50	0.46	0.42	0.39	0.36
10	0.87	0.82	0.76	0.71	0.65	0.60	0.55	0.50	0.46	0.42	0.39	0.36	0.33
12	0.82	0.77	0.71	0.66	0.60	0.55	0.51	0.47	0.43	0.39	0.36	0.33	0.31
14	0.77	0.72	0.66	0.61	0.56	0.51	0.47	0.43	0.40	0.36	0.34	0.31	0.29
16	0.72	0.67	0.61	0.56	0.52	0.47	0.44	0.40	0.37	0.34	0.31	0.29	0.27
18	0.67	0.62	0.57	0.52	0.48	0.44	0.40	0.37	0.34	0.31	0.29	0.27	0.25
20	0.62	0.57	0.53	0.48	0.44	0.40	0.37	0.34	0.32	0.29	0.27	0.25	0.23
22	0.58	0.53	0.49	0.45	0.41	0.38	0.35	0.32	0.30	0.27	0.25	0.24	0.22
24	0.54	0.49	0.45	0.41	0.38	0.35	0.32	0.30	0.28	0.26	0.24	0.22	0.21
26	0.50	0.46	0.42	0.38	0.35	0.33	0.30	0.28	0.26	0.24	0.22	0.21	0.19
28	0.46	0.42	0.39	0.36	0.33	0.30	0.28	0.26	0.24	0.22	0.21	0.19	0.18
30	0.42	0.39	0.36	0.33	0.31	0.28	0.26	0.24	0.22	0.21	0.20	0.18	0.17

影响系数 φ（砂浆强度等级 M2.5）

β	\multicolumn{13}{c}{e/h 或 e/h_T}												
	0	0.025	0.05	0.075	0.1	0.125	0.15	0.175	0.2	0.225	0.25	0.275	0.3
≤3	1	0.99	0.97	0.94	0.89	0.84	0.79	0.73	0.68	0.62	0.57	0.52	0.48
4	0.97	0.94	0.89	0.84	0.78	0.73	0.67	0.62	0.57	0.52	0.48	0.44	0.40
6	0.93	0.89	0.84	0.78	0.73	0.67	0.62	0.57	0.52	0.48	0.44	0.40	0.37
8	0.89	0.84	0.78	0.72	0.67	0.62	0.57	0.52	0.48	0.44	0.40	0.37	0.34
10	0.83	0.78	0.72	0.67	0.61	0.56	0.52	0.47	0.43	0.40	0.37	0.34	0.31
12	0.78	0.72	0.67	0.61	0.56	0.52	0.47	0.43	0.40	0.37	0.34	0.31	0.29
14	0.72	0.66	0.61	0.56	0.51	0.47	0.43	0.40	0.36	0.34	0.31	0.29	0.27
16	0.66	0.61	0.56	0.51	0.47	0.43	0.40	0.36	0.34	0.31	0.29	0.26	0.25
18	0.61	0.56	0.51	0.47	0.43	0.40	0.36	0.33	0.31	0.29	0.26	0.24	0.23
20	0.56	0.51	0.47	0.43	0.39	0.36	0.33	0.31	0.28	0.26	0.24	0.23	0.21
22	0.51	0.47	0.43	0.39	0.36	0.33	0.31	0.28	0.26	0.24	0.23	0.21	0.20
24	0.46	0.43	0.39	0.36	0.33	0.31	0.28	0.26	0.24	0.23	0.21	0.20	0.18
26	0.42	0.39	0.36	0.33	0.31	0.28	0.26	0.24	0.22	0.21	0.20	0.18	0.17
28	0.39	0.36	0.33	0.30	0.28	0.26	0.24	0.22	0.21	0.20	0.18	0.17	0.16
30	0.36	0.33	0.30	0.28	0.26	0.24	0.22	0.21	0.20	0.18	0.17	0.16	0.15

影响系数 φ（砂浆强度 0）

β	\multicolumn{13}{c}{e/h 或 e/h_T}												
	0	0.025	0.05	0.075	0.1	0.125	0.15	0.175	0.2	0.225	0.25	0.275	0.3
≤3	1	0.99	0.97	0.94	0.89	0.84	0.79	0.73	0.68	0.62	0.57	0.52	0.48
4	0.87	0.82	0.77	0.71	0.66	0.60	0.55	0.51	0.46	0.43	0.39	0.36	0.33
6	0.76	0.70	0.65	0.59	0.54	0.50	0.46	0.42	0.39	0.36	0.33	0.30	0.28
8	0.63	0.58	0.54	0.49	0.45	0.41	0.38	0.35	0.32	0.30	0.28	0.25	0.24
10	0.53	0.48	0.44	0.41	0.37	0.34	0.32	0.29	0.27	0.25	0.23	0.22	0.20
12	0.44	0.40	0.37	0.34	0.31	0.29	0.27	0.25	0.23	0.21	0.20	0.19	0.17
14	0.36	0.33	0.31	0.28	0.26	0.24	0.23	0.21	0.20	0.18	0.17	0.16	0.15
16	0.30	0.28	0.26	0.24	0.22	0.21	0.19	0.18	0.17	0.16	0.15	0.14	0.13
18	0.26	0.24	0.22	0.21	0.19	0.18	0.17	0.16	0.15	0.14	0.13	0.12	0.12
20	0.22	0.20	0.19	0.18	0.17	0.16	0.15	0.14	0.13	0.12	0.12	0.11	0.10
22	0.19	0.18	0.16	0.15	0.14	0.14	0.13	0.12	0.12	0.11	0.10	0.10	0.09
24	0.16	0.15	0.14	0.13	0.13	0.12	0.11	0.11	0.10	0.10	0.09	0.09	0.08
26	0.14	0.13	0.13	0.12	0.11	0.11	0.10	0.10	0.09	0.09	0.08	0.08	0.07
28	0.12	0.12	0.11	0.11	0.10	0.10	0.09	0.09	0.08	0.08	0.08	0.07	0.07
30	0.11	0.10	0.10	0.09	0.09	0.09	0.08	0.08	0.07	0.07	0.07	0.07	0.06

附表 13　混凝土强度设计值　　　　单位：N/mm²

强度种类	\multicolumn{14}{c}{混凝土强度等级}													
	C15	C20	C25	C30	C35	C40	C45	C50	C55	C60	C65	C70	C75	C80
f_c	7.2	9.6	11.9	14.3	16.7	19.1	21.1	23.1	25.3	27.5	29.7	31.8	33.8	35.9
f_t	0.91	1.10	1.27	1.43	1.57	1.71	1.80	1.89	1.96	2.04	2.09	2.14	2.18	2.22

附表 14　普通钢筋强度设计值　　单位：N/mm²

牌　　号	抗拉强度设计值 f_y	抗压强度设计值 f_y'
HPB300	270	270
HRB 335、HRBF335	300	300
HRB 400、HRBF400、RRB400	360	360
HRB500、HRBF500	435	410

附表 15　风压高度变化系数 μ_z

离地面或海平面高度 /m	地面粗糙度类别			
	A	B	C	D
5	1.09	1.00	0.65	0.51
10	1.28	1.00	0.65	0.51
15	1.42	1.13	0.65	0.51
20	1.52	1.23	0.74	0.51
30	1.67	1.39	0.88	0.51
40	1.79	1.52	1.00	0.60
50	1.89	1.62	1.10	0.69
60	1.97	1.71	1.20	0.77
70	2.05	1.79	1.28	0.84
80	2.12	1.87	1.36	0.91
90	2.18	1.93	1.43	0.98
100	2.23	2.00	1.50	1.04

参 考 文 献

［1］ GB 50003—2011 砌体结构设计规范.

［2］ GB 50009—2012 建筑结构荷载规范.

［3］ GB 50011—2010 建筑抗震设计规范.

［4］ GB 50010—2010 混凝土结构设计规范.

［5］ GB 50203—2011 砌体结构工程施工质量验收规范.

［6］ 唐岱新. 砌体结构设计规范理解与应用. 第 2 版. 北京：中国建筑工业出版社，2012.

［7］ 李章政. 建筑结构设计原理. 第 2 版. 北京：化学工业出版社，2014.

［8］ 李章政，郝献华. 混凝土结构基本原理. 武汉：武汉大学出版社，2013.

［9］ 张建勋. 砌体结构（第 4 版）. 武汉：武汉理工大学出版社，2012.

［10］ 刘立新. 砌体结构（第 4 版）. 武汉：武汉理工大学出版社，2012.

［11］ 李章政，马煜. 土力学与基础工程. 武汉：武汉大学出版社，2014.

［12］ 李国强，李杰，苏小卒. 建筑结构抗震设计. 第 3 版. 北京：中国建筑工业出版社，2009.

［13］ 祝英杰. 建筑抗震设计. 北京：中国电力出版社，2006.

［14］ 熊丹安，程志勇. 建筑结构. 第 5 版. 广州：华南理工大学出版社，2011.